工程师经验手记

# Linux Qt GUI 开发详解
## ——基于 Nokia Qt SDK

李 彬 编著

北京航空航天大学出版社

## 内容简介

全书详细介绍了 Linux 下 Qt 用户界面开发的重要的核心知识。全书共分为 5 章 20 节，涉及 Qt 基础控件的使用，开发工具的使用，信号与槽机制的探秘，GUI 换肤和多国语言支持的实现，Qt 事件驱动机制，多进程和多线程编程技术，Qt 串口编程技术，Qt WebKit 模块的高级编程技术，浏览器 JavaScript 对象扩展技术，QWebPluginFactory 的使用，基于 NPAPI 标准的跨浏览器插件开发技术，MySQL 和 SQLite 数据库在 Qt 中的应用及 XML 解析技术，QNetworkAccessManager 及其相关类的使用等。本书在编写相关知识点时尽量通过例子来演示知识点的应用，尽量用通俗易懂的话来阐述知识点，每一章都会通过项目实例来强化读者对该章知识点的掌握和提高读者的实战水平及经验。

本书适合于希望尽快入门 Qt 并尽快融入开发的初学者；也适合于希望积累 Qt 项目实践经验的一线开发工程师；还可以作为嵌入式培训机构及各大中专院校嵌入式相关专业的参考用书。

#### 图书在版编目（CIP）数据

Linux Qt GUI 开发详解：基于 Nokia Qt SDK / 李彬 编著. -- 北京：北京航空航天大学出版社，2013.1
 ISBN 978 - 7 - 5124 - 1034 - 3

Ⅰ. ①L… Ⅱ. ①李… Ⅲ. ①软件工具－程序设计
Ⅳ. ①TP311.56

中国版本图书馆 CIP 数据核字（2012）第 295368 号

**版权所有，侵权必究。**

### Linux Qt GUI 开发详解
#### ——基于 Nokia Qt SDK
李 彬 编著
责任编辑 苗长江 王 彤

＊

北京航空航天大学出版社出版发行

北京市海淀区学院路 37 号（邮编 100191） http://www.buaapress.com.cn
发行部电话：(010)82317024 传真：(010)82328026
读者信箱：emsbook@gmail.com 邮购电话：(010)82316936
涿州市新华印刷有限公司印装 各地书店经销
＊
开本：710×1 000 1/16 印张：20.5 字数：437 千字
2013 年 1 月第 1 版 2013 年 1 月第 1 次印刷 印数：4 000 册
ISBN 978 - 7 - 5124 - 1034 - 3 定价：45.00 元

若本书有倒页、脱页、缺页等印装质量问题，请与本社发行部联系调换 联系电话：(010)82317024

# 前 言

如果读者不知道 Linux，还可以继续往下阅读本书，如果不知道 Qt，那么我们现在就开始认识。Qt 的 Q 完全是因为当时 Qt 开发人员 Haavard 看到在他用的编辑器 Emacs 中 Q 的字体特别漂亮，才选择了 Q，而 T 代表"toolkit"。作为一个跨平台的用户界面开发框架，Qt 在使用上对平台的差异尽量做到最低的依赖性。因此对于它所支持的平台（Windows/Linux/Mac OS X 等）Qt 的集成开发环境（IDE）—Qt Creator，在操作上很类似于一般 Windows 平台下的 IDE，即使是在 Linux 操作系统下，也是如此，很方便程序员快速入门。在对 Linux 系统还不是很了解的情况下就可以通过操作鼠标，建立 Qt 的应用程序，编译出运行在 Linux 下的用户界面程序。与 JAVA 的理念"一次编译，到处执行"不同，更合适 Qt 的理念应该是代码的"一次编写，到处编译"。

"Using Qt, you can write web-enabled applications once and deploy them across desktop, mobile and embedded operating systems without rewriting the source code"这正是 Qt 官方网站对它设计理念的介绍。

Qt 源自挪威 TrollTech（奇趣科技）公司。Nokia 在 2008 年 6 月 17 日通过公开竞购的方式收购 TrollTech 公司，这大大地推动了 Qt 的发展，后来推出的 Qt SDK （Qt 类库＋Qt Creator IDE），提升了基于 Qt 进行应用开发的速度。在 Qt 4.6 版还首次包含了对 Symbian 平台的支持，使 Qt 在移动设备上的应用得到了强有力的支持。在嵌入式 Linux、Windows CE/mobile 下的使用，为 Qt 的应用提供了无限可能的广阔前景。

目前，Qt 被 Autodesk、Google Earth、KDE、Adobe Photoshop Album、欧洲空间局、OPIE、西门子公司、富豪集团、华特迪士尼动画制作公司、Skype、VLC media player、三星集团、飞利浦、Panasonic、VirtualBox 与 Mathematica 使用。

2009 年 5 月 11 日，诺基亚 Qt Software 宣布 Qt 源代码管理系统面向公众开放。Qt 开发人员可通过为 Qt 以及与 Qt 相关的项目贡献代码、翻译、示例以及其他内容，协助引导和塑造 Qt 未来的发展。为了便于这些内容的管理，Qt Software 启用了基于 Git 和 Gitorious 开源项目的 Web 源代码管理系统。在推出开放式 Qt 代码库的同时，Qt Software 在其网站发布了其产品规划（Roadmap），其中概述了研发项目中的最新功能，展现了现阶段对 Qt 未来发展方向的观点，以期鼓励社区提供反馈和贡献代码，共同引导和塑造 Qt 的未来。

Qt 开放源代码并且提供自由软件的用户协议，使得它可以被广泛地应用在各平台上开放源代码软件的开发中。

Qt 提供 3 种授权方式。3 种授权方式的功能、性能都没有区别，仅在于授权协议的不同，LGPL 和 GPL 是免费发布，商业版则需收取授权费。Qt 商业授权适用于开发专属或商业软件，此版本适用于不希望与他人共享源代码，或者遵循 GNU 宽通用公共许可证（LGPL）2.1 版或 GNU GPL 3.0 版条款的开发人员，为他们提供了技术支持服务，可以任意地修改 Qt 的源代码，而不需要公开。Qt 4.5 及以后的版本开始遵循 GNU LGPL，LGPL 允许链接到它的软件使用任意的许可证；可以被专属软件作为类库引用、发布和销售；可以购买支持服务。如果希望将 Qt 应用程序与受 GNU 通用公共许可证（GPL）3.0 版本条款限制的软件一同使用，或者希望 Qt 应用程序遵循该 GNU 许可证版本的条款，则可采用 GNU GPL V3.0 版，此版本 Qt 适用于开发此类 Qt 应用程序，还可以购买支持服务。

Qt 图形化架构图

| Qt Application Source Code | | | |
|---|---|---|---|
| Qt API | | | |
| Qt for windows | Qt for X11 | Qt for Mac OS X | Qt for S60 |
| Raster/GDI | X Windows | Carbon/Cocoa | Window Server |
| Windows | Unix/Linux | Mac OS X | Symbian OS |

Qt 所支持的平台

Qt is available for these platforms:

| Embedded Linux | Mac OS X | Windows | Linux/X11 | Windows CE/Mobile | Symbian | Maemo |

## 开发环境

(1) X86 环境

操作系统：Ubuntu - 11.10

下载地址：

http://mirrors.ustc.edu.cn/ubuntu - releases//oneiric/ubuntu - 11.10 - desktop - i386.iso

(2) Qt SDK

版本 V1.1.3

下载地址：

ftp://ftp.qt.nokia.com/qtsdk/ Qt_SDK_Lin32_offline_v1_1_3_en.run

（3）Qt 源码包

版本：4.7.1

下载地址：

ftp://ftp.qt.nokia.com/qt/source/qt-everywhere-opensource-src-4.7.1.tar.gz

## 本书特点

本书在编写相关知识点时尽量通过例子来演示这个知识点的应用，尽量用通俗易懂的话来阐述知识点。本书所涉及的代码或者工程项目完全可由读者通过书中的指导来复现里面的技术，这样保证初学者的快速吸收，也可以让一线开发工程师将书上的知识点转换为自己的项目代码。另外本书每一章都会有一个具备工程实践性并在工程中反复使用的项目来强化读者对该章知识点的掌握和提高读者的实战水平及经验。目前，国内介绍 Qt 的书并不多，大部分译制书中的代码，读者无法自己重现，初学者很难入门。其他介绍 Qt 的书往往会在介绍 C++ 上花大量的篇幅，而淡化对 Qt 的讲解；有些过于面面俱到，大而全势必导致泛泛而谈的结果。本书则本着"工作中能用上的就铺开专讲详解，用不上的知识一点都不讲"的原则，不求全面，只求实用。

全书详细讲解 Linux 下 Qt 用户界面开发的重要核心知识，从基础界面控件使用开始，深入到当今界面开发的主流技术，中间又详细讲解了 Qt WebKit 的开发。自 Qt 集成 WebKit 以来，还没有书或者资料对 Qt WebKit 编程做过详细介绍。笔者把自己在实际项目中对该模块的使用经验呈现在读者面前，也是非常有工程价值的一章。本书适合那些想入门 Qt 同时又想快速融入开发的初学者，对于一线开发的工程师可以从本书的每个章节的项目案例中直接获取项目经验。

在学习本书内容的时候，尽量搭建好环境，哪怕用 VirtualBox 搭建一个 Ubuntu 虚拟机也可以；然后跟着笔者一起敲代码，去调试一个个项目实例，去看代码运行的实际效果；回过头来再结合笔者对代码的注释去理解敲入的代码的作用。相信读者会有意想不到的收获，也将更透彻地理解本书的知识点，毕竟除了多看多写，没有更好的编程诀窍。

## 读者反馈

虽然本书在编写过程中，对每一个知识点都进行了反复的测试和推敲，但是仍然避免不了会有纰漏的地方。在阅读本书时请将疑问或建议发送至 coredump@msn.cn，非常期待您的宝贵意见。

## 致 谢

在本书的编写过程中，要感谢的人实在太多了。感谢 Lily，是您在寒冷的冬季把那温暖的垫子铺在了冰冷的凳子上，使我感到无限的温馨。在本书的编写过程中，经历了很多，也懂得了很多。感谢支撑我的信念，是它使我充满无限的力量，坚持到最后把这本书呈现到读者的面前。感谢胡主任给予的支持和帮助，同时在这里一并谢谢大家！

李 彬

2013 年 1 月

# 目 录

## 第1章 Qt 基础控件使用 ……………………………………………… 1
### 1.1 Qt SDK 环境搭建 …………………………………………………… 1
#### 1.1.1 g++编译器安装 ………………………………………………… 1
#### 1.1.2 Qt SDK 安装 …………………………………………………… 2
### 1.2 Qt SDK 环境初体验 ………………………………………………… 5
#### 1.2.1 SDK 目录结构解析 …………………………………………… 5
#### 1.2.2 用 SDK 编译出第一个运行在 Linux 下的软件界面 ………… 8
#### 1.2.3 体验 Qt Creator 的神奇魅力 ………………………………… 18
### 1.3 Qt GUI 之对话框使用 ……………………………………………… 24
#### 1.3.1 初识 QDialog ………………………………………………… 24
#### 1.3.2 实现自己的对话框类 ………………………………………… 24
#### 1.3.3 Qt 提供的标准对话框 ………………………………………… 112
### 1.4 Qt GUI 之 QWidget 使用 …………………………………………… 116

## 第2章 Qt 事件驱动机制 …………………………………………… 138
### 2.1 永具魅力的系统事件 ……………………………………………… 139
#### 2.1.1 古老而常用的鼠标键盘事件 ………………………………… 139
#### 2.1.2 从定时器事件开始谈谈其他的系统事件 …………………… 144
### 2.2 在特定需求下用户自定义的事件 ………………………………… 145
### 2.3 写一个歌词如卡拉 OK 般滚动的界面 …………………………… 145

## 第3章 Qt 编程两件套:多进程和多线程 ……………………… 155
### 3.1 看 Qt 程序是怎样和其他进程打交道的 ………………………… 155
#### 3.1.1 利用 QProcess 让第三方应用程序为我所用 ……………… 155
#### 3.1.2 execvp 或 system 和无名管道搭档 ………………………… 157
#### 3.1.3 Qt 中使用消息队列、共享内存等进程通信机制 ………… 159
### 3.2 编写自己的音视频播放器 ………………………………………… 174
#### 3.2.1 MPlayer Open Source 的魅力无法阻挡 …………………… 177
#### 3.2.2 通过 Qt 的界面操作来实现播控 …………………………… 179
#### 3.2.3 播放、停止、暂停、快进、快退等功能按钮 ……………… 189
### 3.3 让 Qt 的线程再 run 一会 ………………………………………… 196

3.3.1 QThread 让一切来得那么轻松 …………………………… 196
3.3.2 铁打的临界区，流水的锁机制 …………………………… 199
3.4 为手机编写出短信收发、电话拨打界面程序 …………………… 202
3.4.1 启动线程监听串口这个老朋友 …………………………… 207
3.4.2 AT 指令控制 GSM 模块工作 …………………………… 214

第 4 章 Qt WebKit 高级编程技术 ………………………………… 220
4.1 第一次全景观看 Qt WebKit 的类结构图 ……………………… 221
4.2 QWebView 让我们实现开发浏览器的梦想 …………………… 222
4.3 编写有特定要求的网站 Web 客户端程序 ……………………… 229
4.4 Qt WebKit Browser JavaScript 对象扩展技术 ………………… 235
4.5 Qt WebKit 插件扩展技术 ………………………………………… 246
4.5.1 用 Qt 对象丰富网页内容 ………………………………… 247
4.5.2 Flash 插件扩展技术 ……………………………………… 249
4.5.3 QtWebKit＋Gnash＋Gstreamer 的黄金组合 …………… 272

第 5 章 Qt 数据库编程和 XML 解析 ……………………………… 277
5.1 回顾 SQL 语句 …………………………………………………… 278
5.2 数据库离嵌入式越来越近 ………………………………………… 281
5.2.1 Qt 的数据库引擎 ………………………………………… 281
5.2.2 MySQL 在 Qt 中的使用 ………………………………… 283
5.2.3 SQLite 在 Qt 中的使用 ………………………………… 286
5.3 嵌入式门禁系统界面设计 ………………………………………… 290
5.3.1 和 Wiegand 协议过招 …………………………………… 290
5.3.2 添加、删除、检索门禁卡卡号 …………………………… 294
5.4 Qt XML 解析 …………………………………………………… 299
5.4.1 Qt XML DOM 接口使用 ………………………………… 299
5.4.2 Qt XML SAX 接口使用 ………………………………… 302
5.4.3 QXmlStreamReader/QXmlStreamWriter 接口使用 …… 305
5.4.4 实现天气时钟应用软件 …………………………………… 307

参考文献 ……………………………………………………………… 318

# 第 1 章

# Qt 基础控件使用

## 1.1 Qt SDK 环境搭建

### 1.1.1 g++编译器安装

当我们决定开始安装环境的时候,需要在 Ubuntu 系统里面安装好 g++编译器,在 Ubuntu11.10 操作系统里面单击桌面左边的"面板主页",在搜索栏里面输入"ter"就会找到我们要用的"终端"。打开终端之后输入"~♯apt－get install g++"回车,接着输入"y",即可轻松地安装。计算机处于联网状态,才可以安装,这是通过包管理工具"apt－get"从网络服务器上下载、安装、卸载或者升级软件的。这些软件包的镜像站点地址我们可以在"/etc/apt/sources.list"里面找到。

| apt－get 小解 | |
|---|---|
| 执行指令格式 | apt－get <参数>【软件包名】,需要 root 权限执行。 |
| 安装软件包 | apt－get install 软件包名 |
| 卸载软件包 | apt－get remove 软件包名 |
| 更新软件包 | apt－get upgrade |
| 升级操作系统 | apt－get dist－upgrade |
| 软件包镜像更新 | apt－get update |

有了这些法宝,在 Linux 下安装软件也像 Windows 下一样方便了,要远比源码包的安装方便。

## 1.1.2　Qt SDK 安装

对于 Qt 的一些早期版本,在 Linux 下搭建 Qt 开发环境,需要进行源码包的安装,编译过程漫长,操作步骤繁琐。例如 qt-x11-2.3.2 版本,安装之后,当进行开发的时候,需要生成工程还需要借助 progen 工具,生成 Makefile 的时候还需要借助 tmake 工具,在需要进行工程代码管理的时候还需要借助 Kdevelop 环境,给开发人员制造毫无意义的麻烦。搭建好完整环境可能需要花费开发人员 1 周左右的时间,而开发人员使用 Qt 的积极性在经历了 1 周的折腾后所剩无几了。更让开发人员感到不方便的是,这些版本的 Qt 使用起来很不顺手,界面看起来很不美观。好在 Nokia 发布了 Qt 软件开发工具包,让一切显得那么的便捷和具有艺术性。

当我们下载好 Qt_SDK_Lin32_offline_v1_1_3_en.run 二进制安装工具包之后,打开终端输入"～$ sudo - s"回车,输入密码,进入 root 权限 shell,找到 Qt_SDK_Lin32_offline_v1_1_3_en.run 存储的路径,笔者存储在"/home/libin/qtsetup"目录下面了,在终端执行"～#chmod u+x Qt_SDK_Lin32_offline_v1_1_3_en.run"。如果对 chmod 指令有所了解可以跳过下文这个 chmod 小解。

---

**chmod 指令小解**

chmod 可以改变 Linux 下文件的拥有者、同组用户和其他用户对该文件的操作权限。当然这些操作权限完全使用它们的英文首字母来表述了。比如说一个文件只有"可被读取"的权限,那么就用"r"来描述这个特性;如果该文件只有"可被写入"的权限,就用"w"来描述;用"x"可以使一个文件在 Linux 操作系统下面具有"可被执行"权限。当这个文件具有比一个权限多的时候,可以用"chmod+(r/w/x)"来增加文件的权限。用"chmod-(r/w/x)"来取消相应的权限。在多用户的操作系统上,比如 Linux,还可以限制一个文件对不同的登录用户具备不同的操作权限,如果我们想让一个文件在同组(group)用户都可以具备写入权限,就可以执行"chmod g+w filename"来实现这个功能。

---

回到安装过程中,把安装包的权限改成拥有者具备执行权限之后,就可以用 root@libin:～/qtsetup# ./Qt_SDK_Lin32_offline_v1_1_3_en.run 执行安装包,界面如图 1.1 所示。

单击 next 按钮进入图 1.2 所示安装界面。

可以把 SDK 安装在一个自己选择的位置,也可以按默认的路径安装。安装类型我们选择"Custom"。下一步弹出如图 1.3 所示的定制化安装界面。

点开"Documentation"把"Qt Designer Documentation"和"Qt Linguist Documentation"选中。点开"Development Tools"勾选"Qt Designer"、"Qt Assistant"和"Qt Linguist"这些工具在后面用到时再讲解它们的作用。下一步选择安装协议,如图 1.4 所示。

第 1 章　Qt 基础控件使用

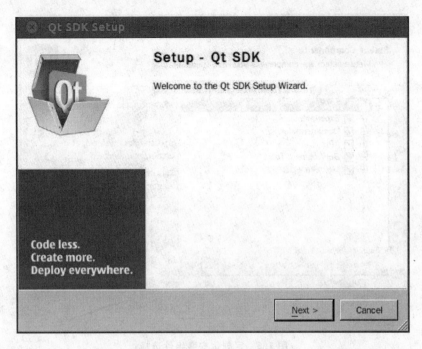

图 1.1　Qt SDK 安装包运行界面

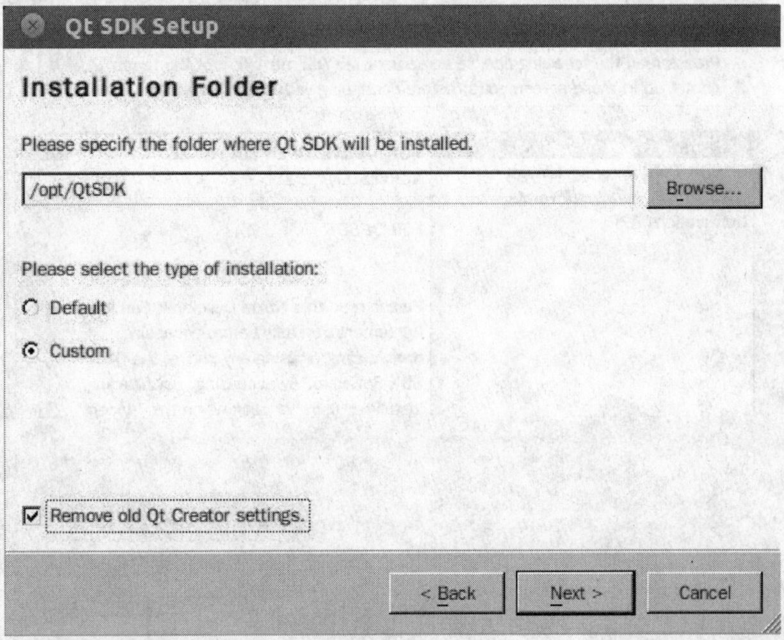

图 1.2　选择安装路径及类型

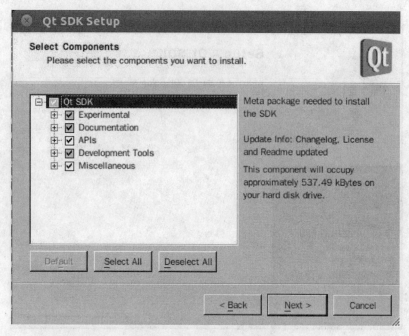

图 1.3　定制化安装组件选择

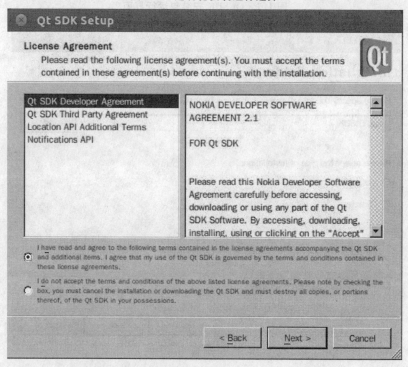

图 1.4　选择安装许可协议

## 第1章 Qt 基础控件使用

在这里没有别的选择，只有把单选框"I have read and agree to…"选中。"GNU LESSER GENERAL PUBLIC LICENSE(LGPL)"是 GNU 较宽松公共许可证，为了得到更多的商用软件提供商的支持，GNU 推出了 GPL 的变种 LGPL。用户利用 LGPL 授权下的自由软件，开发出来的新软件可以是私有的，并不像 GPL 一样必须是自由软件，这样在开源软件的推广和保证商家的利益之间找到了一个平衡点。当安装的时候选择了对该协议的支持，那就意味着利用 Qt 开发出自己的软件时可以不公开源代码。从要求保密和保护商家核心代码的角度来看，的确是个不错的保护软件知识产权的方法。安装过程沿袭了 Windows 一路 next 的风格，最后单击"Finish"，即大功告成，如图 1.5 所示。

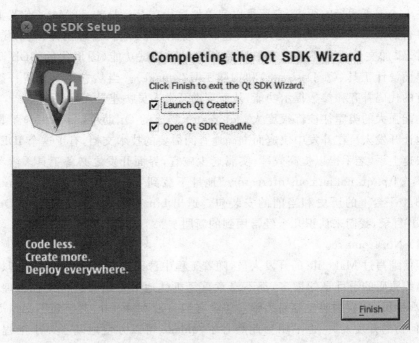

图 1.5　完成安装界面

## 1.2　Qt SDK 环境初体验

### 1.2.1　SDK 目录结构解析

去默认安装的路径"/opt/QtSDK"下面看看安装的结果吧。

```
root@libin:~#cd /opt/QtSDK
root@libin:/opt/QtSDK# ls
Changelog.txt     Documentation   Madde      SDKMaintenanceTool       Symbian
components.xml    Examples        pythongdb  SDKMaintenanceTool.dat
```

```
Demos            InstallationLog.txt    QtCreator    SDKMaintenanceTool.ini
Desktop          Licenses               readme       Simulator
root@libin:/opt/QtSDK#
```

Linux 安装工具即是复制文件到相应目录的过程,省去 Windows 注册表的那一套,着实显得很绿色很环保,通过安装后的文件结构就可以看出来。Qt 类库、Qt 工具和 QtCreator 组成了这个强大的 SDK,接下来让我们一一揭开它们的神秘面纱。Cd 到"QtCreator/bin"目录,可以看到 qtcreator 赫然在那里躺着呢。qtcreator 是会一直陪伴我们到本书最后的工具,很有必要认识一下它的历史。新官上任三把火,在 Nokia 收购 Qt 之后便迅速地推出了这款 Qt/C++集成开发环境(IDE),我们安装的是在 Linux 下运行的版本,它还可以完美地运行在 Windows 和 Mac OS X 上。这个跨平台的 IDE 可以帮助开发人员快速而简易地建立项目、管理工程、编辑代码、浏览文件、添加文件。它还集成了最该具备的代码调试功能(图形化的 GDB 调试前端)、界面设计工具(Qt Designer)和构建工具(qmake)。当然它也具备了一般 IDE 都应有的代码补齐和参数提示功能,从而帮助开发人员快速录入代码。

功能强大的类库往往都很庞大。qtcreator 集成的 Qt 助手(assistant)工具可以方便地让开发人员在开发中快速而准确地查阅需要的技术文档,有了这个 IDE,新手得以快速上手,老手得以提高效率,实属老少咸宜,界面开发之必备工具。读者可以在"ftp://ftp.qt.nokia.com/qtcreator/"地址下载到 qtcreator 在 Mac/Linux/Windows 3 个平台上的历史和当前的安装包。退出 bin 目录,cd 到"Desktop/Qt/474/gcc/bin"目录,我们来认识几个经常用到的新朋友。

(1) No.1 qmake。

相信编写过 Makefile 的开发人员,随着工程中源码的级数递增和以类型、功能、模块组织源码的子目录的增多,都不愿意重复机械地手工编写这个工程管理文件。手写 Makefile 比较困难也容易出错。还没有编写过 Makefile,甚至还不知道 Makefile 为何物的开发人员,也不用为此烦心了,qmake 可以方便地基于一个工程文件,生成不同平台下的 Makefile。qmake 关注编译器和处理器平台的依赖性,开发人员不用再手写针对不同编译器和不同处理器平台的 Makefile,而可以花更多的精力在程序的设计上。随后我们会对它进行使用,那时你会觉得原来有它一切显得是那么的简单而又不失美好。

(2) No.2 designer。

Qt 的界面设计师,它是一个所见即所得(what-you-see-is-what-you-get)的界面绘制工具。通过这个工具我们可以在后面的操作中方便地通过鼠标的拖曳来布局和设计软件界面。

(3) No.3 assistant。

它是一个提供了 400 多种图形化用户界面的宏大的 C++类库。如果没有良好的帮助文件和在线文档阅读器对于开发人员来说是多么糟糕的一件事情呀,然而,

Qt assistant 工具的出现,避免了这种糟糕事情发生在 Qt 开发人员身上。它做的还远远不只这些,当使用 assistan 的时候,会发现它考虑的非常周到,可以通过类似 web 浏览器导航、书签和文档文件链接,还提供关键字查询服务;当开发人员需要向最终用户提供文档支持的时候,它又是完全可定制的。

(4) No. 4 uic。

用户接口编译器,在 designer 里面绘制的软件界面可以靠这个工具生成对应的实现源码文件。它一般不需要手动执行,而是在 Makefile 中制定调用规则。

(5) No. 5 Moc(meta - object compiler)。

元对象编译器。看到编译器很容易想到 gcc、g++这些 Linux 下常用的编译器,既然 Qt 包含了 C++类库,用 g++编译 Qt 程序就成了顺理成章的事情了。然而,Qt 对标准 C++提供了扩展,这些扩展的内容包含了后面要讲到的对象间的通信机制(信号与槽),这些是 Qt 特有的,用 g++是无法进行语法解释的。这就需要我们的 moc 站出来做个中间人,把 Qt 的这些特殊代码翻译成 C++标准语法代码,然后把翻译后的代码交给 g++进行编译连接,生成最终目标。如果你之前一直在 Windows 下面进行开发,那你已经非常熟悉和习惯图形化操作的编译器了,对你来说 gcc/g++可能的让你觉得陌生,不过这两个家伙在 Linux 的世界里面可是无人不知无人不晓。这两个命令行操作的编译器凭借它们出色的表现,已经成为 Linux 系统编程里面编译 C 代码和 C++代码不二之选的编译器。现在认识到 gcc 是常用来编译. c 后缀的 C 代码,g++常用来编译. cpp 后缀的 C++代码即可。

最后让我们来认识一下 lib 目录。Cd 到"QtCreator/lib/qtcreator"下面之后,用 ls 看到该目录的内容(内容过多就不列出来了),呈现在我们面前的就是很多库文件,编写的界面程序要用到的动态链接库,不是". dll"格式,而是". so"。Linux 下动态库的命名格式是"lib*. so. *",第一个"*"是动态链接库的库名,最后一个"*"代表了库的版本号。Linux 表示静态链接库的后缀是". a"也非". lib",如"lib*. a",这里的"*"当然就是指静态库的称谓了。正如我们开发人员知道的,采用动态链接库是软件设计经常采用的技术,这跟它可以代码复用,减小执行文件占用空间,使用灵活和利于软件升级有直接的关系。通过 Qt 的动态链接库的名字,我们可以得到 Qt 在 Linux 下支持的模块(组件),如表 1.1 所列。

表 1.1  Qt 模块说明

| 模块名 | 模块说明 |
| --- | --- |
| QtCore | 非图形化核心类,它里面涵盖的类(QThread,QChar 等)可以供其他模块使用,头文件 <QtCore> |
| QtGui | 图形化用户界面类,它涵盖了 Qt 下面所有的界面控件(对话框,按钮等),头文件<QtGui> |
| phonon | 多媒体框架 |

续表1.1

| 模块名 | 模块说明 |
| --- | --- |
| Qt3Support | Qt3 的兼容类,提供了由 Qt3 程序向 Qt4 程序移植的类库 |
| QtDBus | 采用 D-Bus 总线进行进程间通讯的类,该模块仅在 UNIX 中用 |
| QtDesigner | 扩展 Qt Designer 的类 |
| QtHelp | 提供在线帮助的类 |
| QtMultimedia | 提供底层多媒体编程的类(QAudioInput,QAudio),头文件＜QtMultimedia＞ |
| QtNetWork | 提供让用户轻松便捷构建网络程序的类(QFtp,QTcpServer 等),头文件＜QtNetwork＞ |
| QtOpenGL | 提供 2D/3D 图像处理接口,头文件＜QtOpenGL＞ |
| QtSql | Qt 操作 SQL 数据库的类 |
| QtSvg | 显示和创建 SVG 文件的类 |
| QtWebKit | 提供一个 Web 浏览器引擎来和 Web 内容进行交互,头文件＜QtWebKit＞ |
| QtXml | 处理 XML 的类 |
| QtXmlPatterns | 用于 XML 和定制数据模型的 XQuery、XSLT 和 XPath 引擎 |
| QtScript | Qt 的脚本引擎 |

接下来,在了解了 Qt SDK 是什么之后,我们开始使用它们。

## 1.2.2 用 SDK 编译出第一个运行在 Linux 下的软件界面

### 1. main.cpp 编写及 Qt 工程开发步骤

好了,是时候开始敲一下代码了,为此刻已经做了很多的准备工作。先创建一个工程目录"mkdir project1",进入目录,创建 main.cpp 文件,编写代码如下:

```
1. #include<QtGui>
2. int main(int argc,char * argv[])
3. {
4.    QApplication app(argc,argv);
5.    QWidget * widget = new QWdiget(0);
6.    widget->show();
7.    return app.exec();
8. }
```

代码内容暂时可以先不理解,先让程序跑起来再说。在编译 main.cpp 文件之前,我们需要设置 PATH 环境变量,以便接下来可以搜索到用到的指令。关于 PATH 环境变量,其实一直在得到它的帮助。在之前我们敲入的那些 Linux 指令,操作系统都是在 PATH 环境变量指示的路径下搜索到的。比如"ls"在"/bin"目录下,但是不用输入"/bin/ls"来执行这个指令,而是直接在任何路径下输入"ls"来运行

# 第1章 Qt 基础控件使用

该指令,这些就是 PATH 做的事情。它告诉系统去哪个目录找哪个指令,从而摆脱了输入指令绝对路径带来的烦恼。既然要用到 Qt 的工具,就来把这些工具的路径也加到 PATH 下面吧。执行下面的指令:

```
export PATH = /opt/QtSDK/QtCreator/bin:/opt/QtSDK/Desktop/Qt/474/gcc/bin:$PATH
root@libin:~/project1# echo $PATH
/opt/QtSDK/QtCreator/bin:/opt/QtSDK/Desktop/Qt/474/gcc/bin:/usr/local/sbin:/usr/local/bin:/usr/sbin:/usr/bin:/sbin:/bin:/usr/X11R6/bin
```

输入上面的指令后,就可以看到 PATH 内容中有刚才添加的路径了。接下来执行"qmake - project"来生成工程文件(project1.pro),然后再执行"qmake"则会根据工程文件生成 Makefile,执行"make"就可以生成执行文件(project1),经过这几个指令的执行,现在输入"ls"看一下工程目录 project1 的内容。

```
root@libin:~/project1# ls
main.cpp  main.o  Makefile  project1  project1.pro
root@libin:~/project1#
```

生成的执行文件名和文件目录名一样。执行这个 project1 程序,诞生在我们手上的第一个在 Linux 系统里面运行的软件界面就呈现在面前了,如图 1.6 所示。

图 1.6 第一个软件界面

## 2. main.cpp、工程文件及工程文件模版使用和 Makefile 解析

一起来看一下这个界面到底是怎么蹦出来的。首先认识一下 main.cpp 的内容,代码的第 1 行包含了头文件 QtGui,它在"/opt/QtSDK/Desktop/Qt/474/gcc/include/QtGui"路径下面,包含了 Qt 的 GUI 类定义的头文件。在第 5 行用到的 QWidget 就在这个头文件的子文件<qwidget.h>中定义的。这个界面的样式已经看到了,QWidget 是 Qt GUI 一个基础窗体,这个还要在后面使用到。第 2 行是 main 函数,带了两个形参。第 4 行代码用 main 传递的命令行参数(argc,argv)构造了一个 QApplication 类的对象 app。这个对象负责管理整个用户界面的资源,是 Qt GUI 程序必须包含的一个对象。用户也可以通过全局变量 qApp(指向 QApplication 对象的一个指针)来访问这个对象,通过这个对象,来自窗口系统和其他资源的事件可以被调度和分发处理。它也可以使用用户的桌面设置来初始化应用程序、接收命令行参数、分配应用程序颜色、文本编码格式的指定、管理应用程序的鼠标光标处理、获取应用程序的窗口和提供对话管理等,这些都是 app 该做的事情。既然它这么重要,那必须在其他任何的用户界面对象创建之前创建它。接着第 5 行在堆里面 new 出来了一个基础窗体对象。new 是 C++语言的一个关键字,用于动态内存创

建,和 malloc 函数作用类似,释放内存的时候和 new 配对的是 delete,而和 malloc 配对的是 free 函数,两者不能混搭了,即用 new 申请的内存不能用 free 释放,用 free 也只能释放掉用 malloc 申请的内存。第 6 行让这个窗体显示出来,最后通过 QApplication 类的 exec()函数调用,使应用程序进入主事件循环并等待,直到 exit()被调用或者主窗口部件被销毁,app—>exec()调用之后,就可以开始事件处理,主事件循环从窗口系统接收事件并分派给应用程序窗口部件,至此用户界面程序才可以正常和用户交互。读者可以用鼠标单击软件的标题栏,移动软件位置,最大化、最小化和关闭这个软件,这些和应用界面基本交互的操作,QApplication 对象 app 功不可没。

project1.pro 工程文件内容解析如下。

打开 qmake - project 生成的工程文件 project1.pro,内容如下:

```
1 #############################################
2 # Automatically generated by qmake (2.01a)
3 #############################################
4
5 TEMPLATE = app
6 TARGET =
7 DEPENDPATH += .
8 INCLUDEPATH += .
9
10 # Input
11 SOURCES += main.cpp
```

1～3 行是工程文件的注释内容,在这里我们不要和 C 语言的注释风格(//＋注释内容或/＊注释内容＊/)混淆,这里用的是"♯＋注释内容"。第 5 行 TEMPLATE = app 指明了依据该工程文件将建立一个应用程序的 Makefile,编译出一个可执行的应用程序。这个也是模版(TEMPLATE)的默认值,如果把 app 换成 lib,将建立一个库的 Makefile,编译生成的是动态链接库(.so 文件),我们的库文件可以供别的工程使用。Qt 为了和 Visual Studio 兼容,TEMPLATE 还可以取值 vcapp 或 vclib,这样可以建立一个应用程序的 Visual Studio 项目文件或建立一个库的 visual studio 项目文件。在实际的开发中,经常需要向目标客户提供产品的二次开发包,而又需要保证公司产品的核心算法代码不外漏的情况,这时就不能直接把源代码毫无保留地提供给客户了,而是把那些核心代码制作成动态链接库,以库的形式提供给客户做二次开发,并向客户提供该库的详细接口说明。另外制作动态链接库也有利于代码的维护和升级。第 6 行 TARGET 可以指定生成目标的名字,不指定则默认生成和工程名一样的执行文件。第 7、8 行可以指定依赖和头文件路径。第 11 行是源码列表。我们先在 project1.pro 工程文件的基础上把 TEMPLATE＝app 改成 TEMPLATE＝lib,来生成库文件(生成静态链接库或生成动态链接库)及练习如何使用链接库。

### 3. 如何生成动态链接库

修改了工程文件后,需要重新执行 qmake 来生成建立动态链接库的 Makefile。

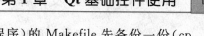

在生成新的 Makefile 之前,把原来生成 app(应用程序)的 Makefile 先备份一份(cp Makefile Makefile.app),便于后面对这些 Makefile 进行比较分析。

操作步骤如下:

```
root@libin:~/project1# cp Makefile Makefile.app
root@libin:~/project1# qmake
root@libin:~/project1# make
rm -f libproject1.so.1.0.0 libproject1.so libproject1.so.1 libproject1.so.1.0
g++ -Wl,-O1 -Wl,-rpath,/opt/QtSDK/Desktop/Qt/474/gcc/lib -shared -Wl,-soname,libproject1.so.1 -o libproject1.so.1.0.0 main.o   -L/opt/QtSDK/Desktop/Qt/474/gcc/lib -lQtGui -lQtCore -lpthread
ln -s libproject1.so.1.0.0 libproject1.so
ln -s libproject1.so.1.0.0 libproject1.so.1
ln -s libproject1.so.1.0.0 libproject1.so.1.0
root@libin:~/project1#
```

编译过程中用 ln 指令生成了动态链接库的软链接文件。我们先来认识一下 ln 指令,刚才提到了软链接,做为经常在 Windows 编程的读者来说,可能会对这个称谓感到很陌生,那换个称谓——快捷方式。没错,Linux 里面的软链接就类似于 Windows 的快捷方式,可以指向目录也可以指向文件,只不过要想建立 Linux 里面的"快捷方式"我们需要借助于 ln 指令。链接有两种:软链接(也称符号链接)和硬链接。两者的区别在于硬链接不能建立指向目录的链接,另外硬链接在建立的时候必须保证链接文件和被链接文件在同一种文件系统里面,这些限制在建立软链接时不起作用。关于 Linux 下支持的文件系统的种类和介绍,已经不在本书的讨论范围内,感兴趣的读者可以自行查阅相关资料或与笔者进行 email 交流。

---

**ln 指令用法**

格式一:ln　　[选项]…[-T]目标 链接名　　作用:创建指定名称且指向指定目标链接。

格式二:ln　　[选项]…目标　　作用:在当前目录创建指向目标位置的链接。

格式三:ln　　[选项]…-t 目录 目标…　　作用:在指定目录中创建指向指定目标的链接。

常用选项说明:

　-f　　强行删除已存在的目标文件;

　-s　　创建软链接;

　-t　　在指定的目录中创建链接。

上文在 make 编译工程时，就执行"ln-s"建立指向 libproject1.so.1.0.0（编译生成的动态链接库文件）的 3 个软链接文件(libproject1.so,libproject1.so.1 和 libproject1.so.1.0)。动态库的版本号是 1.0.0，用版本号为后缀表示库名为在同一系统里面使用同一库的不同版本提供了便捷，但是程序在链接动态库时，默认搜索".so"后缀的文件，因而为了能使用这些库，需要建立指向它们的软链接(链接名以.so 为后缀)，这就是工程编译的时候建立软链接的意义了。

### 4. 测试使用动态连接库

把 main.cpp 的 main 函数更名为 maina，当第三方程序链接库 libproject1.so 时，调用 maina 即可绘制出一个软件界面。细节都在库中实现了，使用者只需调用接口，就如同使用 Qt 库一样。重新编译工程后，执行如下指令：

```
root@libin:~/project1# mkdir-p testlib/libpath testlib/libinc
root@libin:~/project1# cp-av libproject1.so* testlib/libpath/
"libproject1.so" -> "testlib/libpath/libproject1.so"
"libproject1.so.1" -> "testlib/libpath/libproject1.so.1"
"libproject1.so.1.0" -> "testlib/libpath/libproject1.so.1.0"
"libproject1.so.1.0.0" -> "testlib/libpath/libproject1.so.1.0.0"
root@libin:~/project1# cd testlib/libinc/
root@libin:~/project1/testlib/libinc# vim mylib.h
```

这些指令的主要功能是创建测试库的工作目录 testlib 及建立库的存放目录 libpath 和库的接口声明文件 mylib.h 所存储的目录 libinc，接着把生成的库文件及软链接文件一并复制到 libpath 下面，之后进入 libinc 目录下，创建 mylib.h 文件，内容如下(接口 maina 的声明)：

```
1 #ifndef MY_LIB_H
2 #define MY_LIB_H
3 /*
4   调用该接口可以在屏幕上显示一个窗体
5     argc ---- 参数个数
6     argv ---- 参数内容
7 */
8 int maina(int argc,char * argv[]);
9
10 #endif //MY_LIB_H
```

mylib.h 简要说明：
代码 1、2、10 行防止头文件重复包含。
第 3~7 行是接口功能和参数的简要说明。
第 8 行是接口的声明。

# 第 1 章　Qt 基础控件使用

库和库的接口定义文件都齐备了，接下来我们就在 testlib 目录下面编写使用这个库的测试代码 vim test.cpp，内容如下：

```cpp
#include"mylib.h"

int main(int argc,char **argv)
{
maina(argc,argv);
return 0;
}
```

保存退出来，之后开始编译这个测试代码，执行步骤如下：

```
root@libin:~/project1/testlib# g++ test.cpp -I ./libinc/ -L ./libpath/ -lproject1 -o test
root@libin:~/project1/testlib# ls
libinc  libpath  test  test.cpp
root@libin:~/project1/testlib# ./test
./test: error while loading shared libraries: libproject1.so.1: cannot open shared object file: No such file or directory
root@libin:~/project1/testlib# export LD_LIBRARY_PATH=./libpath/:$LD_LIBRARY_PATH
root@libin:~/project1/testlib# ./test
```

步骤解析：

第一步，用 g++ 编译 test.cpp。由于要链接我们自己的动态链接库，而我们的动态链接库又没有放置在"/usr/local/lib"、"/usr/lib"或"/lib"这些系统默认搜索动态库的路径下。当然可以把库文件复制到以上的目录下，就不需要在后面用"-I"来指定库的头文件搜索路径。"-L"指定动态链接库所在的路径，这个"-L"后面的路径只是告诉了编译器去那里可以找到库文件，后面又加了"-lproject1"才告诉编译器具体该找哪个库，这样编译器才可以准确地定位到我们的库 libmyproject1.so。注意，我们写的是"-lproject1"，并不是"-llibproject1"，能这样写也是因为 Linux 对动态链接库命名的偏好（必须以 lib 3个字母开头）引起的。在用"-l"指定要链接的库文件名时，可以简写为"-lproject1"而不用写全。可是就在我们执行 test 的时候，出现了错误提示"error while loading shared libraries……"，提示找不到动态链接库，执行"ldd ./test"，查看一下 test 用到的动态链接库都有哪些。

```
root@libin:~/project1/testlib# ldd ./test
    linux-gate.so.1 =>  (0x00138000)
    libproject1.so.1 => not found
    libc.so.6 => /lib/i386-linux-gnu/libc.so.6 (0x0050d000)
    /lib/ld-linux.so.2 (0x00dec000)
root@libin:~/project1/testlib#
```

可以看到,"libproject1.so.1 => not found",而程序用到的其他的库,如 libc.so.6 在"/lib"目录下,libstdc++.so.6 在"/usr/lib"下可以找到。这两个路径(/lib 和/usr/lib)正是 Linux 动态库的默认搜索路径。自己做的动态链接库(libproject1.so.1)需要复制到默认搜索路径里面,当应用程序执行时需要用到动态链接库里面的接口(maina),系统会自动地到默认搜索路径去找相应的动态库,然后把找到的动态链接库载入内存供应用程序使用。明白了这个就不难理解为什么提示找不到动态链接库了。很明显要想让系统找到就需要把 libproject1.so.1 复制到"/lib"或"/usr/lib"目录下,这是不是唯一的做法呢?答案当然是否定的,通过加载环境变量(LD_LIBRARY_PATH)来指定动态库搜索路径也是经常使用的方法。把 libpath 目录载入到 LD_LIBRARY_PATH 环境变量里,系统就会搜索 libpath 目录查找需要的库了,再次执行"ldd ./test",libproject1.so.1 被系统检索到了,如下所示:

```
root@libin:~/project1/testlib# ldd ./test
    linux-gate.so.1 =>  (0x00545000)
    libproject1.so.1 => ./libpath/libproject1.so.1 (0x009fd000)
    libc.so.6 => /lib/i386-linux-gnu/libc.so.6 (0x00bec000)
    libQtGui.so.4 => /opt/QtSDK/Desktop/Qt/474/gcc/lib/libQtGui.so.4 (0x00d68000)
    libstdc++.so.6 => /usr/lib/i386-linux-gnu/libstdc++.so.6 (0x00110000)
    libgcc_s.so.1 => /lib/i386-linux-gnu/libgcc_s.so.1 (0x001fb000)
    /lib/ld-linux.so.2 (0x00935000)
```

运行 test,project1 项目的界面就弹出来了,使用动态库中的接口,调用者完全不用了解库里面的实现细节就可以实现自己所需的功能。

### 5. 如何生成静态链接库

要生成静态链接库,还需要在工程文件 project1.pro 里面添加一条语句"CONFIG+=staticlib",修改了配置信息后,在执行 qmake 生成 Makefile 之前,执行"cp Makefile Makefile.dyna"把生成动态链接库的 Makefile 备份一下,重新编译工程,生成静态链接库 libproject1.a。

### 6. 测试使用静态链接库

在建立的 testlib 目录下创建 teststaticlib 目录,把生成的静态链接库(libproject1.a)和前面创建的 mylib.h 头文件以及测试代码 test.cpp 复制到 teststaticlib 目录下,执行"qmake-project"生成工程文件 teststatic.pro,编辑该文件,添加"LIBS+=-L./-lproject1",指定 libproject1.a 搜索路径,之后重新生成 Makefile,编译运行工程,可以看到那个界面又蹦出来了,如图 1.7 所示。

和动态链接库不同的是,teststaticlib 生成之后,它的运行不需要依赖 libproject1.a 的存在。也就是说,如果嫌它占地方,完全可以一脚踢开它,因为库的代码已经直接编译链接进 teststaticlib 执行文件里面了,无疑这样会增大 teststaticlib 占用的磁盘空间。

第1章 Qt基础控件使用

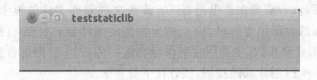

图1.7 使用静态库接口创建的窗体

### 7. Makefile 分析

一共 3 个 Makefile,需要我们分析。先打开 Makefile.app,文件内容过多,我们重点看几个重要的地方。

```
11 CC                  = gcc
12 CXX                 = g++
13 DEFINES             = -DQT_NO_DEBUG-DQT_GUI_LIB-DQT_CORE_LIB
14 CFLAGS              = -pipe-O2-Wall-W-D_REENTRANT $(DEFINES)
15 CXXFLAGS            = -pipe-O2-Wall-W-D_REENTRANT $(DEFINES)
16 INCPATH             = -I/opt/QtSDK/Desktop/Qt/474/gcc/mkspecs/default-I.
                        -I/opt/QtSDK/Desktop/Qt/474/gcc/include/QtCore
                        -I/opt/QtSDK/Desktop/Qt/474/gcc/include/QtGui
                        -I/opt/QtSDK/Desktop/Qt/474/gcc/include-I.-I.
17 LINK                = g++
18 LFLAGS              = -Wl,-O1-Wl,-rpath,/opt/QtSDK/Desktop/Qt/474/gcc/lib
19 LIBS                =  $(SUBLIBS)  -L/opt/QtSDK/Desktop/Qt/474/gcc/lib-lQtGui-lQtCore
                                      -lpthread
20 AR                  = ar cqs
21 RANLIB              =
22 QMAKE               = /opt/QtSDK/Desktop/Qt/474/gcc/bin/qmake
23 TAR                 = tar-cf
24 COMPRESS            = gzip-9f
25 COPY                = cp-f
26 SED                 = sed
27 COPY_FILE           = $(COPY)
28 COPY_DIR            = $(COPY)-r
29 STRIP               = strip
30 INSTALL_FILE        = install-m 644-p
31 INSTALL_DIR         = $(COPY_DIR)
32 INSTALL_PROGRAM     = install-m 755-p
33 DEL_FILE            = rm-f
34 SYMLINK             = ln-f-s
35 DEL_DIR             = rmdir
36 MOVE                = mv-f
37 CHK_DIR_EXISTS      = test-d
38 MKDIR               = mkdir-p
```

16 行指定了程序依赖的头文件所在的路径。19 行指定了库文件所在的路径,如果有第三方的库,读者需要在这里把第三方库头文件和库文件的搜索路径分别添加到 16 行和 19 行的合适位置。11、12 行指定用到的编译器;14、15 行指定编译选项;20 行指定归档工具和参数(主要用在制作静态链接库);23 行指定备份工具及参数;33 行删除文件;34 行创建软链接用,接着往下看:

```
69 QMAKE_TARGET    = project1
70 DESTDIR         =
71 TARGET          = project1
72
73 first: all
74 ####### Implicit rules
75
76 .SUFFIXES: .o .c .cpp .cc .cxx .C
77
78 .cpp.o:
79     $(CXX) -c $(CXXFLAGS) $(INCPATH) -o "$@" "$<"
80
81 .cc.o:
82     $(CXX) -c $(CXXFLAGS) $(INCPATH) -o "$@" "$<"
83
84 .cxx.o:
85     $(CXX) -c $(CXXFLAGS) $(INCPATH) -o "$@" "$<"
86
87 .C.o:
88     $(CXX) -c $(CXXFLAGS) $(INCPATH) -o "$@" "$<"
89
90 .c.o:
91     $(CC) -c $(CFLAGS) $(INCPATH) -o "$@" "$<"
92
93 ####### Build rules
94
95 all: Makefile $(TARGET)
96
97 $(TARGET):  $(OBJECTS)
98     $(LINK) $(LFLAGS) -o $(TARGET) $(OBJECTS) $(OBJCOMP) $(LIBS)
```

71 行指定生成目标的名字即应用程序的名字 project1;97 行指定生成 $(TARGET) 的指令,是用 g++ 根据目标文件 $(OBJECTS)链接库文件生成执行文件 project1。

打开 Makefile_dyna,看如下片段和 Makefile.app 的相同行比对。

```
11 CC          = gcc
12 CXX         = g++
13 DEFINES     = -DQT_NO_DEBUG -DQT_GUI_LIB -DQT_CORE_LIB
14 CFLAGS      = -pipe -O2 -Wall -W -D_REENTRANT -fPIC $(DEFINES)
15 CXXFLAGS    = -pipe -O2 -Wall -W -D_REENTRANT -fPIC $(DEFINES)
```

## 第1章 Qt基础控件使用

```
16 INCPATH         = -I/opt/QtSDK/Desktop/Qt/474/gcc/mkspecs/default
                    -I/opt/QtSDK/Desktop/Qt/474/gcc/include/QtCore
                    -I/opt/QtSDK/Desktop/Qt/474/gcc/include/QtGui
                    -I/opt/QtSDK/Desktop/Qt/474/gcc/include-I.-I.
17 LINK            = g++
18 LFLAGS          =-Wl,-O1-Wl,-rpath,/opt/QtSDK/Desktop/Qt/474/gcc/lib-shared
                    -Wl,-soname,libproject1.so.1
19 LIBS            = $(SUBLIBS)  -L/opt/QtSDK/Desktop/Qt/474/gcc/lib-lQtGui-lQtCore
                                 -lpthread
20 AR              = ar cqs
21 RANLIB          =
22 QMAKE           = /opt/QtSDK/Desktop/Qt/474/gcc/bin/qmake
23 TAR             = tar-cf
24 COMPRESS        = gzip-9f
25 COPY            = cp-f
26 SED             = sed
27 COPY_FILE       = $(COPY)
28 COPY_DIR        = $(COPY)-r
29 STRIP           = strip
30 INSTALL_FILE    = install-m 644-p
31 INSTALL_DIR     = $(COPY_DIR)
32 INSTALL_PROGRAM = install-m 755-p
33 DEL_FILE        = rm-f
34 SYMLINK         = ln-f-s
35 DEL_DIR         = rmdir
36 MOVE            = mv-f
37 CHK_DIR_EXISTS  = test-d
38 MKDIR           = mkdir-p
```

14、15行"-fPIC"是制作动态链接库时指定的参数,使用该参数可使生成的代码是位置无关的。18行,"-shared"参数指定生成的是共享动态链接库而不是普通的应用程序,"-Wl"表示后面的参数也就是"-soname,libproject1.so.1"直接传给连接器ld进行处理。实际上,每一个库都有一个soname,当连接器发现它正在查找的程序库中有这样一个名称,连接器便会将soname嵌入链接中的二进制文件内,而不是它正在运行的实际文件名。在程序执行期间,程序会查找拥有soname名字的文件,而不是库的文件名,换句话说,soname是库的区分标志。这样做的目的主要是允许系统中多个版本的库文件共存。

接下来,Makefile里面指定了生成的库的名字。

```
71 TARGET    = libproject1.so.1.0.0
72 TARGETA   = libproject1.a
73 TARGETD   = libproject1.so.1.0.0
74 TARGET0   = libproject1.so
75 TARGET1   = libproject1.so.1
```

```
76 TARGET2        = libproject1.so.1.0
```

目标生成的过程和指令如下：

```
100 all: Makefile    $(TARGET)
101
102 $(TARGET):  $(OBJECTS) $(SUBLIBS) $(OBJCOMP)
103     -$(DEL_FILE) $(TARGET) $(TARGET0) $(TARGET1) $(TARGET2)
104      $(LINK) $(LFLAGS)-o $(TARGET) $(OBJECTS) $(LIBS) $(OBJCOMP)
105     -ln-s $(TARGET) $(TARGET0)
106     -ln-s $(TARGET) $(TARGET1)
107     -ln-s $(TARGET) $(TARGET2)
```

生成的 TARGET0 软链接名字不包含版本号，它供程序在编译时用"-l"选项(-lmyproject1)，它只在程序开发编译阶段有用，程序的运行不需要依赖它。

用于生成静态链接库的 Makefile，相对比较简单，就不再过多分析了。主要是用 ar 指令打包静态库了，如下所示：

```
all: Makefile $(TARGET)

staticlib: $(TARGET)

$(TARGET):  $(OBJECTS) $(OBJCOMP)
    -$(DEL_FILE) $(TARGET)
     $(AR) $(TARGET) $(OBJECTS)
```

## 1.2.3 体验 Qt Creator 的神奇魅力

IDE（集成开发环境）往往是程序员快速开发程序的有力助手。在 1.2.2 小节里面，我们通过手敲代码和用指令来建立工程和编译程序，显然比较繁琐，并且容易出错，代码录入和调试都显得那么的蹩脚，这些都可以让 Qt Creator 来处理。

### 利用 qtcreator 建立第一个 Qt 工程

建立工作目录 project2，进入该目录，输入 qtcreator，启动 Qt Creator，软件界面如图 1.8 所示。

软件界面简洁清晰，欢迎界面（Welcome）提供了用户使用教程和 Qt 丰富的参考样例，这些样例是程序员快速开发程序不错的参考。单击左侧编辑（Edit）切换至该模式可以进入代码的编辑模式。设计（Design）是软件设计模式，在该模式下，可以通过 designer 对软件界面进行可视化设计。当然正如你猜测的一样，调试（Debug）模式用来对应用程序调试，包含断点设置、观测跟踪本地变量等。单击项目（Projects）可以对编辑器和代码风格进行设置。

接下来看一下用 Qt Creator 创建工程的详细步骤。单击"文件"菜单（File），在弹出的菜单里选择"新建文件或工程（New File or Project…）"，会弹出如图 1.9 所示的界面。

# 第 1 章  Qt 基础控件使用

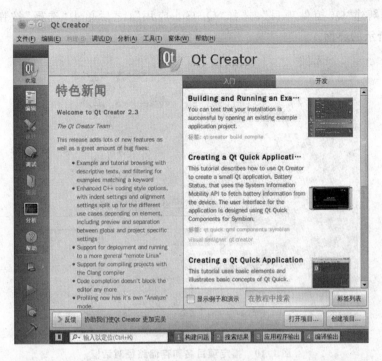

图 1.8  Qt Creator 软件界面

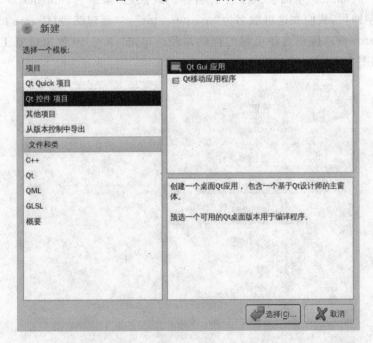

图 1.9  新建文件或工程对话框

选择新建"Qt 控件项目",选择"Qt Gui 应用",之后单击"选择"按钮,弹出如图 1.10 所示的界面。

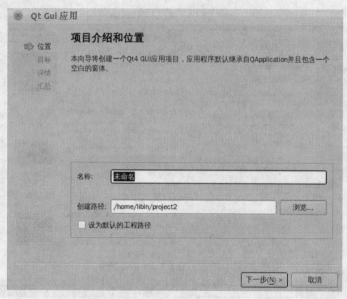

图 1.10 指定项目名和存储路径对话框

在"名称(name)"里面输入工程的名称。默认是"未命名(untitled)",改为自己工程的名字即可,我们在这里取名为"useqtcreator"。"创建路径(Create in)"处可单击"浏览(browse)"按钮选择工程的存储路径。单击"下一步"弹出设置工程目标平台界面,如图 1.11 所示。

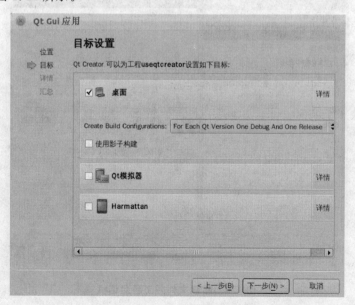

图 1.11 设置工程目标平台界面

# 第 1 章　Qt 基础控件使用

可以看到,可选的平台有"桌面"、"Qt 模拟器"和"Harmattan(MeeGo)",根据自己系统里安装的 Qt 平台菜单会略有不同,此处我们选择"桌面"。单击"下一步"来到工程详细设置界面,如图 1.12 所示。

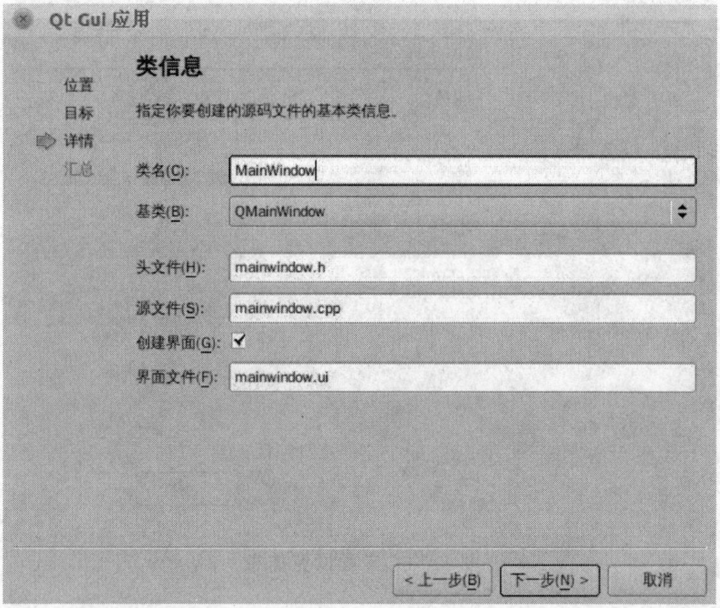

图 1.12　工程详细设置界面

类名(Class name)处输入自定义类的名称,基类(Base class)可以为自定义类指定父类,单击下拉箭头可以看到一共有 3 种基类可以供我们选择,如图 1.13 所示。

图 1.13　可选的基类

我们先选择 QWidget,类名改为"CMyWidget",如图 1.14 所示。

类的头文件是"cmywidget.h",实现文件是"cmywidget.cpp",建立的窗体文件名是"cmywidget.ui",这个 ui 格式的文件是通过 Qt 的 designer 软件设计出来的界面文件,用 XML 记录了 Qt designer 生成的界面的相关内容(窗体属性、大小、图形、槽等),工程在编译的时候用 uic 工具把 ui 文件转换成 C++代码。单击"下一步"可以设置项目版本控制系统(git/cvs/svn),如图 1.15 所示。

最后单击"完成",轻松创建完毕,如图 1.16 所示。

可以看到 qtcreator 对代码组织结构的思路还是非常清晰的。早些版本的 Qt Creator对工程代码没有进行归类,现在好了,所有的源码(.cpp 文件)都在"源文

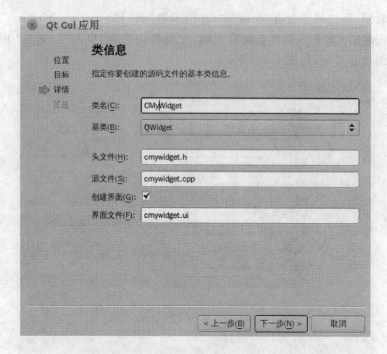

图 1.14  工程设置信息

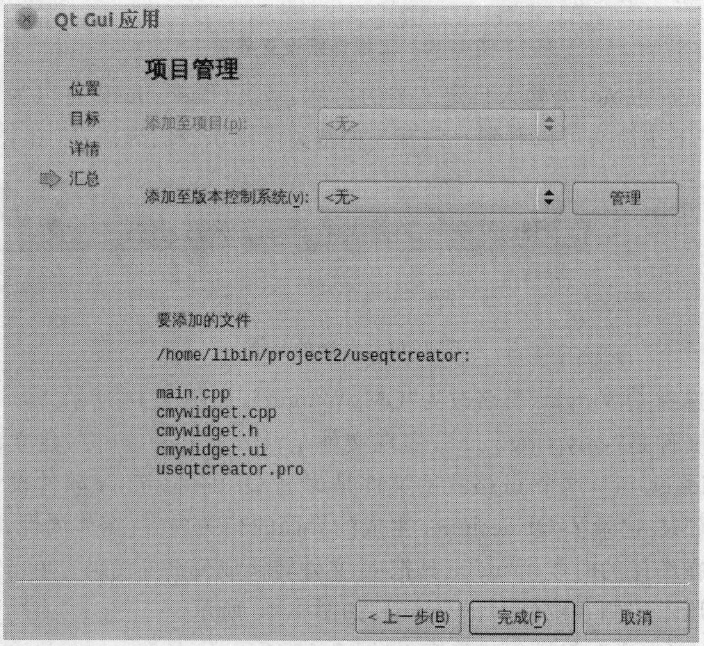

图 1.15  设置项目版本控制系统对话框

# 第 1 章　Qt 基础控件使用

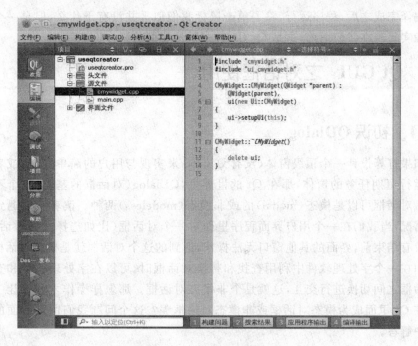

图 1.16　工程创建结束界面

件(Sources)"标签下,头文件(.h 文件)在"头文件(Headers)"标签下,窗体文件(.ui 文件)一并放置在了"界面文件(Forms)"下,这样看起来比全部放在一起简洁清晰多了。在这些标签下可以看到 Qt Creator 帮我们建立了 main.cpp 文件,建立了工程文件 useqtcreator.pro,此时只要单击如图 1.17 所示的"运行"按钮或按快捷键"Ctrl+R",即可对工程进行编译运行。

图 1.17　工程构建工具条

单击图 1.18 的 4 号功能"Compile Output"可以看到编译的过程,如图 1.18 所示。

```
Compile Output
make:离开目录"/home/libin/myproject2/useqtc-build-desktop"
The process "/usr/bin/make" exited normally.
Configuration unchanged, skipping qmake step.
Starting: "/usr/bin/make" -w
make:进入目录'/home/libin/myproject2/useqtc-build-desktop'
/opt/qtsdk-2010.04/qt/bin/uic ../useqtc/cmywidget.ui -o ui_cmywidget.h
g++ -c -pipe -g -Wall -W -D_REENTRANT -DQT_GUI_LIB -DQT_CORE_LIB -DQT_SHARED -
I/opt/qtsdk-2010.04/qt/mkspecs/linux-g++ -I../useqtc -I/opt/qtsdk-2010.04/qt/include/QtCore -
I/opt/qtsdk-2010.04/qt/include/QtGui -I/opt/qtsdk-2010.04/qt/include -I. -I. -I../useqtc -I. -o main.o
../useqtc/main.cpp

1 Build Issues  2 Search Results  3 Application Output  4 Compile Output
```

图 1.18　工程输出观测窗口

编译完成之后，程序运行，除了单击鼠标我们似乎并没有干什么，但是一个软件界面确实呈现在我们面前，这是 Qt Creator 送给我们的第一份惊喜。

## 1.3 Qt GUI 之对话框使用

### 1.3.1 初识 QDialog

如果打算设计一个顶级窗体（没有父窗体）来实现与用户的简单交互，或者设计一个运行短期任务的窗体，那在 Qt 的世界里，QDialog（对话框的基类）是个不错的选择。对话框可以是模态（modal）的或非模态（modeless）两种。读者一定遇到过这样的情况，当我们在一个用户界面程序里面对一个对话框（比如选择文件对话框）的操作没有结束前，界面的其他窗口无法操作，遇到的这个对话框就是模态对话框。而当我们在一个字处理软件中利用查找和替换对话框时，可以在字处理软件和查找替换对话框之间切换进行交互，这就是个非模态对话框。那怎样操作才可以让一个对话框在 Qt 里面成为模态对话框或非模态对话框呢？这个问题我们留到后面的实际例子中解答。

先来看一下，QDialog 类的继承关系，如图 1.19 所示。

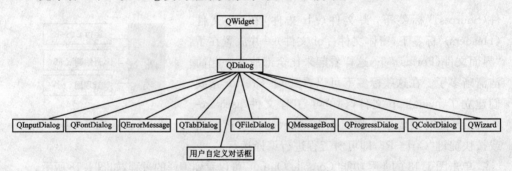

图 1.19 QDiglog 类拓扑结构

QDialog 从 QWidget 继承，然后它下面又被 Qt 的内置对话框类（QFileDialog 选择文件或目录对话框、QFontDialog 选择字体对话框、QMessageBox 消息提示对话框等）继承。用户要实现自己的对话框，需要继承自 QDialog 类，并包含头文件 <QDialog>。

### 1.3.2 实现自己的对话框类

建立工作目录 project3，按照前文讲过的步骤用 Qt Creator 创建基于 QDialog 的工程 useqtdialog，类名为 CMyDialog。工程建立结束不妨先 run 一下，熟悉一下对话框的外貌，界面如图 1.20 所示。

是不是和 QWidget 窗体风格有点出入，对了，没有看到最大化和最小化按钮，只

# 第 1 章  Qt 基础控件使用

图 1.20  Qt 对话框界面

有一个关闭按钮,这是 Qt 对话框默认的窗体风格。现在这个软件界面唯一和用户的交互就是可以移动及单击关闭按钮可以退出界面。接下来要做的事情就是让界面和用户真正交互起来,操作之前我们先来点准备工作。

```
1  #ifndef CMYDIALOG_H
2  #define CMYDIALOG_H
3
4  #include <QDialog>
5
6  namespace Ui {
7      class CMyDialog;
8  }
9
10 class CMyDialog : public QDialog
11 {
12     Q_OBJECT
13
14 public:
15     explicit CMyDialog(QWidget *parent = 0);
16     ~CMyDialog();
17
18 private:
19     Ui::CMyDialog *ui;
20 };
21
22 #endif // CMYDIALOG_H
23
```

图 1.21  cmydialog.h 的代码

## 1. 探秘 Qt 的核心机制——信号与槽

双击 cmydialog.h,看到它的代码如图 1.21 中所示:代码的 1、2、22 行是防止头文件重复包含的处理;第 4 行包括进来对话框的基类 QDialog 的头文件;6~8 行是命名空间 Ui 的前置声明;代码 19 行就用到了该命名空间类 Ui::CMyDialog 的一个指针而不是对象,这些处理是为了降低模块接口的改变对程序重新编译带来的影响,尽量减少接口和实现之间的耦合。Qt Creatror 对自动生成的代码所做的努力,也是对微软 Herb Sutter 提出的 PIMPL(Private Implementation)方法的一个使用,利用该方法 19 行指针(ui)的类型 Ui::CmyDialog 不用完全定义,当然现在也无法在工程代码中找到它的具体定义。那 Ui::CmyDialog 究竟在那里实现的,咱们后面再说。可以明确的就是如果这里定义的是 Ui::CMyDialog 的一个对象 ui 的话,那么程序员一但修改了 Ui::CMyDialog 的实现就会造成所有使用了类 CMyDialog 的源文件的重新编译。这在一个头文件包含复杂的大型项目开发里面引起的漫长的编译时间是无法忍受的,相信这也不是读者希望的。第 15 行构造函数带了一个参数 parent,并有默认值 0,这个参数主要是指向父窗口的指针,为 0 则没有父窗口;explicit 修饰单参的构造函数可以阻止参数类型的数据向类类型的自动转换。这个头文件唯一让我们觉得奇怪的地方就是在类 CMyDialog 的私有数据区可以看到一个奇怪的宏 Q_OBJECT(代码的 12 行),它的存在有什么特殊的意义?我们先把它注释掉看看会对程序有什么影响。屏蔽掉(//Q_OBJECT)之后再次单击 run 按钮执行程序,看不到有什么影响,此时我们为类 CMyDialog 添加如下的代码:

```
public slots:
    void myslots();
```

看似是写了一个公有的函数 myslots(),再次单击 run 按钮,编译程序会出现如图 1.22 所示的一个错误提示:

图 1.22　错误提示

提示缺少了 Q_OBJECT 宏的定义,把 12 行注释去掉,编译程序这个错误不会出现了。但是由于我们没有写 myslots()函数的具体实现会报一个未定义错误,先不用管,回过头看看我们做了什么。原来,我们已经在不经意间写了一个槽函数,也看到了声明槽函数需要用到 slots 关键字,更得到了在我们的类里面要定义槽函数必须写上 Q_OBJECT 这个宏(否则出错误提示)。正如我们看到的,Qt 所谓槽的定义和普通的类成员函数定义没有太大的区别,用上 Qt 的关键字 slots 声明即可。当然这个关键字不属于 C++,所以标准 C++编译器(比如我们用的 g++)遇到 slots 肯定是编译通不过的,错误提示就是"ISO C++ forbids declaration of 'slots' with no type"。加上了这个 Q_OBJECT 宏之后,程序是怎么编译过去的?g++直接编译我们的程序是做不到了,揭开这个谜底还需要分析一下工程的 Makefile。在这个时候对 1.2.2 小节第 7 条目进行个补充是非常合适的时机了,如果那时就解析这个问题无疑很难解析清楚并且容易对读者造成困惑,现在我们带着实际要解决的问题来看这个 Makefile。可是我们工程的 Makefile 在哪里呢?重新开启个终端进入到 useqtdialog 工程路径下(/home/libin/project3/useqtdialog),在这个目录下打开 Makefile,找到如下的地方:

```
170 compiler_moc_header_make_all: moc_cmydialog.cpp
171 compiler_moc_header_clean:
```

## 第1章 Qt基础控件使用

```
172        -$(DEL_FILE) moc_cmydialog.cpp
173 moc_cmydialog.cpp: cmydialog.h
174        /opt/QtSDK/Desktop/Qt/474/gcc/bin/moc $(DEFINES) $(INCPATH) cmydialog.h -o
           moc_cmydialog.cpp
```

看174行，用到了"/opt/QtSDK/Desktop/Qt/474/gcc/bin/moc"这个工具生成了一个moc_cmydialog.cpp的文件，这个文件名是由源码cmydialog.cpp前面加个moc前缀组成。moc(Meta Object Compiler)工具称为Qt的元对象编译器，就是它会读取源代码(如mydialog.cpp)。如果发现类声明里面有Q_OBJECT这个宏的声明，moc就会把Qt的信号与槽机制需要的相关代码(也称为元对象代码)加入到源码里面并重新生成一个C++源码(moc_cmydialog.cpp)，把这个源码交给g++去编译和链接。至此我们前面的疑问看来都得到答案了，可以得到的结论就是：要想使用Qt的核心机制信号与槽，就必须在类的私有数据区声明Q_OBJECT宏，然后会有moc编译器负责读取这个宏进行代码转化，从而使Qt这个特有的机制得到使用。那我们一直提的Qt的信号和槽到底是个什么机制，究竟有什么用？我们继续往下探秘。

不妨先来品尝一下利用这个机制带来的甜头，回到IDE里面去，双击cmydialog.cpp文件，对在cmydialog.h里面声明的槽函数myslots()进行编写实现。当我们敲入代码"void CMyDialog::"的时候，Qt Creator强大的代码补齐功能第一次展现在我们的面前，如图1.23所示：

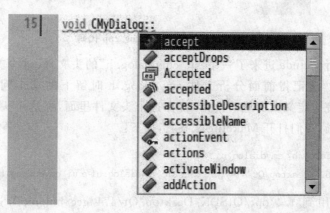

图1.23 qtcreator代码补齐功能

接着输入"my"的时候会检索到我们的槽函数myslots，如图1.24所示：

图1.24 Qt Creator中的自动检索

这时直接按回车键即可。环境的方便性大大加快了代码的录入速度。刚开始我们尽量讲解得详细点、慢点,后面就不会提到这些步骤了。修改后的 cmydialog.cpp 代码如图 1.25 所示:

```
1    #include "cmydialog.h"
2    #include "ui_cmydialog.h"
3    #include <QDebug>
4
5    CMyDialog::CMyDialog(QWidget *parent)
6        QDialog(parent),
7        ui(new Ui::CMyDialog)
8    {
9        ui->setupUi(this);
10   }
11
12   CMyDialog::~CMyDialog()
13   {
14       delete ui;
15   }
16   void CMyDialog::myslots()
17   {
18       qDebug()<<"myslots() is called";
19   }
20
```

**图 1.25  修改后的 cmydialog.cpp 代码**

代码第 2 行 include 进来了一个"ui_cmydialog.h"的头文件,这个文件在那里,它是怎么来的?还记得前面分析文件 cmydialog.h 时留下的那个问题吗?Ui::CMyDialog 的完全定义在那里?没错,就在这个头文件里面,那这个头文件怎么来的?思路要清晰,我们打开 Makefile 来找它,如下:

186 ui_cmydialog.h: cmydialog.ui
187 /opt/QtSDK/Desktop/Qt/474/gcc/bin/uic cmydialog.ui -o ui_cmydialog.h

在 187 行用到了"/opt/QtSDK/Desktop/Qt/474/gcc/bin/uic",这个指令把 cmydialog.ui 文件转换成了 ui_cmydialog.h 文件。User Interface Compiler(uic)这个用户接口编译器可以把 Qt Creator 用 designer 创建的 ui 文件转换成对应的 C++头文件供其他源码使用。指令常用的格式就是<uic ui 文件-o 对应的头文件>。在 Qt3 版本的时候还可以利用 uic 工具生成 ui 文件的.cpp 文件,现在 Qt4 不这么做了,这个 ui_cmydialog.h 就是利用所见即所得工具 designer 绘制界面的代码实现,内容如下:

10 #ifndef UI_CMYDIALOG_H

```
11  #define UI_CMYDIALOG_H
12
13  #include <QtCore/QVariant>
14  #include <QtGui/QAction>
15  #include <QtGui/QApplication>
16  #include <QtGui/QButtonGroup>
17  #include <QtGui/QDialog>
18  #include <QtGui/QHeaderView>
19
20  QT_BEGIN_NAMESPACE
21
22  class Ui_CMyDialog
23  {
24  public:
25
26      void setupUi(QDialog *CMyDialog)
27      {
28          if (CMyDialog->objectName().isEmpty())
29              CMyDialog->setObjectName(QString::fromUtf8("CMyDialog"));
30          CMyDialog->resize(400, 300);
31
32          retranslateUi(CMyDialog);
33
34          QMetaObject::connectSlotsByName(CMyDialog);
35      } // setupUi
36
37      void retranslateUi(QDialog *CMyDialog)
38      {
39          CMyDialog->setWindowTitle(QApplication::translate("CMyDialog",
                      "CMyDialog", 0, QApplication::UnicodeUTF8));
40      } // retranslateUi
41
42  };
43
44  namespace Ui {
45      class CMyDialog: public Ui_CMyDialog {};
46  } // namespace Ui
47
48  QT_END_NAMESPACE
49
50  #endif // UI_CMYDIALOG_H
```

22 行就是界面类 Ui_CMyDialog 的声明，它有个重要的成员函数 setupUi(QDialog * CMyDialog)。这个函数在 cmydialog.cpp 的第 9 行做的调用，主要实现界面的初始化工作，把我们设计的软件界面画出来；同时它还可以把满足一定命名规则的槽函数和相应的信号关联起来（后面会讲到）。44~46 行终于看到了 Ui::CMyDialog 的具体定义了，Ui 命名空间里面的 CMyDialog 就是从 Ui_CMyDialog 界面类的一个继承子类。我们再次回到 cmydialog.cpp 代码里面，第 3 行括进来一个头文件<QDebug>，以便在 18 行使用 qDebug()这个类似于 printf()函数的接口，来实现调试语句的输出。第 7 行在 CMyDialog 类的构造函数的初始化参数列表里 new 了一个 ui 指向的对象，往后界面中的所有控件都可以通过这个指针访问。

代码分析结束，槽函数也写了一句简单的实现代码，现在把它利用起来。回到 Qt Creator 工程中，双击 cmydialog.ui 文件，设计软件界面，如图 1.26 所示。

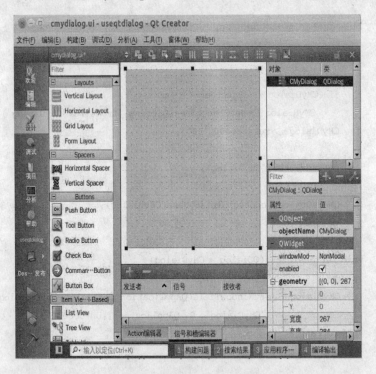

图 1.26  designer 界面设计窗口

从左边的区域可以看到 Qt 给我们提供的丰富界面控件(Layouts/Spacers/Buttons/Item views 等)。先来用一下"Push Button"。这是几乎任何的软件界面都会使用的控件。鼠标放置在"Push Button"处，左键按下拖动至上图的控件放置区（网格位置）松开鼠标左键，这样就给软件界面添加了一个按钮。双击按钮可以更改按钮的显示文本（默认显示的就是 PushButton），改为"press me"然后回车，按钮上的文本就换了。鼠标单击"press me"按钮，在对象查看器（图 1.26 右上角位置）里面可以看到

## 第1章 Qt 基础控件使用

按钮控件的对象名(pushButton)和类名(QPushButton),如图 1.27 所示:

图 1.27 对象查看器

可以通过双击对象名来更改它的名称。界面中的每一个控件都会有一个指向它的指针,程序里面可以通过该指针来操作这个控件。

接着在类 CMyDialog 构造函数里面,添加 connect 函数调用。刚敲入"connect("时,初次使用这个 IDE 环境的读者将会又得到一份惊喜,如图 1.28 所示。看到给出的参数提示功能了吧,我们要调用的函数 connect 是个重载函数(2 个),参数的个数和类型都给出了,省去了刻意的记忆,帮助程序员向函数传递合适的参数。

```
CMyDialog::CMyDialog(QWidget *parent) :
    QDialog(parent),
    ui(new Ui::CMyDialog)
{
    ui->setu ▲ 1/2 ▼ bool connect(const QObject *sender, const char *signal, const char *member, Qt::ConnectionType type = Qt::AutoConnection) const
    connect()
}
```

图 1.28 Qt Creator 接口参数提示功能

添加代码:

connect(ui->pushButton,SIGNAL(clicked()),this,SLOT(myslots()));

现在还是需要明白这句话作用。编译运行程序,在弹出的界面里面每次单击"press me"按钮,可以在"应用程序输出(Application Output)"窗口看到 myslots 槽函数的输出语句打印出来了,如图 1.29 所示。

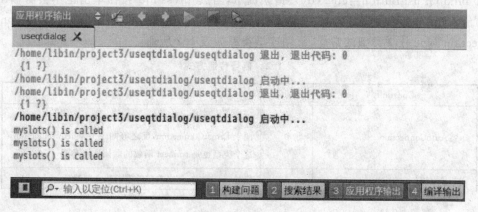

图 1.29 应用程序输出观测窗口

但是我们并没有显式调用过myslots()函数,实际上这个函数确实被调用了,这是Qt信号和槽机制起的作用。connect()函数实现了信号和槽的关联,这个函数是QObject类的一个静态函数,原型如下:

bool QObject::connect(const QObject * sender,const char * signal,const QObject * receiver,const char * method,Qt::ConnectionType = Qt::AutoConnection)[static]

它可以把一个对象(sender)发送的信号(signal)和接收者(receiver)的槽函数(method)关联起来,这样当信号产生的时候与之关联的槽函数会被执行。换到我们写的就是按钮(pushButton)发送了一个Qt所谓的信号(clicked()),那么与这个信号关联的槽函数(myslots())就会被执行,这就是信号与槽机制的作用。这种机制可以实现两个对象之间的通信(按钮对象和对话框对象之间通信)。这可是Qt的独门秘籍,是Qt独立于标准C++自行定义的一种通信机制,非常灵活。眼尖的读者也看到了,在connect函数里面我们用到了Qt提供的两个宏SIGNAL()和SLOT();这是Qt要求的,要关联信号和槽必须借助于这两个宏,两个宏的定义如下:

# define SLOT(name)     "1"# name
# define SIGNAL(name)   "2"# name

通过这两个宏,就可以把我们传递进去的槽和信号的名字转化成字符串,并在这两个字符串前面加上附加的字符。信号前加了'2',槽前面加了'1',这样前面写的connect语句,经过moc处理后就变成了"connect(ui->pushButton,"2clicked()",this,"1myslots()");"。所以直接这样写也可以,但是不如借助于提供的宏,让程序看起来更清晰。当connect函数被调用的时候,它会检测信号和槽前面是否有各自对应的特殊字符('1'或'2'),如果没有,connect()函数就会调用失败,返回false,当然这次连接就失败了。读者也可以试一下直接在connect()函数里面写上信号和槽名字的字符串,程序在运行的时候就会有"Object::connect:Use the SIGNAL macro to bind QPushButton::clicked()"错误提示,当然"press me"按钮单击也不会有输出了。connect函数的最后一个参数type可以指定传递信号的方式,它是Qt::ConnectionType枚举类型的常量,常用连接类型如表1.2所列。

表1.2  信号传递方式

| Constant | Value | Description |
|---|---|---|
| Qt::AutoConnection | 0 | 当信号发送者和接收者处于同一线程内时,这个类型等同于DirectConnection,反之等同于QueuedConnection,这个类型也是connect函数的默认连接类型 |
| Qt::DirectConnection | 1 | 信号一旦发射,与之关联的槽函数立即执行 |

## 第 1 章 Qt 基础控件使用

续表1.2

| Constant | Value | Description |
| --- | --- | --- |
| Qt::QueuedConnection | 2 | 当信号产生,信号会暂时被缓冲到一个消息队列中,等待接收者的事件循环处理去队列中获取消息,然后执行和信号关联的槽函数,这种方式既可以在同一线程内传递消息也可以跨线程操作 |
| Qt::BlockingQueuedConnection | 4 | 这种类型类似于 QueuedConnection,但是它只能应用于跨线程操作即发送者和接收者处于不同的线程中的情况,并且信号发送者线程会阻塞等待接收者的槽函数执行结束 |
| Qt::AutoCompatConnection | 3 | 当兼容 Qt3 程序时的默认连接类型 |

写到这里,我们是不是还不知道 pushButton 为什么会发射信号 clicked()?这个信号从哪里来?Qt 所谓的信号看起来和函数的形式一样,我们能不能在类 CMyDialog 里面定义一个信号?定义好了信号怎么发射?好了,我们这就对 Qt 信号和槽机制一探究竟。

**2. 学会正确使用信号与槽机制**

在进行用户界面编程的时候,经常会碰到一个窗口部件的状态改变通知另外一个窗体部件以便其做出更新动作的情况。更具体点就是一个对象经常可能要和其他对象通信来完成界面程序的功能以及和用户的交互,当然这个需求在 Qt 中是信号与槽机制一定具有的功能。在前文中看到了 Qt 的信号和槽的关联,也知道了槽的定义,也看到了按钮 pushButton 可以发射 clicked()信号。clicked()信号是 QPushButton(Qt 的命令按钮窗口部件)在被按下又释放的时候自动发射出去的,不需要软件设计者写程序控制它的发射,也不需要关心它的定义,这种信号是 Qt 的窗口部件预定义的信号。QPushButton 有很多继承过来的信号,如下所示:

```
signals
        void clicked(bool checked = false)
        void prdssed()
        void released()
        void toggled(bool checked)
```

当用户用鼠标单击了一个 PushButton(命令按钮),pressed()信号就会发射出去,当用户松开鼠标左键释放单击的按钮时,released()信号就会产生。toggled()信号后面用到时再讲解。既然信号都有系统预定义的,槽应该也有。Qt 的窗口部件也有很多可以用来接收信号的预定义的槽函数,这些槽函数不用像前面 myslots()槽函数一样需要软件设计人员的定义和实现。QDialog 本身也带了很多预定义的槽函数,如下所示:

Public Slots
```
    bool close()
    void hide()
    void raise()
    void show()
```

close()槽函数可以实现关闭对话框的功能。如果要隐藏对话框可以调用 hide()，让对话框显示出来可以用 show()。如果要窗体处在所有相关窗体的最上面，那么 raise()可以实现这个功能。

原来 Qt 的窗口部件预设了那么多的信号和槽来供软件设计人员使用，但仍然有可能满足不了软件设计的全部需要。很有可能我们要自己定义信号，然后在合适的机会发射我们的信号，我们也有必要自定义槽函数来处理感兴趣的信号。正如定义槽函数用到 slots 关键字一样，定义信号需要使用 Qt 的关键字 signals。比如在 CMyDialog 类里面可以写上如下几个信号的定义：

```
sighals:
    void mysignal(void);
    void mysignal(QString);
    void mysignal(int);
    void mysignal(int,int,QString ch = "test");
```

我们定义的同名信号，它们的定义和 C++的函数重载机制是不是很相似？信号体现的形式也和槽一样都是与函数的定义相同，可以带参数，只不过信号不能有类似于函数的返回类型，只能用"void"修饰了。信号也可以带形参，也可以有参数的默认值，信号在发射的时候可以把传递进来的实参传递给槽函数，这样可以实现对象间数据的传递。在这里需要注意的是，同名信号带的参数有默认值的时候，编译器不会根据参数类型的不同来区分它们为不同的函数，这点和 C++的函数重载机制是有出入的，比如我们这样定义两个信号(同名)：

```
signals:
    void mysignal(QString ch = "test");
    void mysignal(int b = 0);
```

编译工程的时候，会出现如图 1.30 所示的错误提示，提示我们对信号的调用存在歧义。

由此可以得到，当同名信号带参数的时候，在参数个数相等的情况下，最多有一个信号的形参可以有默认值。

再来看另一种情况，这样定义同名信号：

```
signals:
    void mysignal(int);
    void mysignal(int ,char c = 'a');
```

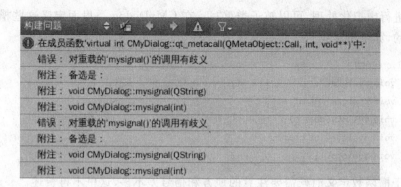

图1.30 同名信号调用歧义

这样也是不允许的,也会出现如图1.30所示的错误提示。第二个信号的参数个数虽然大于第一个,但是第二个参数c有默认值,所以编译器同样区分不开这样的信号调用 mysignal(3),这也是正确定义信号需要注意的地方。总结起来就是当定义了一个信号1,参数个数为n,又定义了一个同名的信号2,参数个数为n+1,则信号1和信号2的前n个参数类型不能完全一样。

还有一种情况这样定义信号:

```
signals:
    void mysignal(int v,QString = "hello");          //信号1
    void mysignal(int ,char = 'a',QString = "world"); //信号2
```

这种情况,虽然两个信号的参数个数不等,信号1参数和信号2的前两个参数类型也不完全相同,但是因为信号1的第二个参数有默认值,信号2的最后两个参数也有默认值,所以当我们执行 mysignal(3)调用信号的时候也会产生歧义。这种情况总结起来就是同名信号1形参个数X个,同名信号2参数个数M个,存在N<M,N<X,信号1和信号2的前N个参数类型完全一致,这时信号1剩下的(X-N)个参数如果都有参数的默认值,信号2剩下的(M-N)个参数则一定不能全部都有默认值;反之信号2剩下的参数如果全部有默认值,则信号1剩下的参数也不能全部都有默认值。

槽函数和普通的成员函数基本一样,唯一不一样的地方我们也看到了。槽函数可以和信号关联,在定义槽函数的时候在 CMyDialog 里面是这样写的:

```
public slots:
    void myslots();
```

用到了访问限定符(存取权限)public,当然也可以用 protected 和 private 修饰。当槽函数作为普通的成员函数使用的时候,这些访问限定符就可以起到数据的保护作用。如果是作为槽函数使用来连接信号,这些访问限定符是没有作用的。当然槽函数也可以带参数,但是作为槽函数使用,如果参数有默认值是没有意义的。槽函数

也可以进行虚拟化处理,可以被子类重写。在 CMyDialog 类里面定义这些槽函数都是可以的,如下所示:

```
public slots:
    void myslots();
    void myslots(int a);
    void myslots(char c);
    void myslots(int char);
    void myslots();
```

关于槽函数定义时候需要注意的地方和信号差不多,这里不再赘述。

接下来看一下,当信号和槽连接的时候,有什么特殊的需要注意的地方。信号和槽的连接用 connect()函数实现,当然如果想解除信号与槽的连接可以用 QObject 的静态函数 disconnect(),函数原型如下:

```
bool QObject::disconnect(connst QObject * sender,const char * signal,const QObject * receiver,const char * method)[static]
```

比如要解除 pushButton 的 clicked()信号与我们的槽函数 myslots()之间的关联,可以这样写"disconnect(ui->pushButton,SIGNAL(clicked()),this,SLOT(myslots()));"。解除了连接关系后,槽函数的执行与否就和信号的发射与否没有关系了。如果一个对象 obj1 定义了若干个信号,这些信号又和若干个对象(obj2,obj3...)的槽函数做了关联,这个时候要一并解除这些关联,简单写上"disconnect(&obj1,0,0,0)"即可。要断开对象 obj1 某个特定信号 signal1 的任何关联,写法是"disconnect(&obj1,SIGNAL(signal1()),0,0);",断开 obj1 与 obj2 之间的关联,可以这样写"disconnect(&obj1,0,&obj2,0);"。

disconnect 函数的参数,除了第一个参数 sender 没有被我们在上文的调用中写为"0"外(实质上它是不能用 0 来做通配的),其他的都可以写为"0"来实现"通配符"的作用,可以表达"任何信号","任何接收对象"及"接收对象中的任何槽函数"。disconnect()函数一般不是软件所需并不需要设计人员显式的调用,因为这些连接会随着对象的消亡自动断开。

现在就动手把 CMyDialog 里面的信号 mysignal(QString)和槽函数 myslots(int)连接起来,看会发生什么情况,这也是我们第一次把带有参数的信号和槽做连接,在类 CMyDialog 构造函数里面添加如下语句:

```
connect(this,SIGNAL(mysignal(QString)),this,SLOT(myslots(int)));
```

工程编译可以顺利完成,但是当我们单击 run 运行的时候,可以看到一个如图 1.31所示的提示。

这个错误提示主要是由于连接的信号与槽之间的参数类型不一致造成的。当我们更改槽(myslots)的参数类型也为"QString"时,就不会有这个错误提示了。从这

图 1.31 信号与槽连接错误提示

里可以看出:要连接在一起的信号和槽,如果带了参数,那么这些参数的顺序和类型都要一致,并且信号带的参数的个数可以多于槽,信号在发射的时候可以把参数传递给槽函数接收,这也是不同对象交互数据的一个方法,信号可以发送多个类型的数据给槽函数,但是槽函数不一定需要全部接收处理,这样槽函数参数的个数可以少于或等于信号参数的个数,但一定不能多于所连接信号的参数个数。例如连接信号mysignal(int,char ,char *)和槽 myslots(int,char)就是正确的使用。

Qt 的信号还可以和信号连接起来,就是把两个信号用 connect():函数关联起来也是可以的,当一个信号产生的时候,与之关联的信号就会发射,例如:

connect(this,SIGNAL(mysignal(int)),this,SIGNAL(othersignal(int)));

当然 Qt 的信号和槽机制在使用上还有一些限制,这些限制在实际工作中很少碰到,在这里就不做讲解了,有兴趣的读者可以自行查阅 assistant(Qt 助手)来了解。

**3. 让对话框动起来**

通过前面对信号和槽机制的掌握,现在来增加对话框和用户的交互,应该有思路了吧? 首先实现一个基本功能,自从创造了 Qt 软件界面,那么也就创造了怎么关闭这个界面的方法,没错就是 1.3.2 小节,第 2 条目提到的 close()槽函数。close()函数可以关闭一个窗体,当成功关闭窗体它还可以返回一个真值(true),否则返回假值(false);另外它还会发送一个 QCloseEvent 系统事件,这里暂且不表,在《第 2 章 Qt 事件驱动机制》还可以遇见这个事件。

如何让界面在用户单击了"press me"按钮后立刻消失,看看是怎么处理的。当然 connect 一下 clicked 和 close 就搞定了。但是,我们换个方式,单击 qtcreater 的"编辑(Edit)"菜单,在弹出的子菜单里面点选"编辑信号/槽(Edit signals/slots)",然后把鼠标移动到"press me"按钮上,什么情况? 是不是按钮颜色变了,奇迹还在后面呢,单击按钮,然后拖动鼠标到对话框的空白处,会看到如图 1.32 所示界面。是不是很熟悉的图案? 可不是电路图,这个是信号和槽连接的线路。当松开鼠标左键,弹出"配置连接(Configure Connection)"对话框,如图 1.33 所示。

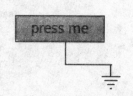

图 1.32 信号与槽的图形化关联

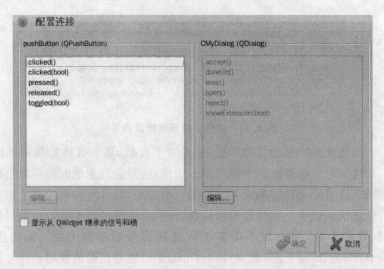

图 1.33  配置连接

这个"配置连接"界面,列举了按钮(pushButton)可以发送的信号和对话框(CMyDialog)可以和信号关联的槽函数列表。逐个认识一下它们,这些系统定义好的信号和槽很大程度地便利了工程师们。pushButton 可以有几个状态必须要明白,默认情况下按钮为触发按钮(trigger button),单击之后可以立刻弹起来,如果点选了按钮的"checkable"属性,知识就是一环套一环的,怎么设置按钮的"checkable"属性,还得认识另外一个叫"属性编辑器"的窗口,一般情况下用 Qt Creator 创建工程之后这个窗口就默认打开的,如图 1.34 所示。

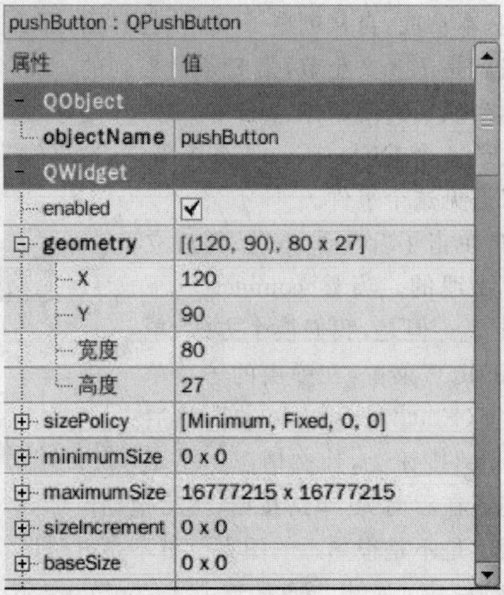

图 1.34  Qt 对象属性编辑器

# 第 1 章 Qt 基础控件使用

单击界面上不同的控件,就会出现相应控件的属性编辑器。单击了"press button"之后,就可以在这个属性编辑器里面看到 pushButton 的各种属性。"属性(Property)"栏列举属性的名称,"值(Value)"栏里是属性对应的值。以 pushButton 为例来认识一下这些属性,其他控件都大同小异,读者要会举一反三,后面如果遇到了再去认识其他的新属性。可以看到"QObject"里面有"objectName"属性,值(value)就是按钮控件的名称,这个名字可以通过鼠标的单击来修改。单击之后进入编辑状态,可以随便起一个,只要不和别的控件名重名就可以了。正如每个人都希望有个好听的名字一样,对于这些控件的名字,一般都要词能达意,比如把按钮控件名"pushButton"改为"pBtnClose",言外之意就是单击了这个按钮就会关闭对话框,改完之后轻按回车就搞定了。下一个,"QWidget"里面有个"enabled"的属性,value 里面有个复选框默认是打对勾的,当去掉这个对勾的时候,会看到"press me"按钮变灰色了,这样当界面运行时,单击按钮就不会有反应了。大家在 Windows 里面安装软件都是一路 next,可是当软件需要你同意它的安装许可协议时,你不选择接受,是不是那个"下一步"的按钮就如咱们这个"press me"一样显得死气沉沉的,接受了许可协议之后,按钮就活起来了。QPushButton 从它祖父那里继承了一个函数"void setEnabled(bool)",当向它传递参数"true"的时候,就可以使能按钮,传递"false"就可以禁止按钮。使能的按钮可以接收键盘和鼠标的事件。在"geometry"里面可以看到如图 1.35 所示的几个属性,可以用来设置按钮显示的位置及大小。

X,Y,Width,Height 的直观含义可以通过图 1.36 了解到。

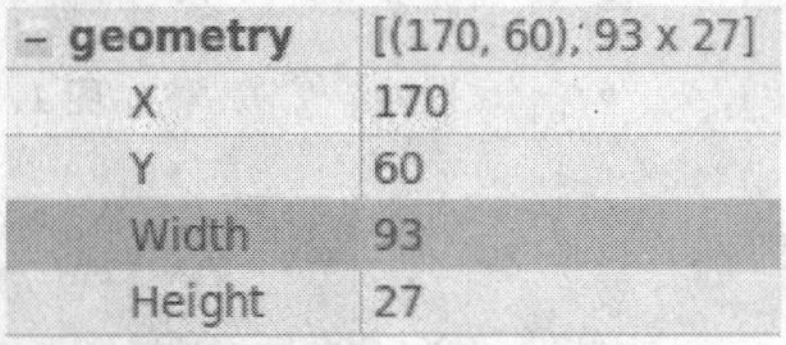

可以看到,geometry 的 X 和 Y 是不包含窗口的边框尺寸的,它是相对于它的父窗体的一个坐标值对。Width 和 Height 是窗体的长和宽,不通过属性编辑器,也可以通过函数接口"void setGeometry(int x, int y, int w, int h)"或"void setGeometry(const QRect &)"来修改窗体显示的位置和大小。

图 1.35 geometry 属性

先来到 sizePolicy 属性,如图 1.37 所示。

可以看到这个窗口部件大小策略中有水平策略(Horizontal Policy)、垂直策略(Vertical Policy),它们的值分别是"Minimum/Fixed"。其实当我们单击了其中一个值的时候,还可以弹出来一个下拉框,供我们选择,如图 1.38 所示。

要弄懂这些值的含义,先来认识一下大小提示(size hint)。按钮在界面显示的时候是不是有个大小? 每个窗口控件 Qt GUI 进行初始化的时候都会推荐一个尺寸,这个就称为大小提示,可以通过 QWidget 的 sizeHint()来获取这个值。但这些推荐的默认大小,并不会满足所有的需要,那么程序员可以通过改变一个窗口部件的大小策略来满足这些需求,每个属性值的含义如表 1.3 所列。

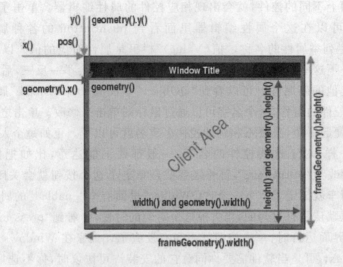

图 1.36  Qt 控件窗口几何坐标

图 1.37  大小策略

图 1.38  控件策略

# 第1章 Qt基础控件使用

表1.3 大小提示属性值表

| 值 | 轻描淡写 |
| --- | --- |
| Fixed | 选择Fixed意味着窗口控件的大小不能拉伸和收缩,固定为大小提示中的大小 |
| Minimum | 大小提示是该控件的最小大小,但是该控件窗口仍然可以拉伸,对于水平方向或者"push Button"来说,这种策略并不占优势,拉伸的时候不能小于它的大小提示 |
| Maximum | 该策略值可以让窗口在没有受到其他部件影响下,自由地缩小尺寸,最大尺寸是该控件的大小提示 |
| Preferred | 大小提示是该窗口部件的最佳选择,这也是QWidget的默认策略,在这个策略下窗口可以缩小也可以拉伸,但并不占优势 |
| MinimumExpanding | 大小提示是该窗口部件的最小尺寸,该窗口部件尽可能地占用更多的空间 |
| Expanding | 采用该策略的窗口部件能够感觉到尺寸提示,但是它倾向于尽可能地占用更大的空间,该窗口部件也可以变得足够小 |
| Ignored | 采用该策略,窗口部件尽可能地占用更大的空间 |

Qt会为它内置的窗口部件提供合理的默认大小策略值,这样布局系统就会根据这个值来对该部件进行拉伸或者收缩。

说完这些,我们回到上一个知识点——大小策略里面,还可以看到"sizePolicy"有两个属性,"Horizontal Stretch"和"Vertical Stretch",它们是水平方向和垂直方向的一个伸缩因子,可以用来说明在增大窗体时,对不同的子窗口部件应使用的不同的放大比例。默认情况下伸缩因子为0。

接下来看一个常用的属性——toolTip,这是在界面设计时常用的一个技术,中文名叫"气泡提示",当鼠标放在该部件上时可以出现这个提示,来简要地给用户一个提示。让我们来给按钮加个气泡提示,如图1.39所示:

图1.39 toolTip

编译run一下工程,在弹出的界面把鼠标放在按钮上停顿一下,是不是出来了"press me"的气泡提示?

"styleSheet"属性我们不得不细说一下,这个可以美化控件。单击value栏,会出现一个小按钮,单击这个按钮会弹出如图1.40所示的对话框。

"添加资源(Add Resource)",后面用到的时候再对它进行讲解。点选一下"添加颜色(Add Color)"旁边的下拉箭头,会弹出一个下拉菜单,点选"background - color",弹出一个背景颜色选择框,如图1.41所示。

在颜色选择区域点选一个喜欢的颜色,单击ok按钮退出。在图1.40样式表编辑器里面,会出现" background - color：rgb(134, 223, 255);",这是RGB表示的一个三原色。单击"添加字体(Add Font)"弹出字体选择对话框,如图1.42所示。

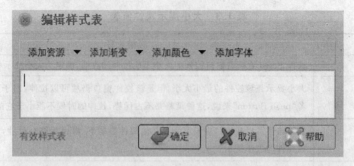

图 1.40  样式表编辑器

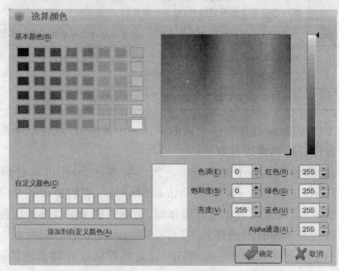

图 1.41  颜色选择对话框

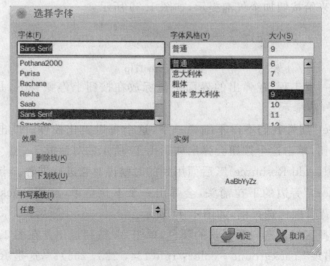

图 1.42  字体选择对话框

## 第 1 章  Qt 基础控件使用

对于熟悉 Windows 操作系统的读者来讲这很简单,选好喜爱的字体和大小之后,单击 ok 退出,再单击 ok 退出样式表编辑器,"ctrl+s"保存一下界面,run 一下,按钮有背景色了,字体也好看了,如图 1.43 所示。

图 1.43  按钮外观

初级美化到这里结束。如果要取消这些样式表,可以单击一下图 1.44 所示带箭头的按钮,使界面回到原型。

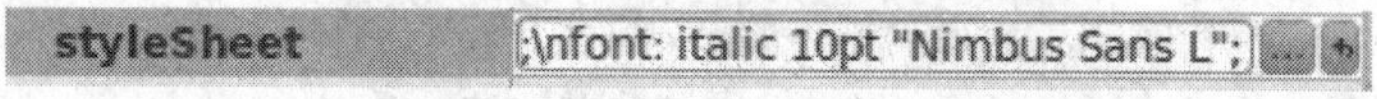

图 1.44  样式表属性编辑器界面

如果读者更喜欢用程序来设置控件的样式表,可以用 setStyleSheet()接口,原型如下:

void    setStyleSheet ( const QString & styleSheet );

在往下找就看到了"checkable"属性了,还有 flat 属性,如图 1.45 所示。

图 1.45  checkable 和 flat 属性

"Flat"复选框选中,可以让按钮没有底色。做手机菜单主界面的时候,用到的按钮经常会设置这个属性,然后按钮上贴了图,来和主界面实现"平板"在一起的效果。

当选择了"checkable"属性后,可以回到前面讲的 pushButton 的几个状态。"checkable"属性可以让按钮变成切换按钮(toggle button),这种按钮有两种状态,按下和弹起。当按钮在这些状态切换的时候就会发送信号,从哪里来回哪里去。在"图 1.33 配置连接"对话框里面可以看到的那些信号,当按钮按压下去时发送 pressed()信号,按钮抬起时发送 released()信号;"checkable"的按钮在改变状态的时候会发送 toggled(bool)信号;信号带的 bool 型参数可以指示出按钮是否被 checked。当按钮处于激活状态(鼠标在按钮上单击又释放)的时候可以发送 clicked(bool)信号,带的参数和 toggled 的意义相同。

接下来,看一看对话框可以关联的槽函数,把"图 1.33 配置连接"对话框下面的复选框选中,如下:

☑ 显示从 QWidget 继承的信号和槽

在列表里面单击 close()槽函数,于是实现了用 Qt 的信号和槽编辑器把按钮的 clicked 信号和对话框的 close 槽函数相关联,如图 1.46 所示,很直观。

保存界面,编译工程,单击"press me"看一下效果。还可以再次看到这个已经消失的界面。

● Qt 的精美小礼物——GUI 控件及使用

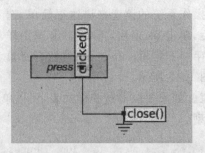

图 1.46  信号和槽关联

也该丰富一下界面的元素了,看看还有什么礼物供我们选择,如图 1.47 所示。

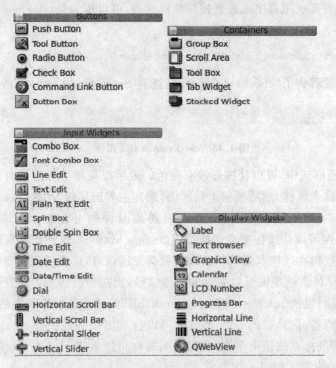

图 1.47  Qt GUI 控件大全

Buttons 里面除了"Push Button"还有其他有用的东西。先打开这个礼品盒子。
QCheckBox,提供一个带文本标签的复选框。
构造函数原型如下:

QCheckBox(QWidget * parent = 0);
QCheckBox(const QString&text,QWidget * parent = 0);

一个是构造没有文本的复选框,另一个是构造一个带文本标签的复选框,parent 是父窗口的指针。复选框一般有两种状态可以让用户选择,选中或清除。程序员可

## 第 1 章 Qt 基础控件使用

以通过捕获信号"void QCheckBox::stateChanged ( int state )[signal]"来感知状态的变换，以便做出不同的响应。如果你需要一个三态的复选框，简单地调用"void setTristate ( bool y = true )"就可以实现多出一种状态为"no change"的复选框。三态复选框可以用 checkState()获取状态，也可以用 isChecked()来检测复选框是否被选中。这两个函数的原型如下：

```
Qt::CheckState QCheckBox::checkState () const
bool    isChecked () const
```

3 种风格的"check button"外观如图 1.48 所示。

图 1.48　3 种风格的 check button

QRadioButton 是单选框，和 QCheckBox 不一样的是，QRadioButton 提供"多选一"的机会，而 QCheckBox 提供"多选多"的机会。QRadioButton 具有 autoExclusive 的属性，默认该属性是 enabled 的，在这个属性的影响下具有相同父窗体的"radio button"是互斥的，也就是说它们同时只能有一个是被选中的。如果需要使用具有相同父窗体的多组"radio button"，可以用 QButtonGroup 来承载这些 button。程序员可以连接 toggled()信号，来感知"radio button"的选中与否。也可以用 isCheckState()来判断具体是那个"radio button"被选中。

QRadioButton 构造函数原型如下：

```
QRadioButton(QWidget * parent = 0);
QRadioButton(const QString&text,QWidget * parent = 0);
```

3 种风格的"radio button"，如图 1.49 所示。

图 1.49　3 种风格的 radio button

这 3 种风格可以按照个人喜好进行选择，程序员在程序的世界里真是无所不能。
QToolButton 类提供了用于命令或者选项的可以快速访问的按钮，通常可以用在 QToolBar 里面。工具按钮是提供对特定命令或者选项快速访问的特殊按钮。和普通的命令按钮不同，工具按钮通常显示的不是文本标签，而是图标。它的经典用法是选择工具，例如在一个绘图程序中的"笔"工具。QToolButton 支持自动浮起，在自动浮起模式中，按钮只有在鼠标指向它的时候才绘制三维的框架。当按钮被用在 QToolBar 里面的时候，这个特征会自动被启用，可以使用 setAutoRaise()来改变它。工具按钮的图标被设置为 QIcon，这使得它可以为失效和激活状态指定不同的像素映射。当按钮的功能不可用的时候，失效的像素映射被使用。当因为用户用鼠标指向按钮而自动浮起时,激活的像素映射被显示。工具按钮可以利用 setMenu()提供一个弹出菜单,setMenu()原型如下:

```
void QToolButton::setMenu ( QMenu * menu )
```

工具按钮使用弹出菜单有 3 种模式,可以通过 setPopupMode()来设定模式,默认值是 DelayedPopup。3 种模式的描述如表 1.4 所列。

表 1.4  QToolButton 按钮弹出模式

| 常量 | 值 | 描述 |
| --- | --- | --- |
| QToolButton::DelayedPopup | 0 | 单击 toolbutton 并保持一定的时间,默认 600 ms,菜单才可以弹出,这个特征就像我们用网页浏览器中的"后退"按钮时,在按下按钮一段时间之后,一个菜单会弹出来显示所有可以后退浏览的可能页面。可以使用 setPopupDelay()来调节延时时间 |
| QToolButton::MenuButtonPopup | 1 | 有单独的下拉箭头来指示菜单的存在,单击下拉箭头菜单即可显示 |
| QToolButton::InstantPopup | 2 | 单击 toolbutton 菜单没有延时立即显示,这种模式下,按钮本身的行为就不会触发了,换句话说单击这种模式的 toolbutton,按钮的 clicked 信号也不会发出,前面两种可以正常发射 clicked 信号 |

QToolButton 添加了菜单项之后,用户单击菜单项就会发送一个 triggered()信号,信号原型如下:

```
void QToolButton::triggered ( QAction * action )   [signal]
```

可以根据信号的参数 action 来解析出具体是哪个菜单项被单击了。

我们先拿 toolbutton 练一练手,写一个简单而常用的对 toolbutton 的使用代码模式。

重新创建一个工程文件夹 project4,不用 qtcreator 了,直接写代码,没有什么比让代码在自己的指尖飞出更让工程师们陶醉的了。创建源码文件 mydialog.h、mydialog.cpp 和 main.cpp。

mydialog.h 程序如下:

```
#ifndef MY_DIALOG_H
#define MY_DIALOG_H
#include<QDialog>
#include<QMenu>
#include<QToolButton>
```

# 第 1 章　Qt 基础控件使用

```cpp
#include<QLabel>
class MyDialog:public QDialog
{
    Q_OBJECT
    public:
        MyDialog(QDialog * p = 0);
        ~MyDialog();

    public slots:
        void recSigFromToolBtn(QAction * ra);

    public:
        /* DEFINED WE USED OBJECT */
        QAction * action;
        QAction * action2;
        QMenu * menu;
        QToolButton * toolbutton;
        QLabel * label;
};

#endif //MY_DIALOG_H
```

mydialog.cpp 程序如下：

```cpp
#include"mydialog.h"

MyDialog::MyDialog(QDialog * p):QDialog(p)
{
    action = new QAction("&Open",this);
    action2 = new QAction("&Close",this);
    toolbutton = new QToolButton(this);
    menu = new QMenu();
    label = new QLabel(this);
    label->setGeometry(50,90,200,32);

    menu->addMenu("&File")->addAction(action);
    menu->addMenu("&Edit");
    menu->addAction(action2);

    toolbutton->setText("ToolButton");//set the button text
    toolbutton->setPopupMode(QToolButton::InstantPopup);//set popup menu mode
    toolbutton->setMenu(menu);
    toolbutton->setGeometry(50,50,100,32);//set toolbutton display position and size
```

```cpp
    connect(toolbutton,SIGNAL(triggered(QAction*)),this,
        SLOT(recSigFromToolBtn(QAction*)));//connect the signal triggered
    setGeometry(0,0,320,240);//set dialog display positon and size
    setWindowTitle("Use Qt toolButton");//set window display title
}

MyDialog::~MyDialog()
{
    if(action!=NULL)
        delete action;

    if(action2!=NULL)
        delete action2;

    if(toolbutton!=NULL)
        delete toolbutton;

    if(label!=NULL)
        delete label;

    if(menu!=NULL)
        delete menu;
}
void MyDialog::recSigFromToolBtn(QAction * ra)
{
    if(ra==action2)
        label->setText("the close action is triggered");
    if(ra==action)
        label->setText("the open action is triggered");
}
```

main.cpp 代码如下：

```cpp
#include<QtGui>
#include"mydialog.h"

int main(int argc,char * argv[])
{
    QApplication app(argc,argv);
    MyDialog * my = new MyDialog(0);
    my->show();
    return app.exec();
}
```

## 第1章 Qt基础控件使用

一口气写完了,开始生成工程,编译代码吧。如果忘了步骤了可以回1.2.2小节温习。界面运行的效果演示了"toolbutton"的基本用法,这也是常用的步骤,界面如图1.50所示。

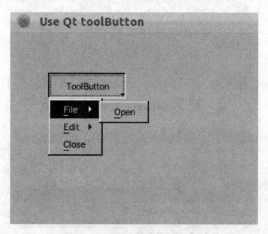

图1.50 QToolButton使用

将QQ音乐播放器的"单曲"toolbutton效果(如图1.51所示)和我们的界面比一下如何?

界面们的我还没有进行美化工作,仅仅是效果相仿了。别着急,在下文中会去美化菜单、美化按钮,继续阅读本书即可。

当我们单击"Open"和"Close"菜单项的时候,看到输出了吧,如图1.52界面所示。

接下来,继续学习新的内容,看看Containers里面有什么好用的控件。

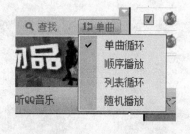

图1.51 QQ播放器单曲菜单

### Group Box

QGroupBox组合框,提供了一个可以容纳其他控件的容器,组合框顶端的标题可以用来说明这些控件的作用,通过组合框可以整体禁止其子控件是否可以操作。

先来看一下这个组合框什么样子。

在useqtdialog工程里面,拖一个"Group Box"到对话框上,在对象查看器里面更改控件指针名为"gbSetNetWork",标题改为"network settings",在属性编辑器里面可以看到QGroupBox的一个属性,如图1.53所示。

"layoutDirection",可以选择"LeftToRight"或"RightToLeft"来更改标题显示的位置,读者可以改变一个值看看效果。我们采用"LeftToRight"。

接着先把"press me"按钮拖到这个组合框里面。等把"Label"和"Line Edit"消除后,我们最终要做的组合框内容如图1.54所示。

不着急,慢慢来,把"press me"拖进来之后,如图1.55所示。

Use Qt toolButton
ToolButton
the open action is triggered

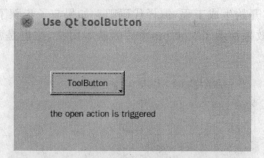

图 1.52　ToolButton 菜单项单击效果

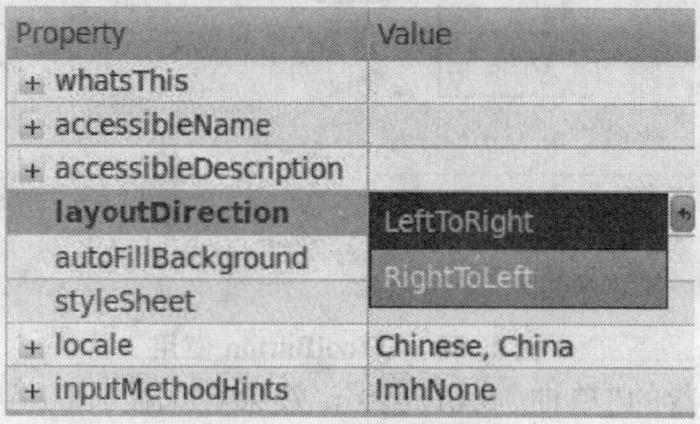

Property
Value
+ whatsThis
+ accessibleName
+ accessibleDescription
layoutDirection
LeftToRight
autoFillBackground
RightToLeft
styleSheet
+ locale
Chinese, China
+ inputMethodHints
ImhNone

图 1.53　QGroupBox 属性

network settings
IP:
GateWay:
Mask:
set

图 1.54　组合框使用例子界面

network setttings
press me

图 1.55　QGroupBox 外观

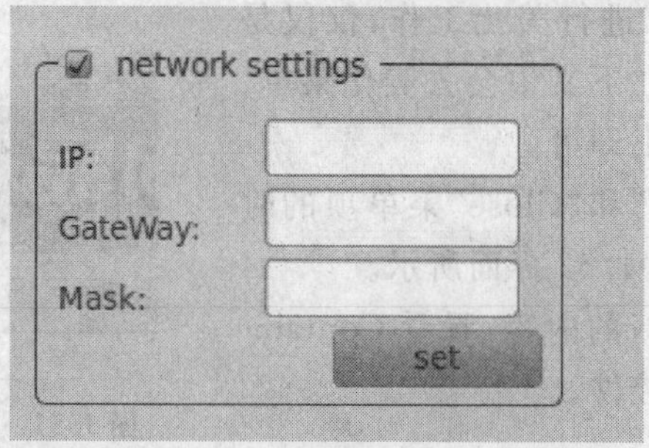

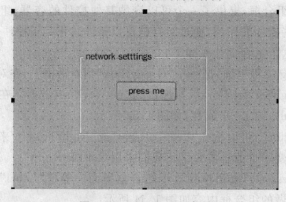

我们给它指定个样式表,给它穿个美丽的马甲。

在 cmydialog.cpp 文件里面,在类 CMyDialog 的构造函数里面,添加如下几行代码:

```
ui->gbSetNetwork->setCheckable(true);
ui->gbSetNetwork->setChecked(false);
ui->gbSetNetwork->setStyleSheet(QString::fromUtf8("QGroupBox { border: 1px solid
                               green; border-radius: 4px;margin-top:6px}\
                               QGroupBox::title {top:-9 ex;left:8px}"));
```

迫不及待地看看是什么效果,run 后可以看到另一种样式的组合框,如图 1.56 所示。

来看看添加的代码是如何做到这些的。通过勾选组合框(gbSetNetwork)属性为 checkable,可以在组合框的标题处显示一个复选框,通过单击这个复选框来决定是否使能组合框内的子控件。默认情况下组合框为非 checkable 的,然后通过 setChecked 来使复选框为非选中状态。这个时候单击"press me"按钮是操作不了的,复选框有个绿色的边框并且边框的 4 个角还有弧度,这个效果

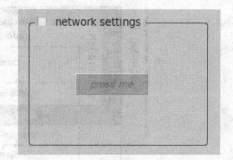

图 1.56　添加样式表的组合框

就是靠设置窗口控件的样式来达到的。它的语法大部分来源于 HTML 的 CSS 语法。

"border:1px solid green"设置组合框的边框宽度为 1 个像素(px),用绿色实线填充边框。我们来对 CSS 的长度单位有个全面的认识,做界面时可能要经常和这些单位打交道,如表 1.5 所列。

表 1.5　CSS 长度单位描述

| 长度单位 | 类　型 | 说　明 |
| --- | --- | --- |
| em | 相对长度单位 | 相对于当前对象内文本的字体尺寸 |
| ex |  | 相对于字符"x"的高度,通常为字体高度的一半 |
| px | 绝对长度单位 | 像素(Pixel) |
| pt |  | 点(Point) |
| pc |  | 派卡(Pica),相当于我国新四号铅字的尺寸 |
| in |  | 英寸(Inch) |
| cm |  | 厘米(Centimeter) |
| mm |  | 毫米(Millimeter) |
| 单位换算:1in = 2.54cm = 25.4 mm = 72pt = 6pc |||

"border-radius：4px"这个属性实现圆角边框的效果。它提供两个参数，第一个参数值是水平半径，如果第二个参数值省略，则它的值等于第一个参数的值，这时矩形的角就是一个四分之一圆角；如果任意一个值为0，则这个角是矩形，不会是圆的。记着这些值不允许是负值。

"margin-top：6px"设置对象顶边的外延边距，外延边距始终透明。

对象的尺寸和边框以及内外布局的样式表属性可以通过图1.57直观地认识。

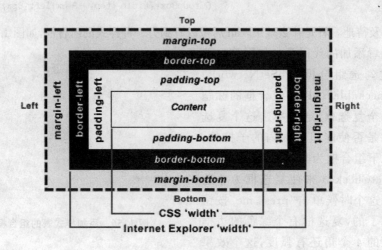

图1.57 样式表布局示意图

"QGroupBox::title {top:-9 ex;left:8px}"用来设置QGroupBox标题显示的样式。

"top"属性规定元素的顶部边缘。该属性定义了一个定位元素的上外边距边界与其包含块上边界之间的偏移。也就是让我们的标题显示的突出边框一点，这样看起来更美观。

"left"属性规定元素的左边缘。该属性定义了我们的标题左外边距边界与其包含块(groupbox)左边界之间的偏移。可以让边框左上角的弧形画出来，保持和标题之间有8个像素的距离。

通过这些代码我们可以掌握QGroupBox的基本使用方法。

在程序里面我们也可以通过它的构造函数来动态地创建一个组合框，然后通过Qt布局管理器来添加它里面放置的子控件，代码片段如下：

```
QGroupBox     * mygroupbox = new QGroupBox("Qt Button",this);
QPushButton   * btn1 = new QPushButton("push button");
QRadioButton  * btn2 = new QRadioButton("radio button");
QCheckBox     * btn3 = new QCheckBox("check box");

QVBoxLayout   * qvbl = new QVBoxLayout;
```

## 第1章 Qt基础控件使用

```
qvbl->addWidget(btn1);
qvbl->addWidget(btn2);
qvbl->addWidget(btn3);

mygroupbox->setLayout(qvbl);
mygroupbox->setStyleSheet(QString::fromUtf8("QGroupBox { border: 1px solid green;
            border-radius: 4px;margin-top:6px} QGroupBox::title {top:-9 ex;
            left:8px}"));
mygroupbox->show();
```

在cmydialog.cpp文件里面，添加如下头文件的声明：

```
#include<QRadioButton>
#include<QCheckBox>
#include <QVBoxLayout>
```

把动态创建组合框的代码放置到CMyDialog的构造函数里面，运行一下，我们手动创建的组合框便呈现在面前了，如图1.58所示。

### Scroll Area

QScrollArea可以提供一个带滚动条的视窗。当一个子控件通过setWidget 添加到其视窗内的时候，如果子窗口的内容超过了QScrollArea的视窗，可以通过滚动条来拖动被遮盖住的内容。把dialog用一个滚动区域装进去，把main.cpp修改为如下代码，看看是怎么使用QScrollArea这个控件的。

图1.58  手动创建组合框

```
#include <QtGui/QApplication>
#include "cmydialog.h"
#include <QScrollArea>

int main(int argc, char *argv[])
{
    QApplication a(argc, argv);
    CMyDialog w;
    QScrollArea *sa = new QScrollArea;

    sa->setWidget(&w);
    sa->setGeometry(0,0,320,240);
    sa->show();

    //w.show();
    return a.exec();
}
```

这样我们用一个 QScrollArea 把 CMyDialog 的对象 w 装进去了,明显 w 大小要大于 sa,所以运行的结果就如图 1.59 所示。可以通过滚动条上下左右拖动来观看 w 的全景。

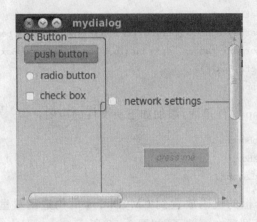

图 1.59　QScrollArea 使用

QToolBox 提供一种列状的层叠窗体。拖放一个 QToolBox 到 cmydilog 上面,如图 1.60 所示。

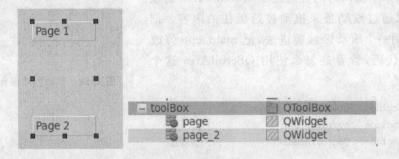

图 1.60　QToolBox 使用

现在显示这个层叠窗体有两个页面,在选中 toolBox 控件的状态下单击鼠标右键,在弹出的菜单里面可以选择添加一页到这个 toolBox 里面,如图 1.61 所示。

"After Current Page"在当前页之后插入一页,"Before Current Page"就是在当前页之前插入一个新页面。插入一页,在属性编辑器里面可以修改属性"currentItemText"的值来改变页上面显示的文本。把这 3 个页依次改为"Family","Friend"和"Colleague",类似于手机电话簿的群组,我们有 3 个群组分别是家人,朋友和同事。运行查看效果,鼠标每单击一页就会类似抽屉打开一样,弹出这页的内容。在编译前最好是把 main.cpp 的代码改回来(把添加的那些 QScrollArea 代码屏蔽掉)。如果需要在程序运行过程中,动态地插入一个条目进去该怎么做呢? 我们看到了

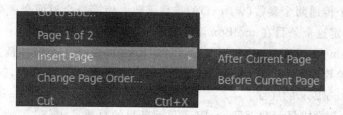

图 1.61　向 QToolBox 插入一页

toolBox 里面每一页称为一个条目,也是一个窗体(QWidget),它们有一个索引编号、具有显示的文本、图标和一个气泡提示。QToolBox 的函数、信号和槽函数有必要认识一下,它们太重要了,在实际开发中可能经常用到它们。

```
Public Functions
QToolBox ( QWidget * parent = 0, Qt::WindowFlags f = 0 )
~QToolBox ()
int     addItem ( QWidget * widget, const QIcon & iconSet, const QString & text )
int     addItem ( QWidget * w, const QString & text )
int     count () const
int     currentIndex () const
QWidget *   currentWidget () const
int     indexOf ( QWidget * widget ) const
int     insertItem ( int index, QWidget * widget, const QIcon & icon, const QString & text )
int     insertItem ( int index, QWidget * widget, const QString & text )
bool    isItemEnabled ( int index ) const
QIcon   itemIcon ( int index ) const
QString itemText ( int index ) const
QString itemToolTip ( int index ) const
void    removeItem ( int index )
void    setItemEnabled ( int index, bool enabled )
void    setItemIcon ( int index, const QIcon & icon )
void    setItemText ( int index, const QString & text )
void    setItemToolTip ( int index, const QString & toolTip )
QWidget *   widget ( int index ) const
Public Slots
void    setCurrentIndex ( int index )
void    setCurrentWidget ( QWidget * widget )
Signals
void    currentChanged ( int index )
```

addItem 是个重载函数,它可以让程序员在 toolBox 的底部增加一页。参数 widget 是要增加进去的窗体指针;iconSet 是显示在页文本左边的一个小图标;text 当然就是页的文本内容了。并不是所有的条目都需要一个形象的图标,所以 Qt 提供了另外一个传递两个参数(w,text)的重载函数。该接口会返回会一个 index 给调用者,以便确定这个条目在 toolBox 里面的编号,供其他函数使用。

insertItem 和 addItem 的区别就是:insertItem 可以把一个窗体插入到 toolBox 的指定索引位置处,当指定的 index 超过目前的 index 最大值的时候,就把新加入的条目放置在 toolBox 的底部。

count 这个常成员函数返回 toolBox 里面条目的总数。

currentIndex 返回当前条目的索引。通过 setCurrentIndex 可以设置当前条目显示为给定的索引值对应的窗体,这个时候 currentChanged 信号会被发射,每次当前条目的更改都会产生这个信号,新条目的索引值也通过信号的 index 参数传递出去,应用程序可以通过捕获这个信号来感知这个变化。如果 setCurrentIndex 设置的索引值超过了条目的个数,index 为−1。

currentWidget 返回当前条目对应的窗体指针。查找指定窗体的索引可以用 indexOf,通过向 widget() 传递 index 可以查找到指定索引值的窗体指针。要使 toolBox 某一个条目的窗体成为当前窗体,setCurrentWidget 就派上用场了。

| | |
|---|---|
| setItemIcon/ itemIcon | 设置/获取 index 索引对应的条目的显示图标。 |
| setItemText/itemText | 设置/获取 index 索引对应的条目的显示文本。 |
| setItemToolTip/ itemToolTip | 设置/获取 index 索引对应的条目的气泡提示。 |
| removeItem | 删除指定条目,此时条目对应的窗体并没有销毁。 |
| setItemEnabled | 设置指定位置的条目是否使能。 |
| isItemEnabled | 获取指定位置的条目是否是使能的。 |

Ok,让我们来添加一些代码,对这些函数做个考验。

cmydialog.cpp 构造函数里面加入如下代码:

```
QWidget *newItemWidget = new QWidget;
ui->toolBox->addItem(newItemWidget,QIcon("cut.ico"),"newItem");
ui->toolBox->setItemEnabled(1,false);
ui->toolBox->setItemIcon(0,QIcon("family.ico"));
ui->toolBox->setItemIcon(1,QIcon("friend.ico"));
ui->toolBox->setItemToolTip(1,"Item 1 is disabled");
connect(ui->toolBox,SIGNAL(currentChanged(int)),this,SLOT(getCurrent(int)));
ui->toolBox->setCurrentIndex(2);
```

cmydialog.h 里面声明槽函数:

```
private slots:
    void getCurrent(int index);
```

槽函数内容:

```
void CMyDialog::getCurrent(int index)
```

```
{
    qDebug()<<"current changed"<<index;
    if(index == 3)
    {
        ui->toolBox->setItemEnabled(1,true);
        ui->toolBox->setItemToolTip(1,"Now I'm enabled thank you!");
    }
}
```

通过这些代码设置了索引为 0 和 1 条目的图标,禁止了条目 1,新加入了一个条目"newItem",设置当前显示窗体为条目 2,关联了 currentChanged 信号到槽函数 getCurrent。槽函数中判断当第四个条目也就是我们调用 addItem 加入的那个条目成为当前条目的时候,使能条目 1,改变它的气泡提示。运行后的结果如图 1.62 所示。

图 1.62　QToolBox 使用实例

### Tab Widget

QTabWidget

先拖放一个"Tab Widget"到我们的窗体上,在经常使用的软件里经常可以看到它,QTabWidget 横空出世就被委以重任,如图 1.63 所示。

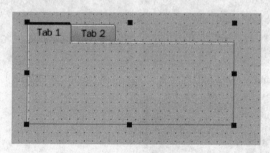

图 1.63　选项卡窗体

是选项卡窗体么？没错,Qt 用 QTabWidget 来提供一个标签栏和一个标签页,标签页来显示每个标签栏对应的内容,通过多个标签的切换来显示不同的内容。

通过它的属性来查看可以使用哪些内容。在属性编辑器里面看到它特有的属性,如图 1.64 所示。

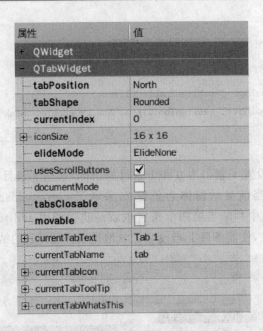

图 1.64 QTabWidget 属性

读者可以单击看一下"tabPosition"属性，里面有 4 个值可供选择，分别是"North/South/West/East"。通过这个属性可以把标签栏放置在页面的上面、下面、左边或右边。图 1.53 选项卡窗体的标签栏就在页面的上方（North），这也是常用的值。设置其他值的效果如图 1.65 所示。

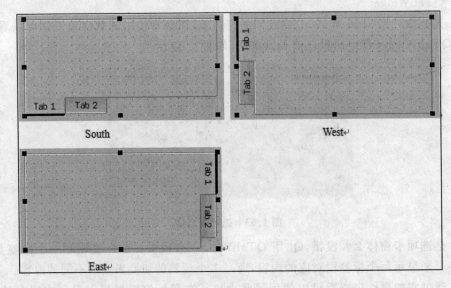

图 1.65 tabPosition 不同属性值 QTabWidget 外观

"tabShape"控制标签显示的外观,还有一个值"Triangular",显示效果如图1.66所示。

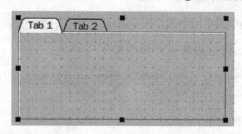

图1.66 Triangular tabs shape

"elideMode"属性可供选择的值有:ElideLeft、ElideRight、ElideMiddle、ElideNone。

这个属性用于控制当标签栏没有足够的空间来显示标签上的文本内容时,该如何省略这些文本。是左边字符省略,还是右边、中间还是不省略,可以通过它来设置。

可以自行通过修改currentTabText 属性的值,来控制标签上面显示一个很长的字符串,然后选择elideMode看看效果。

"tabsClosable"这个属性选中的话,可以在每个标签处添加一个关闭按钮。

"movable"属性控制标签是否可以在标签栏拖动移动位置。

"currentTabIcon"属性提供给标签一个图标。

把这些属性设置完毕,然后,选中拖过来的"tab widget",单击右键,如同"Tool Box"一样再添加一页,修改标签文本为"Family"、"Friend"、"Colleague",把"Family"和"Friend"标签通过选择文件(如图1.67所示)提供显示的图标,"family.ico"和"friend.ico"是我们准备好两个图标文件。

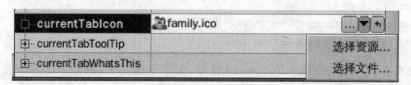

图1.67 设置Tab页显示的图标

运行起来查看效果,如图1.68所示。

图1.68 QTabWidget使用实例

可以拖动"Family"标签在标签栏内移动,以便给它换个位置。不过现在单击每个标签上的关闭按钮还不能有反应,接下来看看如何使它们具有功能。

终于到添加代码的环节了,还有什么比用代码说明一切让人接受知识更快、更形象、更直接的呢?

在 cmydialog.h 里面添加一个槽函数：

void getCloseRequest(int index);

在 cmydialog.cpp 构造函数里面添加如下代码：

connect(ui->tabWidget,SIGNAL(tabCloseRequested(int)),this,SLOT(getCloseRequest(int)));

然后写槽函数内容如下：

```
void CMyDialog::getCloseRequest(int index)
{
    ui->tabWidget->removeTab(index);
}
```

现在单击按钮,标签页关闭了。关闭按钮终于完成了它的使命。关成这个样子,如图 1.69 所示。

图 1.69  QTabWidget 关闭标签页

看看它的信号：

```
Signals
void    currentChanged ( int index )
void    tabCloseRequested ( int index )
```

刚才用了一个 tabCloseRequested 信号,大家也看到了,就是单击那个关闭小按钮的时候发射出去的。当切换标签的时候,currentChanged 信号就会发射,新的当前页的索引 index 也可以传递出去。

再加一段代码在构造函数里：

```
QWidget * newPage = new QWidget;
int index = ui->tabWidget->addTab(newPage,"&Test");
ui->tabWidget->setTabEnabled(index,true);
ui->tabWidget->setTabsClosable(false);
ui->tabWidget->setCurrentIndex(1);
```

加入这段代码之后,运行效果如图 1.70 所示。

可以看到新加了一个标签"Test",程序启动之后当前显示的标签页是"Friend"。此时按键盘的"Alt+T"键,读者会发现,当前显示的标签页切换到了"Test"标签上了,同时关闭按钮也没有了。所有这些现象都是上面那 5 行代码做到的。

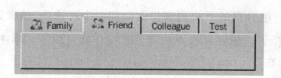

图 1.70　QTabWidget 标签页快捷键设置

addTab 可以动态地插入一个标签页到"tab widget",标签名字的前面如果有"&"则"&"后面的字符将作为这个标签的快捷键。比如我们写的"&Test",则"Alt＋T"就是这个标签页的快捷键了,如果写成"Te&st",则快捷键变成了"Alt＋S"。addTab 插入一个标签后返回插入标签的索引。setTabEnabled 可以设置禁止或使能某个标签页,第二个参数为 true 是使能,为 false 则禁止对该标签的操作。setTabsClosable 传递 false 则不显示那个关闭小按钮,setCurrentIndex 可以根据传递的 index 来使当前标签切换到对应的位置,对它的调用会造成 currentChanged 信号的发射。

### Stacked Widget

QStackedWidget 是 Qt 提供的一个堆栈窗体,一次只有一个窗体显示。它的使用相对也比较简单,在这里不在赘述,和前面的控件应用方法都差不多。

接下来,继续学习新内容,看看"Input Widgets"里面有什么好用的部分。

### Combo Box

QComboBox 组合下拉框,GUI 编程的利器,赶紧拖过来一个,然后单击右键在弹出的菜单里面选择"编辑项目…",会弹出一个"编辑组合框"的对话框,如图 1.71 所示。

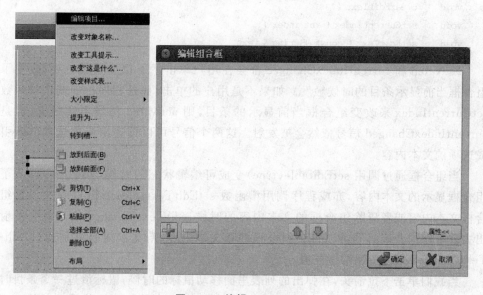

图 1.71　编辑 QComboBox

单击╋可以给组合框的下拉列表里面添加一个可选项,编辑好列表项的文本之后,回车就可以保存了。想要再加入一项重复操作就可以了。单击 属性<< 按钮,可以给每个条目增加在"Normal/Disabled/Active/Selected"状态下显示的图标。

添加一些可选项,让用户通过这个组合下拉框选择籍贯,添加"北京"、"上海"和"深圳"3个项目,确定后运行查看效果,如图1.72所示。

单击下拉箭头按钮可以弹出我们的列表项供用户选择,接下来要让程序感知到这些项的选择。让我们看看它有什么信号和槽函数:

图 1.72 QComboBox 列表项

```
Signals

    void     activated ( int index )
    void     activated ( const QString & text )
    void     currentIndexChanged ( int index )
    void     currentIndexChanged ( const QString & text )
    void     editTextChanged ( const QString & text )
    void     highlighted ( int index )
    void     highlighted ( const QString & text )

Public Slots

    void     clear ()
    void     clearEditText ()
    void     setCurrentIndex ( int index )
    void     setEditText ( const QString & text )
```

activated 和 currentIndexChanged 都会在用户单击了下拉选项某一项,改变了组合框当前显示条目的时候触发。如果不是用户的单击,而是程序比如调用槽函数 setCurrentIndex 来改变组合框当前显示的条目,则 activated 信号不会触发,但是 currentIndexChanged 信号依然会被发射。这两个信号可以传递出当前选项的索引或选项的文本内容。

当组合框通过调用 setEditable(true) 变成可编辑状态的时候,如果用户修改了组合框显示的文本内容,亦或程序调用槽函数 setEditText、clearEditText 来设置组合框文本内容或者清除组合框的文本内容的时候,editTextChanged 信号就会发射出去。程序捕获该信号可以得到组合框的新文本内容,新文本内容就是通过 edit-TextChanged 信号传递的参数值。

当我们单击下拉箭头,在弹出的列表里面移动鼠标的时候,鼠标滑过一个条目时会高亮显示该条目的文本,此时 highlighted 信号也会发射出去。该信号可以传递出去高亮条目的文本和索引。

## 第1章 Qt 基础控件使用

Clear 槽函数功能比较强大,可以移除所有的条目。

添加一些代码在构造函数里面,先 include 进来两个要用到的类的头文件:

```
#include<QStandardItemModel>
#include<QTextCodec>
QStandardItemModel * model = dynamic_cast<QStandardItemModel * >(ui->comboBox->model());
QStandardItem * item = model->item(1);
item->setEnabled(false);                              //禁止索引为 1 的条目
QTextCodec::setCodecForTr(QTextCodec::codecForLocale());
ui->comboBox->setEditable(true);                      //设置组合框为可编辑状态
ui->comboBox->setEditText(tr("河南"));                //设置组合框编辑框显示的内容
ui->comboBox->addItem(tr("山东"));                    //增加一个条目
QStringList slist;
slist<<tr("广州")<<tr("安徽")<<tr("陕西");
ui->comboBox->addItems(slist);                        //批量增加条目
int i = ui->comboBox->findText(tr("陕西"));           //找到陕西的索引编号
ui->comboBox->insertItem(i+1,tr("四川"));             //在陕西之后增加一个条目四川
```

运行效果如图 1.73 所示,"上海"选项是被禁止了,代码含义都在注释里面了。

接下来看几个它特有的属性,如图 1.74 所示。

"editable"选中了可以省去代码调用 setEditable 来设置 QComboBox 为可编辑状态。

"maxVisibleItems"限定了最大可以在下拉列表里面显示的条目数,默认是 10 个,超过 10 个将会出现一个垂直滚动条,拖动来浏览其他的条目。

"maxCount"指定了组合框允许的最大条目个数,超过的将会被丢弃。

"insertPolicy"指定了在 editable 状态下的组合

图 1.73 QComboBox 使用实例

| 属性 | 值 |
| --- | --- |
| + QWidget | |
| □ QComboBox | |
| editable | |
| currentIndex | 0 |
| maxVisibleItems | 10 |
| maxCount | 2147483647 |
| insertPolicy | InsertAtBottom |
| sizeAdjustPolicy | AdjustToContentsOnFirstShow |
| minimumContentsLength | 0 |

图 1.74 QComboBox 属性

框,当用户输入一个新字符串的时候做什么处理,主要值和说明如下:

| | |
|---|---|
| NoInsert | 不加入条目列表。 |
| InsertAtTop | 作为第一个条目。 |
| InsertAtCurrent | 当前条目位置处添加。 |
| InsertAtBottom | 添加到底部,也即作为最后一个条目。 |
| InsertAfterCurrent | 当前条目之后添加。 |
| InsertBeforeCurrent | 添加到当前条目位置之前。 |
| InsertAlphabetically | 按字母顺序添加到合适的位置。 |

### Line Edit

QLineEdit 是 Qt 提供的一个功能强大的单行文本编辑框,插入文本、文本选中、复制、粘贴、剪切和拖放都可以提供给读者方便的使用,实在是界面开发必备的工具;另外它还可以设置一个验证器,以便检验用户输入的文本内容是否是程序允许的内容。

拖动来一个"Line Edit",添加一些代码看看。

对于"Line Edit",如果只接收用户输入"1~100"之间的数字,可以这么写代码:

```
#include<QValidator>
ui->lineEdit->setValidator(new QIntValidator(1,100,this));
```

只接收数字和字符:

```
QRegExp regx("[a-zA-Z0-9]+$");
QValidator *validator = new QRegExpValidator(regx, ui->lineEdit );
ui->lineEdit->setValidator( validator );
```

在"Line Edit"里面按照点分十进制输入 IP 地址可以这样写:

```
ui->lineEdit->setInputMask("000.000.000.000");
```

当然实际使用中,还可以构造更复杂的正则表达式来提高验证条件。

如果输入的内容以密码的形式体现,也就是输入的内容显示为"***",可以这么写:

```
ui->lineEdit->setEchoMode(QLineEdit::Password);
```

"setEchoMode"可以设置"Line Edit"的回显模式,有以下几个模式可以设置,如表 1.6 所列。

表 1.6　QLineEdit 回显模式

| 回显模式 | 描述 |
|---|---|
| QLineEdit::Normal | 默认的模式,正常显示用户的输入字符 |
| QLineEdit::NoEcho | 不显示任何字符,这样可以隐藏输入字符的长度 |
| QLineEdit::Password | 输入显示用星号替代 |
| QLineEdit::PasswordEchoOnEdit | 编辑输入的时候显示原字符,之后用星号替代 |

# 第 1 章　Qt 基础控件使用

这些模式,我相信大家在很多软件里面都可以看到它们。经常玩手机 QQ 的读者在用手机登录 QQ 输入密码的时候,那显示模式就跟 QLineEdit::PasswordEchoOnEdit 是一样的。

要是想要得到用户在编辑框输入的内容可以用 text() 函数,想清除则用 clear() 函数。

接下来,看看它的信号,它的一举一动都是由信号来让程序感知的。

```
Signals
void    cursorPositionChanged ( int old, int new )
void    editingFinished ()
void    returnPressed ()
void    selectionChanged ()
void    textChanged ( const QString & text )
void    textEdited ( const QString & text )
```

根据名字即可知道它们的作用,这里不再详述。

QTextEdit 提供多行文本输入框,还支持富文本。使用方法和 QLineEdit 大致差不多。接下来看看 QSpinBox。

**Spin Box**

拖动一个"Spin Box"到界面看看它有哪些属性可以设置,如图 1.75 所示。

| 属性 | 值 |
| --- | --- |
| + QObject | |
| + QWidget | |
| QAbstractSpinBox | |
| wrapping | ☐ |
| frame | ☑ |
| + alignment | AlignLeft, AlignVCenter |
| readOnly | ☐ |
| **buttonSymbols** | UpDownArrows |
| + specialValueText | |
| accelerated | ☐ |
| correctionMode | CorrectToPreviousValue |
| keyboardTracking | ☑ |
| QSpinBox | |
| suffix | |
| + prefix | |
| minimum | 0 |
| maximum | 99 |
| singleStep | 1 |
| value | 23 |

图 1.75　QSpinBox 属性设置

"wrapping"选中时,当旋转框增加到最大值的时候会循环到最小值继续开始自转,程序中可以通过"void setWrapping ( bool w )"来设置是否使能该功能。

"buttonSymbols"控制 SpinBox 按钮上的符号的类型,主要有如图 1.76 所示的 3 种,可根据喜好挑选。

**图 1.76　QSpinBox buttonSymbols 属性**

"suffix"、"prefix"用来设置 SpinBox 内容显示的后缀和前缀。可以通过 text 函数获取这些值,可以得到这些前缀和后缀的值。

"Minimum"、"Maximum"控制自旋框数据自旋的幅度。也可以通过成员函数"setRange ( int minimum, int maximum )"来设置。

"singleStep"设置单击 SpinBox 按钮的时候,每次递增或者递减的步长。通过"void setSingleStep ( int val )"也可以设置。要得到步长调用"int singleStep ( ) const"这个常成员函数,有设置就有获取,都是相互对应的。

"Value"设置当前显示的值。

每当 SpinBox 的数值变换的时候,它即发送信号:

```
void        valueChanged ( int i )
void        valueChanged ( const QString & text )
```

来通知我们这个变化,int 带回里面的整型数值,text 带回不包含前后缀的数值文本。

QDoubleSpinBox 可以显示双精度的数值,其他用法和 QSpinBox 类似。

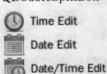

这个几个控件是显示时间和日期的。认识一下它们的综合体,QDateTimeEdit。先来认识一下类 QDate 和 QTime,Qt 通过它们提供和日期时间操作相关的函数。如果要得到当前的年月日,可以这么写"QDate::currentDate().toString("dd‐MM‐yyyy");"则可以按照"dd‐MM‐yyyy"格式返回当前的日月年字符串,比如作者此时运行就得到了"10‐11‐2011"的当前日期了。再看看还有什么格式可以用,如表 1.7 所列。

有了这个表,就可以随意组合了,比如写"dddd. MMM. yy",可以得到"星期四. 11 月. 2011",获取当前时间 QTime::currentTime().toString("hh:mm:ss:zzz");可以得到"23:23:41:283",23 点 23 分钟 41 秒 283 微秒,都精确到毫秒了。同样看一下时间显示的格式,如表 1.8 所列。

表1.7 日期显示格式

| 控制格式表达式 | 输出内容 |
| --- | --- |
| d | 日期显示为1~31之间的值 |
| dd | 日期显示为01~31之间的值 |
| ddd | 固定显示为Mon~Sun |
| dddd | 固定显示为Monday~Sunday |
| M | 月份显示为1~12 |
| MM | 月份显示为01~12 |
| MMM | 月份显示为Jan~Dec |
| MMMM | 月份显示January~December |
| yy | 年份显示为00~99 |
| yyyy | 年份显示为4位数,比如期待已久的2012 |

表1.8 时间显示格式

| 控制格式表达式 | 输出内容 |
| --- | --- |
| h | 小时显示为0~23或者1~12 AM/PM |
| hh | 小时显示为00~23或者01~12 AM/PM |
| m | 分钟显示为0~59 |
| mm | 分钟显示为00~59 |
| s | 秒显示为0~59 |
| ss | 秒显示为00~59 |
| z | 毫秒显示为0~999 |
| zzz | 毫秒显示为000~999 |
| AP/A | 显示AM/PM |
| ap/a | 显示am/pm |

组装一个"APh:mm:ss:zzz",可以得到当前时间格式"PM11:38:47:581"。
QDateTimeEdit提供了一个显示可编辑时间和日期的控件。
在构造函数里面加入如下代码：

```
ui->dateTimeEdit->setDate(QDate::currentDate());
ui->dateTimeEdit->setTime(QTime::currentTime());
ui->dateTimeEdit->setDisplayFormat("yyyy.MM.dd hh:mm:ss");
```

运行一下可以看到显示在QDateTimeEdit里面的当前日期和时间,如图1.77所示。

当然还可以通过按钮来调整显示的时间。再加上一条语句：

图 1.77　QDateTimeEdit 使用实例

```
ui->dateTimeEdit->setCalendarPopup(true);
```

再看一下效果,单击一下按钮出来个日历可以选择需要设定的日期,如图 1.78 所示。它有 3 个信号我们可以关注一下:

```
Signals
void     dateChanged ( const QDate & date )
void     dateTimeChanged ( const QDateTime & datetime )
void     timeChanged ( const QTime & time )
```

只要日期和时间一更改,都可以通过这些信号去感知。

这几个控件依次是:水平滚动条、垂直滚动条、水平滑动块和垂直滑动块。

QScrollBar/QSlider 继承自 QAbstractSlider,提供可以供用户操作的滚动条,样式如图 1.79 所示。

图 1.78　QDateTimeEdit 显示日历　　　　图 1.79　滚动条界面

常用的几个信号是:

| | |
|---|---|
| valueChanged(int value) | 滚动条数值在 minimum()和 maximum()之间变化的时候,发送此信号。 |
| rangeChanged(int min,int max) | 滚动条滚动幅度变换时,产生此信号,min 是新的最小滚动值,max 是新的最大滚动值。 |
| sliderPressed( ) | 鼠标单击滚动条产生此信号,或者是由 setSliderDown 引起的。 |

sliderMoved(int value)　　　　鼠标拖动滚动条移动的时候产生此信号。

sliderReleased　　　　　　　　鼠标释放滚动条产生此信号。

QSlider 还可以给滚动条加一个刻度标识,通过 setTickInterval 来设置刻度的间隔,通过 setTickPosition 来设置这个刻度标识出现的位置。

例如添加如下代码:

```
ui->horizontalSlider->setTickInterval(10);
ui->horizontalSlider->setTickPosition(QSlider::TicksBelow);
```

水平滑动块就变成如图 1.80 所示的外观了。

 Label

QLabel 是大名鼎鼎的标签页,可以用它来显示文本或者图像。看它的槽函数:

图 1.80　QSlider 使用实例

```
Public Slots

void    clear ()
void    setMovie ( QMovie * movie )
void    setNum ( int num )
void    setNum ( double num )
void    setPicture ( const QPicture & picture )
void    setPixmap ( const QPixmap & )
void    setText ( const QString & )
```

拖动一个"Lable",写入如下代码:

```
ui->label->setTextFormat(Qt::RichText);
ui->label->setText(tr("<a href = \"http://qt.nokia.com/\">clicked me</a>"));
```

"Lable"上面显示一个超链接,当鼠标经过超链接时会发射信号"linkHovered",当单击超链接的时候会发射"linkActivated"信号,setTextFormat 设置"Lable"显示作为 richtext 解析。

还可以写出来更复杂的 HTML 语句,比如:

```
ui->label->setText(tr("<font size = 3 color = green ><I>test</I></font>"));
```

则可以在 label 上显示出指定字体大小颜色的斜体字。

```
QPixmap * p = new QPixmap(30,20);
p->fill(Qt::blue);
ui->label->setPixmap( * p);
```

构造一个图片,可以放置在"Lable"上显示。

setMovie 还可以让 label 显示一个动画效果,比如显示一个 gif 图片。

来看一下常用的对 QLable 设置的两个属性,如图 1.81 所示。

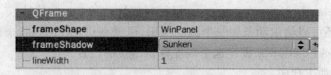

图 1.81　QLable 属性设置

FrameShape 可以设置为如下值:

NoFrame　　　无边框。
Box　　　　　有外框。
Panel　　　　具备一个面板,可以让显示内容具有凸起或凹陷的风格。
WinPanel　　 Window2000 面板风格。
HLine　　　　画一条水平线。
VLine　　　　画一条垂直线。
StyledPanel　具备一个矩形框。
FrameShadow　可以设置:
Plain　　　　平板效果。
Raised　　　 凸起 3D 效果。
Sunken　　　 凹陷 3D 效果。

设置 label 的 frameShape 为"WinPanel",frameShadow 为"Sunken",运行看看效果,如图 1.82 所示。

"Display Widgets"剩余的控件,在后面章节里面用到时再讲。

图 1.82　QLabel 使用实例

### 4. 使用对话框做出手机九键输入法软键盘

在嵌入式界面开发中,随着触屏在嵌入式产品中的使用越来越广泛,对于开发一个嵌入式平台下通过触屏操作的软键盘,进而实现中英文的录入显得也是那么的迫切了。当用户与界面交互需要输入信息的时候,就需要提供一个输入法软键盘,让用户通过触屏来实现信息的输入。当然在 X86 平台下面有很多优秀的输入法可以选择安装,但是在嵌入式 Linux 里面,尤其是针对特定功能的软件界面,这个输入法还是需要自己来开发的。所幸 Qt 也提供了嵌入式 Linux 平台下输入法开发的接口类,对于这次开发的九键输入法,先做一个简单的英文输入法,然后再增加中文输入功能。

在用户目录下创建一个工程文件夹"mkdir inputmethod"。

启动 qtcreator 创建基于 QDialog 的工程 LinuxQtInputMethod,界面布局如图 1.83 所示。读者在拖动按钮的时

图 1.83　软键盘布局

## 第 1 章  Qt 基础控件使用

候，设置好位置和大小之后，可以在选中这个按钮的情况下按"Ctrl＋c"复制其他的按钮，这样属性都复制过来，加快界面创建速度。按钮之间位置调整的时候可以按"Ctrl＋上/下/左/右箭头"来微调位置，让按钮左右上下之间间隔最小。

按钮控件（QPushButton）文本名和对应的对象指针如表 1.9 所列。

表 1.9  软键盘按钮信息

| 按钮名（text） | 按钮对象指针名（objectName） |
| --- | --- |
| 123 | pBn123 |
| 中文 | pBnzw |
| EN | pBnen |
| 1, . | pBn1 |
| 2abc | pBn2 |
| 3def | pBn3 |
| DEL | pBndel |
| 4ghi | pBn4 |
| 5jkl | pBn5 |
| 6mno | pBn6 |
| 0 | pBn0 |
| 7pqrs | pBn7 |
| 8tuv | pBn8 |
| 9xyz | pBn9 |
| *# | pBnxj |

先来设置一下软键盘在屏幕上显示的位置，调整到屏幕的右下角，在 inputmethoddialog.cpp 中添加引用的一个头文件＃include＜QDesktopWidget＞，在类的构造函数里面添加如下语句：

```
InputMethodDialog::InputMethodDialog(QWidget * parent) :
    QDialog(parent),
    ui(new Ui::InputMethodDialog)
{
    ui->setupUi(this);
    /*
    设置我们的软键盘窗口标志，使它成为一个无边框、工具窗口并且显示在窗口系统中
    所有窗体之上的一个窗体。这些是软键盘应该具备的窗口样式。
    */
    this->setWindowFlags(Qt::FramelessWindowHint|Qt::Tool|Qt::WindowStaysOnTopHint);
    int deskwidth = QApplication::desktop()->width();     //获取桌面宽度
    int deskheight = QApplication::desktop()->height();   //获取桌面高度
```

```
    int width = this->width();                    //获取软键盘宽度
    int height = this->height();                  //获取软键盘高度
    move(deskwidth-width,deskheight-height);      //移动软键盘到窗口右下角
    this->setCursor(Qt::PointingHandCursor);      //改变鼠标经过软键盘是的形状为手型
}
```

接下来美化一下按钮,当鼠标滑过和单击软键盘上的按钮的时候,让它产生高亮效果。怎么美化?对,设置样式表。在构造函数里面加入对 QPushButton 作用的样式表:

```
setStyleSheet(QString::fromUtf8("QPushButton{
border:1px solid black;color:white;border-radius:4px;background-color:rgb(167,167,167);}
QPushButton:pressed { color: rgb(35, 255, 32); }
QPushButton:hover { background-color: rgb(106, 106, 106);}"));
```

"QPushButton:pressed"指定当按钮按压时候的属性,我们设置为文本变 RGB(35,255,32)这个色。

"QPushButton:hover"指定了鼠标悬浮在按钮上的风格,我们设置为背景变为 RGB(106,106,106)这个色。看一下效果吧,如图 1.84 所示。

漂亮点了吧,这里抓的图,鼠标还是箭头状,实际上是手型的,截图的时候变了。不过相信按照本书进行操作的读者已经看到效果了,很棒吧。

图 1.84 软键盘运行效果

有了美丽的外表,还需要给来点内涵,接下来,给它加入功能。先用我们学过的信号和槽机制,加入信号,当按钮单击的时候,把它的字符用信号发送出去。

在 inputmethoddialog.h 文件加入头文件 #include<QTimer>。
在类 InputMethodDialog 里面添加成员:

```
public slots:
    void getKeyClicked(void);           //软键盘按钮关联的槽函数
    void getTimerTimeout(void);         //timer 溢出关联的槽函数
signals:
    void sendKeyChar(QString keychar);  //取得单击按钮的字符,用该信号发送出去
public:
    QTimer *timer;                      //控制连续单击一个键,发送按键字符的延时时间
    QString btnText;                    //保存单击按键的文本
    int count;                          //记录同一按键的单击次数
```

切换到 inputmethoddialog.cpp,在构造函数里面添加如下语句:

```
/*创建定时器对象*/
```

# 第1章 Qt 基础控件使用

```
timer = new QTimer;
/*关联定时器溢出发射的信号 timeout()到槽函数 getTimerTimeout ()*/
connect(timer,SIGNAL(timeout()),this,SLOT(getTimerTimeout()));
/*关联 pBn2 clicked()信号到槽函数 getKeyClicked ()*/
connect(ui->pBn2,SIGNAL(clicked()),this,SLOT(getKeyClicked()));
/*初始化单击次数索引 count 为 0*/
count = 0;
/*初始化 btnText 为空字符串*/
btnText = "";
```

先关联一个按钮,调试出一个按钮的单击处理之后,再去关联其他按钮做处理,这样便于读者理解。

现在开始写槽函数的实现代码,如下所示:

```
void InputMethodDialog::getKeyClicked()
{
    /*启动定时器,500 ms 溢出一次,
        这样用户在第一次单击按键的时候启动定时器,
        连续单击按键的时候,定时器被重启,保证单击结束
        后在定时器溢出时才发送按键字符
    */
    timer->start(500);
    /*获取被单击的按钮 pBn2 的文本保存到 btnText*/
    btnText = ui->pBn2->text();
    /*更新单击按钮次数的计数值*/
    count ++ ;
}

void InputMethodDialog::getTimerTimeout()
{
    /*计数减 1,为了(count % 4)表达式的取值范围为 0~3*/
    if(count>0) count -- ;
    /*按钮的文本内容非空*/
    if(!btnText.isEmpty())
    /*发射出去单击次数对应的字符*/
    emit sendKeyChar(btnText.mid(count % 4,1));
    /*用 qDebug 打印出当前发送的按键字符,需要 #include<QDebug>头文件*/
    qDebug()<<"send char is"<<btnText.mid(count % 4,1);

    /*一次操作结束,清零 count,置空 btnText,停止定时器*/
    count = 0;
    btnText = "";
    timer->stop();
```

}

这样软键盘的一个按钮就具有功能了。运行看一下,单击按钮"2abc",单击一次发送字符"2",连续单击 2 次发送字符"a",3 次发送"b",4 次发送"c"。现在来处理其他的按钮,首先摆在面前的问题就是其他按钮 clicked 信号关联的槽函数怎么写?以这 9 个按键为例,是不是每个都要写个槽函数来对应?这些槽函数的内容大致相仿,都像 getKeyClicked 一样的处理逻辑,我们自然就想到了,让其他按钮 clicked 也关联到 getKeyClicked。这样就会引出来另外的问题,在同一个槽函数里面怎么确定具体是单击哪个按钮了?按钮的文本长度还不一致,getTimerTimeout 怎么做修改?带着这些问题,咱们继续前进。

构造函数里面添加代码:

```
connect(ui->pBn1,SIGNAL(clicked()),this,SLOT(getKeyClicked()));
connect(ui->pBn3,SIGNAL(clicked()),this,SLOT(getKeyClicked()));
connect(ui->pBn4,SIGNAL(clicked()),this,SLOT(getKeyClicked()));
connect(ui->pBn5,SIGNAL(clicked()),this,SLOT(getKeyClicked()));
connect(ui->pBn6,SIGNAL(clicked()),this,SLOT(getKeyClicked()));
connect(ui->pBn7,SIGNAL(clicked()),this,SLOT(getKeyClicked()));
connect(ui->pBn8,SIGNAL(clicked()),this,SLOT(getKeyClicked()));
connect(ui->pBn9,SIGNAL(clicked()),this,SLOT(getKeyClicked()));
```

改造版的槽函数代码如下:

```
void InputMethodDialog::getKeyClicked()
{
    timer->start(500);
    /*获得当前发送 clicked 信号的按钮对象指针
      qobject_cast 是 Qt 提供的类型转换接口,转换为 QPushButton *
      sender()返回发送信号的对象的指针,返回类型为 QObject *
    */
    QPushButton *clickedButton = qobject_cast<QPushButton *>(sender());
    btnText = clickedButton->text();
    count ++ ;
}

void InputMethodDialog::getTimerTimeout()
{
    if(count>0) count -- ;
    if(!btnText.isEmpty())
    /*由于按钮上文本的长度不一,故用 length 得到长度*/
    emit sendKeyChar(btnText.mid(count%(btnText.length()),1));
```

```
qDebug()<<"send char is"<<btnText.mid(count % (btnText.length()),1);

count = 0;
btnText = "";
timer->stop();
}
```

现在输入法的雏形出来了,可以输出数字和英文字母,写一个界面程序来测试一下这个软键盘。给我们的工程加一个界面类,在打开工程 LinuxQtInputMethod 的 Qt Creator 界面里面依次单击"文件"→"新建文件或工程",在弹出的对话框里面选择(文件和类→Qt→Qt 设计师界面类)如图 1.85 所示。

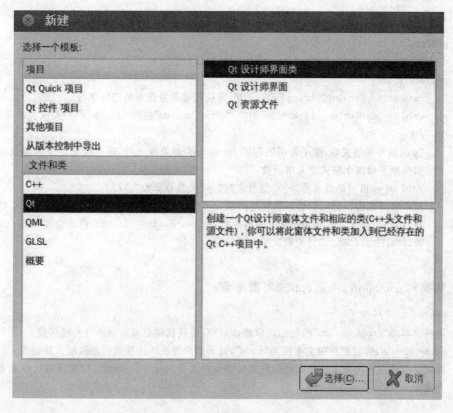

图 1.85 工程添加界面类

单击"选择"按钮之后,在界面模板选择"Dialog without Buttons"。下一步,"选择类名"把类名改为"UseInputDialog"。完成之后,在弹出的界面里面,拖放控件,布局如图 1.86 所示。

一个"QLabel/QLineEdit/QPushButton","input method"单击之后,弹出软键盘,通过软键盘输入数据到 QLineEdit。

切换到 useinputdialog.h。

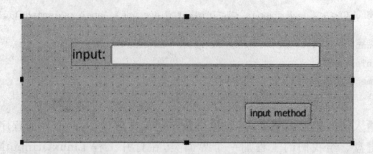

图 1.86　测试软键盘界面布局

添加头文件 #include "inputmethoddialog.h"。

在类 UseInputDialog 构造函数里面添加成员：

```
public:
    InputMethodDialog * impl;        //软键盘对象指针
private slots:
    void getKeyFromIm(QString key);  //捕获软键盘发送来的按键字符
    void on_pushButton_clicked(void);//"input method"按钮 clicked 信号关联的槽函数
/*
Qt 的信号和槽关联，除了常用的调用 connect 手动关联之外，还可以在定义槽函数的时候按照下面这个格式定义槽函数：
void on_＜窗口部件名称＞_＜信号名称＞_(＜信号参数＞);
则＜窗口部件＞的＜信号＞就和槽函数 on_＜窗口部件名称＞_＜信号名称＞_(＜信号参数＞)关联上了。就如同定义的槽函数 on_pushButton_clicked，自动会和按钮（pushButton）的 clicked 信号关联。
*/
```

切换到 useinputdialog.cpp 来写槽函数：

```
/*
第一次单击"input method"按钮创建软键盘对象，关联软键盘发送的信号到槽函数
getKeyFromIm，同时把按钮文本换为"hide"，提示用户再次单击按钮则隐藏输入法键盘，
软键盘隐藏后再次单击按钮则把隐藏的软键盘再次显示出来。isopen 用来指示这些状态的开关
*/
void UseInputDialog::on_pushButton_clicked()
{
    static int isopen;
    if(isopen == 0)
    {
    impl = new InputMethodDialog;
    connect(impl,SIGNAL(sendKeyChar(QString)),this,SLOT(getKeyFromIm(QString)));
    impl -> show();
```

```
        isopen = 1;
        ui->pushButton->setText("hide");
    }else if(isopen == 1)
    {
        if(impl) impl->hide();
        ui->pushButton->setText("input method");
        isopen = 2;
    }else if(isopen == 2)
    {
        if(impl) impl->show();
        ui->pushButton->setText("hide");
        isopen = 1;
    }
}
void UseInputDialog::getKeyFromIm(QString key)
{
    /*取得lineEdit当前的光标位置保存到pos*/
    int pos = ui->lineEdit->cursorPosition();
    /*设置lineEdit显示的文本为原文本内容+软键盘传送来的按键字符*/
    ui->lineEdit->setText(ui->lineEdit->text() + key);
    /*从pos位置选中lineEdit文本一个字符*/
    ui->lineEdit->setSelection(pos,1);
}
```

运行效果如图 1.87 所示。

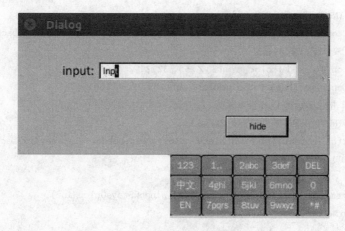

图 1.87 测试软键盘界面

现在这个软键盘还欠缺一些功能。比如说，软键盘的打开本来应该在有输入焦点的位置自动打开，而不是用按钮来控制打开和隐藏。另外软键盘送出去的字符可以实现给 UseInputDialog 的 lineEdit 提供输入字符,如果再有另外一个 lineEdit,现在的程序就无法给它提供输入了。当然了我们可以通过修改 getKeyFromIm 来实现给不同的 lineEdit 提供输入字符,这可以满足简单的软件输入要求。后面我们会一并地解决这些问题,让它日渐完善。接下来,我们先来实现中文的输入。

我们先给软键盘加上中文输入时中文显示选择的面板,当单击"中文"按钮的时候,界面要变成如图 1.88 所示的布局。

在原来软键盘上面,多出来了一排按钮。左右两端的按钮"<<"和">>"控制换页显示中文字符;中间的那些按钮是供用户点选的中文字符;界面上还有个"line edit",如同气泡一样在整个界面的左上角,显示用户输入的拼音字符,它的大小随着用户输入拼音字符的长短动态改变。另外点选了"中文"按钮之后,背景

图 1.88　中文软键盘布局

色调亮一点,同时显示的文本颜色改为绿色。这些变化,无非都是给用户一个提示,表示按钮被单击了。

要想实现上面的界面,是不是再拖放按钮过来就可以呢? 但需要了解的是,不单击"中文"按钮,上面的那一排按钮是出不来的。如果拖放了新按钮过来,那使它们平时隐藏在幕后,但还是占用了界面的布局空间,平时不显示,空白地方也不美观。可以动态创建它们。需要的时候,创建它们,然后让它们显示在合适的位置。

在 inputmethoddialog.h 添加包含的头文件 #include <QLineEdit>。由于按钮的样式表和窗体的标识,这些动态创建的汉字面板也要用,故定义成宏定义:

```
#define INPUT_BUTTON_STYLE \
"QPushButton{border:1px solid black;color:white;border-radius:4px;background-color: rgb(167, 167, 167);}\
QPushButton:pressed {color: rgb(35, 255, 32); }\
QPushButton:hover{background-color: rgb(106, 106, 106);}"
/* 按钮单击后显示的样式表 */
#define INPUT_BUTTON_PRESSED_STYLE \
"QPushButton {border:1px solid black;color:green;border-radius:4px;background-color: rgb(200, 200, 200);}"
#define  INPUT_WIDGET_FLAGS  \
  (Qt::FramelessWindowHint|Qt::Tool|Qt::WindowStaysOnTopHint)
```

在类 InputMethodDialog 里面添加成员
```
private:
    QPushButton * hzPanel[10];        //汉字输入面板对象指针
    QLineEdit * pyText;               //拼音显示对象指针
    int inputType;                    //输入法选择标识 0—英文 1—中文
    void CreateHzPanel(void);         //创建汉字输入面板
```

# 第 1 章　Qt 基础控件使用

```cpp
    void showHzPanel(void);              //面板显示
    void hideHzPanel(void);              //隐藏面板
    void delHzPanel(void);               //销毁面板
    void disPyText(QString pytext);      //显示用户输入的拼音,动态调整 pyText 长度
public slots:
    void updatePyText(QString);          //接收 sendKeyToPy 信号,实现更新 pyText 显示内容。
signals:
    void sendKeyToPy(QString keychar);   //inputType = 1 是发送该信号,把用户单击的字符
                                         //传递给 updatePyText
private slots:
    void on_pBnzw_clicked();             //"中文"按钮关联的槽函数
    void on_pBnen_clicked();             //"EN"按钮关联的槽函数
```

切换到 inputmethoddialog.cpp　添加代码：

```cpp
/*
创建汉字显示面板,并计算它们出现的位置,设置两端的两个按钮文本"<<"和">>"。
新创建的汉字显示按钮高度和软键盘上的按钮一致,宽度是软键盘按钮的一半。
创建显示汉语拼音的控件 pyText,根据字体的宽度和高度来设置它的大小。
*/
void InputMethodDialog::CreateHzPanel()
{
    int index = 0;
    int x = this->x();
    int y = this->y();
    int height = ui->pBn0->height();
    int width = ui->pBn0->width();

    for(index = 0;index<10;index ++ )
    {
        hzPanel[index] = new QPushButton;
        hzPanel[index]->setWindowFlags(INPUT_WIDGET_FLAGS);
        hzPanel[index]->setGeometry(x + index * (width/2),y - height,width/2,height);
        hzPanel[index]->setStyleSheet(QString::fromUtf8(INPUT_BUTTON_STYLE));
    }

    hzPanel[0]->setText("<<");
    hzPanel[9]->setText(">>");

    //create pytext display
    pyText = new QLineEdit;
    pyText->setWindowFlags(INPUT_WIDGET_FLAGS);

    int widthf = pyText->fontMetrics().width("a");
```

```cpp
    int heightf = pyText->fontMetrics().height();

    pyText->setStyleSheet(QString::fromUtf8("QLineEdit {border:1px
            solid black;color:black;border-radius:4px;background-color:white;}"));
    pyText->setGeometry(x,y-height-heightf,widthf+9,heightf);
    pyText->setText("");
}

/*显示中文输入面板*/
void InputMethodDialog::showHzPanel()
{
    int index = 0;
    for(index = 0;index<10;index++)
    {
        if(hzPanel[index])
            hzPanel[index]->show();
    }
    if(pyText && !(pyText->text().isEmpty()))
        pyText->show();
}
/*隐藏中文输入面板*/
void InputMethodDialog::hideHzPanel()
{
    int index = 0;
    for(index = 0;index<10;index++)
    {
        if(hzPanel[index])
            hzPanel[index]->hide();
    }
    if(pyText)
    {
        pyText->clear();
        pyText->hide();
    }
}
/*销毁中文输入面板对象*/
void InputMethodDialog::delHzPanel()
{
    int index = 0;
    for(index = 0;index<10;index++)
    {
        if(hzPanel[index])
```

```cpp
        {
            delete hzPanel[index];
            hzPanel[index] = NULL;
        }
    }
    if(pyText)
    {
        delete pyText;
        pyText = NULL;
    }
}
/*刷新 pyText 显示的拼音字符,并随着拼音字符长度的改变,更新 pyText 的宽度*/
void InputMethodDialog::disPyText(QString pytext)
{

    QString oldtext = pyText->text();

    int widthf = pyText->fontMetrics().width(oldtext + pytext);
    int heightf = pyText->fontMetrics().height();
    int x = this->x();
    int y = this->y();
    int height = ui->pBn0->height();

    pyText->setGeometry(x,y - height - heightf,widthf + 9,heightf);
    pyText->setText(oldtext + pytext);

}
/*接收 sendKeyToPy 信号,刷新 pyText 显示字符*/
void InputMethodDialog::updatePyText(QString key)
{
    if(pyText->isHidden())
        pyText->show();
    disPyText(key);

}
/*
"中文"按钮单击响应的槽函数,置 inputType = 1
显示中文输入面板,更改"中文"按钮样式表,恢复"EN"按钮样式表
*/
void InputMethodDialog::on_pBnzw_clicked()
{
    inputType = 1;//input HZ
    showHzPanel();
```

```
    ui->pBnzw->setStyleSheet(QString::fromUtf8(INPUT_BUTTON_PRESSED_STYLE));
    ui->pBnen->setStyleSheet(QString::fromUtf8(INPUT_BUTTON_STYLE));
}
/*
    "EN"按钮单击响应的槽函数,置 inputType = 0
    隐藏中文输入面板,更改"EN"按钮样式表,恢复"中文"按钮样式表
*/
void InputMethodDialog::on_pBnen_clicked()
{
    inputType = 0;
    ui->pBnen->setStyleSheet(QString::fromUtf8(INPUT_BUTTON_PRESSED_STYLE));
    ui->pBnzw->setStyleSheet(QString::fromUtf8(INPUT_BUTTON_STYLE));
    hideHzPanel();
}
```

在类 InputMethodDialog 构造函数里面添加代码:

```
/*用系统默认的编码来编码 tr 函数需要的参数 */
QTextCodec::setCodecForTr(QTextCodec::codecForLocale());
CreateHzPanel();//创建中文输入面板
/*关联软键盘对内的信号 */
connect(this,SIGNAL(sendKeyToPy(QString)),this,SLOT(updatePyText(QString)));
```

在类 InputMethodDialog 析构函数里面添加代码:

```
    delHzPanel();
```

定时器溢出函数 getTimerTimeout 修改为如下:

```
void InputMethodDialog::getTimerTimeout()
{
    if(count>0) count--;
    if(!btnText.isEmpty())
    {
        if(inputType == 0)          //英文输入,直接对外传递 sendKeyChar 信号
            emit sendKeyChar(btnText.mid(count%(btnText.length()),1));
        else if(inputType == 1)     //中文输入,传递对内信号 sendKeyToPy
            emit sendKeyToPy(btnText.mid(count%(btnText.length()),1));
    }
    qDebug()<<"send char is"<<btnText.mid(count%(btnText.length()),1);
    count = 0;
    btnText = "";
    timer->stop();
}
```

# 第 1 章 Qt 基础控件使用

运行程序看看阶段性的成果吧。需要了解的是当单击了"中文"按钮的时候软键盘对外的信号 sendKeyChar，暂时由 sendKeyToPy 对内发送信号，然后我们根据用户输入的拼音搜索到对应的汉字后，再由用户单击某一个具体的汉字，通过 sendKeyChar 发送出去。这也是接下来要做的事情，根据 pyText 显示的拼音搜索汉字显示在汉字面板上面。

继续在 inputmethoddialog.h 中添加类成员：

```
#include<QFile>                  //Qt 提供的对文件读写操作的类
#include<QRegExp>                //用于正则表达式模式匹配的类接口
#include<QByteArray>             //可以存储二进制数据和 8 位编码的文本数据
private:
    QFile *file;                 //用来操作打开汉字拼音对照表文本的文件对象指针
    QByteArray hzString;         //用来存储用拼音搜索到的汉字字符的字节序列
    QRegExp regExp;  //构造正则表达式搜汉字拼音对照表文本里面检索符合条件的汉字
    QString chineseString;       //记录检索到的符合条件的汉字字符序列
    int index; //记录从 chineseString 里面取出来的最后一个汉字在 chineseString 里面的位置
    int openPyTable(QString pytable); //打开汉字拼音对照表文本
    /*根据输入的拼音检索对应的汉字并显示在汉字面板*/
    int searchPyTableAndDis(QFile *filp,QString &chineseString,int &index);

public slots:
    void pyPgUp(void);           //汉字面板显示的汉字翻上页,按钮"<<"的槽函数
    void pyPgDn(void);           //汉字面板显示的汉字翻下页,按钮">>"的槽函数
    void getHzPanelClicked();    //单击汉字面板出发的槽函数
```

inputmethoddialog.cpp　添加这些接口的实现。

```
/*
打开 pytable 指定的汉字拼音表文本文件
指定表达式语法 QRegExp::RegExp,这个也是默认值,这种语法不支持贪婪限定符
指定表达式匹配大小写敏感
*/
int InputMethodDialog::openPyTable(QString pytable)
{
    file = new QFile(pytable);
    if(!file->open(QIODevice::ReadOnly|QIODevice::Text))
    {
        qDebug()<<"Failed to open pytable:"<<pytable;
        delete file;
        file = NULL;
        return -1;
    }
    regExp.setPatternSyntax(QRegExp::RegExp);
```

```cpp
    regExp.setCaseSensitivity(Qt::CaseSensitive);
}

int InputMethodDialog::searchPyTableAndDis(QFile * filp,QString &chineseString,int &index)
{
    int ret = 0;
    if(filp == NULL)
        return -1;

    QString getpy = pyText->text();     //获取输入的拼音内容
    if(getpy.isEmpty())
        return -1;
    /*
```

构造正则表达式,检索的拼音对应的汉字存储在一个文本"pyTable.db"里面,文件内容格式如下:

a　　　　　啊阿吖嘎腌

ai　　　　 爱唉哎艾哀嗌嗳埃媛挨捱暖瑷癌皑矮砹碍蔼锿隘霭

ba　　　　 吧把八爸罢坝叭岜巴扒拔捌灞疤笆粑耙芭茇菝跋钯

bai　　　　白百拜佰捭掰摆柏败

拼音后面用若干空格间隔,之后是拼音对应的汉字。我们需要构造正则表达式,从这个文件里面读出这些拼音对应的汉字,然后在汉字面板显示。

构造表达式匹配输入的拼音后面有1～10个空格,接着是2～200个非a～z和空格的字符。(在pyTable.db里面对应的就是汉字了)

```cpp
    */
    regExp.setPattern(QString("(%1)(\\s{1,10})([^a-z\\s]{2,200})").arg(getpy));
    while(! filp->atEnd())            //未到文件尾
    {
        hzString = filp->readLine();   //从文件读取一行
        /*开始匹配表达式*/
        ret = regExp.indexIn(QString(hzString.data()),0,QRegExp::CaretAtZero);

        if(ret > -1)                   //匹配到了
        {
            qDebug()<<"read string is"<<(regExp.cap(3));// 打印出匹配的汉字字符
            chineseString = regExp.cap(3);//把搜到的汉字字符保存在chineseString里面
            int len = chineseString.length();
            int i = 0;
            for(i = 0;i<((len<8? len:8));i++) //根据检索到汉字的个数设置汉字面板
            {
                hzPanel[i+1]->setText(regExp.cap(3).at(i));
```

```cpp
        }
        if(i<8)
         for(int j = 0;j<8 - i;j++)
            hzPanel[i + 1 + j]->setText("");//检索汉字小于8个,多余的汉字面板
                                            //显示空白
        index = (len<8? (len):(8));//记录显示chineseString里面的汉字到
                                    //哪个位置了
        /*检索到汉字大于8个,使能翻页按钮">>"*/
        if(len>8) hzPanel[9]->setEnabled(true);

        qDebug()<<"the len of pystring is"<<regExp.cap(3).length();
        break;                      //跳出循环
      }
    }
    filp->seek(0);//移动文件指针到开始位置,便于下次继续从文件首开始查找
    return 0;
}

void InputMethodDialog::pyPgDn()
{
    hzPanel[0]->setEnabled(true);       //使能翻页按钮"<<"
    int len = chineseString.length();

    if(index> = len)//如果显示过的汉字个数大于等于检索到的汉字总个数
    {
        hzPanel[9]->setEnabled(false);//禁止翻页按钮">>"
        return;
    }
    int remainder = (len - index) % 8;
    int quotient = (len - index)/8;

    int i = 0;
    /*如果剩余的汉字大于8个则继续显示8个到面板上,否则显示剩余的字符到面板*/
    for( i = 0;i<((quotient>0)? (8):(remainder));i++)
    {
        hzPanel[i + 1]->setText(chineseString.at(index + i));
    }
    if(i<8)
        for(int j = 0;j<8 - i;j++)
            hzPanel[i + 1 + j]->setText("");//能显示的汉字少于8个时,多余的面板显示空白
    index += i;                             //更新索引
}
```

```cpp
void InputMethodDialog::pyPgUp()
{
    hzPanel[9]->setEnabled(true);  //使能">>",
    /*
      能进入这个函数,index%8!=0就说明是">>"点到头了
      也就是显示到了最末一个汉字了
    */
    if((index%8)!=0)
    {
        for(int i=0;i<8;i++)
        {
            /*跳过最后一页,往前退8个汉字显示*/
            hzPanel[i+1]->setText(chineseString.at(index-index%8-8+i));
        }
        index-=index%8;

    }else
    {
        if((index-8)==0)                    //退到第一页了
        {
            hzPanel[0]->setEnabled(false);  //禁止"<<"
            return ;
        }else                               //反之继续往前退8个显示
        {
            for(inti=0;i<8;i++)
            {
                hzPanel[i+1]->setText(chineseString.at(index-8-8+i));
            }
            index-=8;
        }
    }
}

void InputMethodDialog::getHzPanelClicked()
{
    QPushButton *clickedButton = qobject_cast<QPushButton *>(sender());
    sendKeyChar(clickedButton->text());     //对外发送汉字面板的字符
    pyText->clear();                        //清除拼音输入框
    pyText->hide();
    chineseString.clear();                  //清除搜索到的汉字字符串
    index = 0;                              //清零记录索引
    hzPanel[0]->setEnabled(false);          //禁止"<<"
```

# 第1章 Qt 基础控件使用

```
        hzPanel[9]->setEnabled(false);              //禁止">>"
}
```

在构造函数里面添加如下语句：

```
chineseString = "";
index = 0;
QTextCodec::setCodecForCStrings(QTextCodec::codecForLocale());
/*
    把 pyTable.db 文件复制到
    LinuxQtInputMethod-build-desktop-Desktop_Qt_4_7_4_for_GCC__Qt_SDK____
    目录下，文件大家可以自己按照前面的格式创建这个汉字拼音对照表文本。
*/
int ret = openPyTable("pyTable.db");
if(ret<0)
{
    qDebug()<<"Failed openPyTable";
}
```

在成员函数 CreateHzPanel()后面添加如下代码：

```
connect(hzPanel[0],SIGNAL(clicked()),this,SLOT(pyPgUp()));//关联槽函数
    connect(hzPanel[9],SIGNAL(clicked()),this,SLOT(pyPgDn()));
    hzPanel[0]->setEnabled(false);
    hzPanel[9]->setEnabled(false);

    for(index = 0;index<8;index++)
        connect(hzPanel[index + 1],SIGNAL(clicked()),this,SLOT(getHzPanelClicked()));
```

在 updatePyText(QString key)函数中添加如下代码：

```
int ret = searchPyTableAndDis(file,chineseString,index);//搜索 pyTable.db,显示汉字
    if(ret<0)
        qDebug()<<"Failed searchPyTableAndDis";
```

至此，我们的输入法终于有中文输入功能了，能坚持和本书一起做到这一步的读者，是不是也有些成就感了？亲手做出来的嵌入式的中文输入法，如图1.89所示。

不过现在这个输入法还是有前面提出的那些问题。我们需要让输入法实现对有输入焦点的 Qt 窗体提供输入功能。等讲到《第2章 Qt 事件驱动机制》的时候来弥补这里的缺口。

## 5. 让界面充满个性——GUI 换肤大行动

作为一个成功的跨平台 GUI 类库，Qt 可以保证在不同的平台上，有不同风格的界面。这样可以最大化地实现界面显示的本地化，不至于让界面在 Windows 上运行时，与 Windows 界面风格规格不入。很明显 Qt 的开发人员也深谙和谐的意义，要融

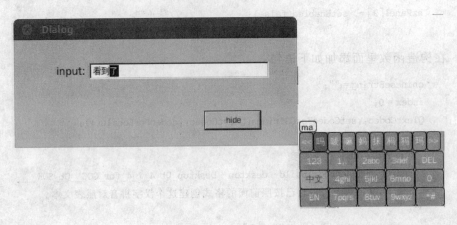

图 1.89 中文输入法面板

入要大众化,跟随主流。所以在 Windows 上就有 Windows 的风格,在 Linux 上就有 Linux 的风格,当然 Mac 也不例外。显然在 Windows 下有 QWindowsStyle,Mac 下有 QMacStyle,Linux 下有 QMotifStyle。当然还不局限于这些,比如 Qt 还提供了 QCDEStyle、QPlastiqueStyle 和 QCleanlooksStyle 等供我们选择。就算这些全部满足不了个性化界面风格的要求,还可以自定义风格,还可以借助前面用到的样式表来美化界面,为界面换肤。

由此可以看出,Qt 实现界面定制化的风格,基本可以采用两个途径:

① 子类化 QStyle。

② 应用 Qt 样式表(QSS)。

**(1) 子类化 QStyle 实现自定义的风格类**

我们各个击破,样式表在前面也已经提到过了,这次不得不具体说下了,先来看 QStyle。

Qt 用 QStyle 这个抽象类来封装了 GUI 的"look and feel(观感)",换句土话说,QStyle 是界面的遮羞布。那些不辞辛苦日夜纺织的"程序员纺织工人们"把这块布硬是给织成了款式新颖到让人眼花缭乱的衣服,并且还是外贸货。就跟北京动物园批发市场里面的商品一样,有"Windows"牌子的,有"motif"牌子的,也有名牌耐克阿迪什么的,当然也有水货 Mac。不同牌子的就有不同牌子的风格,没有一个设计师会为耐克设计一款运动装打上阿迪 logo 的。这也叫显示的本地化,把阿迪的一双鞋放到耐克专卖里面你觉得合适吗?所以品牌要本土化。界面也要本土化。KDE 专卖里面摆设的"Qt/X11"程序默认样式是"Plastique",GNOME 下是"cleanlooks"。

Qt 应用程序在运行时可以传递参数"-style"来指定要用的风格。不指定的话 Qt 也会选择一个最接近程序所处的桌面环境的风格给应用程序。

来看一下 QComboBox 控件在不同风格下的外观,如图 1.90 所示。

人在不同的场合穿不同的衣服,Qt 也有同样的特点。深入探究一下,看看这

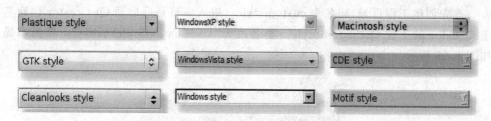

图 1.90　QComboBox 外观

QStyle 与其他类的关系，如图 1.91 所示。

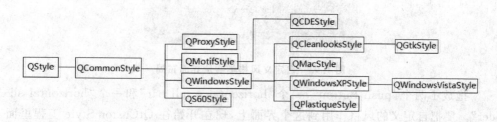

图 1.91　QStyle 类结构图

一般要实现自定义的界面风格，往往会子类化 QStyle 这些子类，找一个最接近自己想要的界面风格类来做继承，然后需要修改界面风格的哪部分，就重新实现绘制那部分相关的函数。

如图 1.92 所示是一种自我风格的界面。

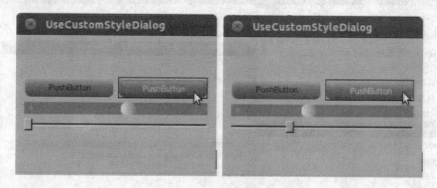

图 1.92　自定义风格类界面

现在详细介绍如何实现这样的界面风格，如何把"QPushButton/QScrollBar/QSlider"这些控件变成这个样子。"push Button"有了渐变的背景色，单击按钮文本颜色还会变色，并且按钮焦点虚线框也消失的无影无踪，按钮矩形四角也变得圆润，QScrollBar 左右按钮变了形，滑块也圆润透亮，QSlider 还不太美观，似乎还是以前样子，但是当把鼠标左键在它滑动范围任意位置单击的时候，滑块立即跑到了鼠标的位置，不像以前那样一个 step 一个 step 的慢慢走，看来内容也改变了。

首先创建工程目录,起名为 customstyle。进入该目录后启动 Qt Creator 创建基于 QDialog 的工程 QtCustomStyle。类名改为"UseCustomStyleDialog"。界面布局如图 1.93 所示。

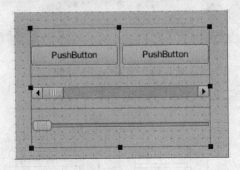

图 1.93　自定义风格类实例界面布局

拖放了两个"push Button",一个"horizontal scroll bar"和一个"horizontal slider"。要把自定义的风格作用到这个界面上,现在开始往 QtCustomStyle 工程里面添加风格类 QtCustomStyle 的头文件和实现文件。单击 qtcreator 的文件菜单,选择"新建文件或工程",在弹出的对话框"文件和类"标题栏选择"C++",依次选择"C++源文件"和"C++头文件",文件名分别为"QtCustomStyle.cpp"和"QtCustomStyle.h",添加到工程里面,如图 1.94 所示。

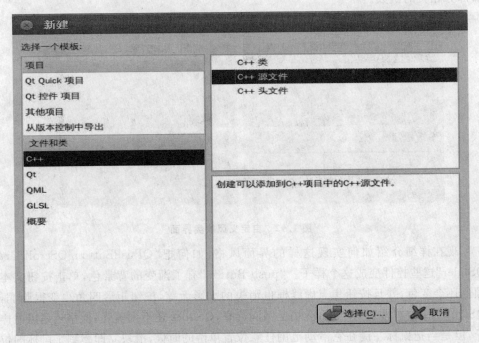

图 1.94　工程添加 C++源码

# 第 1 章　Qt 基础控件使用

在 QtCustomStyle.h 里面实现风格类的定义。我们从 QProxyStyle 做继承,当然了也可以选择其他的风格类比如 QWindowsStyle 或 QMotifStyle 做继承,关键是看要实现的风格和哪个 Qt 提供的风格相似。QProxyStyle 是 Qt 从 4.6 版本开始提供的一个可以动态重载组件风格的类。利用它可以方便地重绘默认系统风格控件的外观和行为。

有一种积累只为了厚积薄发,有一种积累叫现学现用。比如现在马上就要写自定义风格类的程序了,才要想着去再积累点 QStyle 的背景知识,为了可以更快更好地理解这些知识,我们现在一起幻化成一个知名的人体素描大师,在作画之前我们是不是要做点准备工作,至少要有画笔和画纸吧。一定要从头到脚不放过每个细节专心致志的盯着看。这些要画的部位(脸眼等)在 QStyle 里面称为元件(Style Elements)。Qt 的 QPushButton 就如同功能单一的器官一样,QPushButton 通过它的组成(按钮文本,按钮边框等)来展现给用户显示的信息,只能通过按钮的单击来和用户交互,功能也是如此的单一。这种特性的元件(QPushButton)在 QStyle 有另外的称谓,那就是控件(control elements)。像眼睛这种元件除了可以转眼珠之外还可以眨巴眼睛传递信息,就如同 Qt 的 QScrollBar 一样,不但可以通过鼠标单击左右的箭头按钮来移动滑块,还可以通过鼠标直接拖动滑块来移动。它由按钮和 slider 组成,组成它的部分也可以单独存在,就如同眼睛,光有眼皮没有眼珠是不行的。这些元件在 QStyle 的世界里也有个称号,那就是复合控件(Complex Control Elements),我们又认识了一类画图的部件。还有一种 QStyle elements 叫原始元件(Primitive Elements),也就是原材料了,它们不能单独存在。它们的存在就是为了起到点缀作用,就如同 Qt 的 QCheckBox 里面的对勾和 QScrollBar 里面的箭头一样。如果说 QCheckBox 这个"control elements"是鲜花的话,那它的对勾就是绿叶,注定是个陪衬。别忘了我们现在身份是人体素描大师,正在人体模特前准备绘画呢,要是画四肢的话少不了要画手,画手少不要画指甲,我们画好手指甲,然后用相同的手法去画脚指甲是不是也可以？看到原始元件的好处了吧,还可以复用。知道要画什么东西了,接下来我们还要知道要画的部位的参数信息,比如说画嘴,要知道现在嘴的状态是张着的还是紧闭的？嘴唇是乌嘴唇还是红嘴唇？嘴的位置是画在鼻子下面还是头顶上？这些信息都存储在我们大师的脑袋里,程序可没有脑袋,所以 QStyle 专门有个类 QStyleOption 来存储这些参数。画嘴唇和画脸蛋的参数信息肯定是不一致的。脸蛋的位置,脸蛋的颜色都是有区别的。也就是说,绘制不同的元件,它们的参数信息会有差异,有的差异不大有很多共性,就用一个类来表示了,比如画头发胡子鼻毛；有些差异就很大了,比如画牙齿和耳朵,根本就没有共性,那就分开来存储表示这些元件的参数。现在再次到 QStyle 的世界里,知道画什么、画哪里、怎么画就需要这个 QStyleOption 来指引。如果画按钮(QPushButton/QRadioButton 等)有 QStyleOptionButton 来对应这些按钮的调色板、状态、文本图标等选项参数。画 QSlider、QScrollSlider 会有 QStyleOptionSlider 来完成记忆这些参数的任务。截止到现在我们知道了嘴的位置(不是脑门上是鼻子下)、嘴的大小、嘴唇的颜色、嘴的状态,可以拿起画笔开始作画了。那 Qt 是怎么开始画得呢?原来 QStyle 把我们"拿起画笔开始作画"的动作都封装成了一些接口 API 了,调用不同的函数,就开始绘制不同元件的不同区域了,赶紧认识一下它们,如下所示。

```
void polish(QPalette &palette);
void drawControl(ControlElement control, const QStyleOption * option, QPainter * painter,
        const QWidget * widget) const;
void drawPrimitive(PrimitiveElement element, const QStyleOption * option,QPainter * painter,
        const QWidget * widget) const;
void drawComplexControl(ComplexControl control, const QStyleOptionComplex * option,
        QPainter * painter, const QWidget * widget) const;
int styleHint(StyleHint hint, const QStyleOption * option = 0, const QWidget * widget = 0,
        QStyleHintReturn * returnData = 0) const;
```

drawControl/drawPrimitive/drawComplexControl,看名字也知道对应的是绘制控件、原始元件、组合控件。看它们的参数都大致相仿,读者一定猜到了,参数"ControlElement"是描述要绘制窗体的一个控件。这个参数是个枚举常量,它的取值有很多,我们列举几个如下:

```
QStyle::CE_PushButton           //QPushButton
QStyle::CE_CheckBox             //QCheckBox
QStyle::CE_ProgressBar          //QProgressBar
QStyle::CE_ScrollBarAddLine     //scroll bar  增加指示器
QStyle::CE_ScrollBarSubLine     //scroll bar  减少指示器
QStyle::CE_ScrollBarSlider      //scroll bar  滑动块
```

一看它们是有密切联系的,都带了 CE 前缀,就是"control element"的首字母。

"PrimitiveElement"就是描述要绘制的原始元件。对于这个枚举常量,我们也列举几个取值:

```
QStyle::PE_PanelButtonCommand   //命令按钮初始化行为
QStyle::PE_FrameFocusRect       //焦点框面板
QStyle::PE_IndicatorArrowRight  //右向箭头
QStyle::PE_IndicatorArrowLeft   //左向箭头
QStyle::PE_FrameGroupBox        //group box 外观面板
QStyle::PE_IndicatorTabClose    //tab bar 关闭按钮
```

当然了,它们属于 PE 家族(primitive element)。

"ComplexControl"描述有效的组合控件,取值都带 CC 前缀,一眼就能看出来

```
QStyle::CC_SpinBox              //类似 QSpinBox 的自旋框
QStyle::CC_ComboBox             //类似 QComboBox 的组合框
QStyle::CC_ScrollBar            //类似 QScrollBar 的滚动条
```

```
QStyle::CC_Slider        //类似 QSlider 的滑动控件
QStyle::CC_ToolButton    //类似 QToolButton 的工具按钮
QStyle::CC_GroupBox      //类似 QGroupBox 组框
```

接下来,整体看一个(QScrollBar)元件的样式结构,如图 1.95 所示。

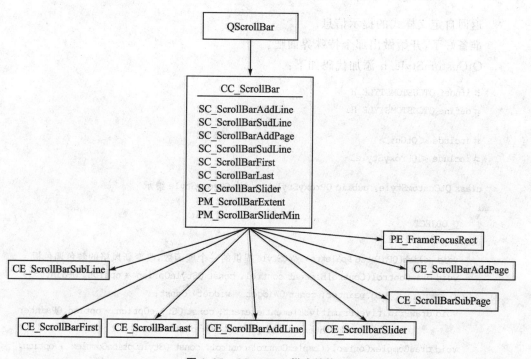

图 1.95　QScrollBar 样式结构

学习到这里,应该知道要绘制一个 QScrollBar 增加按钮的右向箭头。也就是,绘制复合框 CC_SpinBox 的控件 CE_ScrollBarAddLine 的原始元件 PE_IndicatorArrowRight。

接下来看一下以 draw 开头函数的第二个参数 option,就是前面提到的选项参数。不过这里补充一下:drawControl 和 drawPrimitive 第二个参数类型都是"const QStyleOption * option",drawComplexControl 则是"const QStyleOptionComplex * option"。用的时候可以通过 qstyleoption_cast()做类型转换。例如这样写,就可以把 option 转换为具体的按钮选项类型:

```
const QStyleOptionButton * bo =
qstyleoption_cast<const QStyleOptionButton * >(option);
```

QStyleOptionComplex 抽象出来所有复合控件的公有参数。

第三个参数"QPainter * painter",读者可以转到 1.4.1 小节第 2 条目那些为绘画而生的类,这个章节看一下这里不再重复。总之具体的绘制操作都要依靠它完成了。第四个参数"const QWidget * widget"是具体绘制的窗体指针,是个可选项。

"void polish(QPalette &palette)"这个虚函数,如果需要可以用它来改变样式的颜色调色板。

```
int styleHint(StyleHint hint, const QStyleOption * option = 0, const QWidget * widget = 0,
        QStyleHintReturn * returnData = 0) const;
```

返回自定义样式的提示信息。

准备好了,开始做出那个特殊界面吧。

QtCustomStyle.h 添加代码如下:

```
#ifndef QTCUSTOMSTYLE_H
#define QTCUSTOMSTYLE_H

#include <QtGui>
#include <QProxyStyle>

class QtCustomStyle: public QProxyStyle    //从 QProxyStyle 继承
{
    Q_OBJECT
public:
    void polish(QPalette &palette);//QStyle 提供的一个虚函数,改变新风格的颜色调色板
    void drawControl(ControlElement control, const QStyleOption * option, QPainter *
            painter, const QWidget * widget) const;
    void drawPrimitive(PrimitiveElement element, const QStyleOption * option,QPainter
            * painter, const QWidget * widget) const;
    void drawComplexControl(ComplexControl control, const QStyleOptionComplex * option,
            QPainter * painter, const QWidget * widget) const;
    int styleHint(StyleHint hint, const QStyleOption * option = 0, const QWidget * widget
            = 0, QStyleHintReturn * returnData = 0) const;
private:
    int painterRoundedRect(QPainter * painter,const QRect &rect,int direct,qreal xRadius,
            qreal yRadius,enum Qt::GlobalColor color = Qt::green) const;
    void drawScrollBallComplexControl(QStyleOptionSlider& newoptionSlider,
            const QStyleOptionSlider * oldoptionSlider,
            QStyle::SubControl subflag,
            ComplexControl &control,QPainter * painter,
            const QWidget * widget) const;
};

#endif // QTCUSTOMSTYLE_H
```

QtCustomStyle.cpp 文件内容如下:

```
#include"QtCustomStyle.h"
#include<QPalette
```

```cpp
/*绘制滚动条元件*/
void QtCustomStyle::drawScrollBallComplexControl(
            QStyleOptionSlider &newoptionSlider,
            const QStyleOptionSlider * oldoptionSlider,
            QStyle::SubControl subflag,
            ComplexControl &control,
            QPainter * painter,const QWidget * widget) const
{
    enum QStyle::ControlElement ce;                     //记录待绘制的控件
    newoptionSlider.rect = oldoptionSlider->rect;       //绘制区域
    newoptionSlider.state = oldoptionSlider->state;     //记录控件样式状态
    newoptionSlider.rect = proxy()->subControlRect(control, &newoptionSlider,
                                        subflag, widget);
                                                        //获取复合控件区域
    if (newoptionSlider.rect.isValid())                 //复合控件区域有效
    {
        switch(subflag)
        {
            case SC_ScrollBarSlider:
                ce = CE_ScrollBarSlider;                //滚动条滑动块
            break;
            case SC_ScrollBarAddLine:
                ce = CE_ScrollBarAddLine;               //递增按钮标识
            break;
            case SC_ScrollBarSubLine:
                ce = CE_ScrollBarSubLine;               //递减按钮标识
            break;
            default:
            break;
        }
        drawControl(ce, &newoptionSlider, painter, widget);//绘制具体的控件
    }
    return ;
}
/*绘制圆角矩形,用于绘制按钮的矩形框*/
int QtCustomStyle::painterRoundedRect(QPainter * painter,const QRect &rect,int direct,
                    qreal xRadius, qreal yRadius,enum Qt::GlobalColor color) const
{
    painter->save();
    QColor ref(color);
    QLinearGradient * qlg = NULL;
    if(direct == 0)                                     //控制线性渐变效果方向
```

```cpp
        qlg = new QLinearGradient(rect.bottomLeft(),rect.topLeft());//矩形框底部
                                                                    //向上部渐变
    else if(direct == 1) //lineargradient from right to left
        qlg = new QLinearGradient(rect.topRight(), rect.topLeft());//渐变效果在矩形
                                                                    //框中从右向左

    if(!qlg)                                            //创建线性渐变对象失败
    {
        painter->restore();
        return -1;
    }
    /*设置渐变颜色*/
    if(ref.lighter(0).isValid())
        qlg->setColorAt(0, ref.lighter(0));
    if(ref.lighter(150).isValid())
        qlg->setColorAt(0.5, ref.lighter(150));
    if(ref.lighter(300).isValid())
        qlg->setColorAt(1, ref.lighter(300));

    painter->setRenderHint(QPainter::Antialiasing);
    painter->setBrush(*qlg);
    painter->setPen(Qt::NoPen);
    painter->drawRoundedRect(rect,xRadius,yRadius);     //绘制圆角矩形
    painter->restore();
    return 0;
}


void QtCustomStyle::polish(QPalette &palette)
{
    palette = QPalette(QColor(193, 216, 73));           //创建调色板
}


void QtCustomStyle::drawControl(ControlElement element,const QStyleOption * option,
                        QPainter * painter,const QWidget * widget) const
{
    QRect rect = option->rect;
    switch (element)
    {
    case CE_PushButton:                                 //如果是按钮控件
        {
            QStyleOptionButton qob;
            const QStyleOptionButton * bo =
```

## 第1章 Qt基础控件使用

```
                    qstyleoption_cast<const QStyleOptionButton *>(option);
        if (bo)
        {
            qob = *bo;
            if (qob.state & State_Sunken)//如果按钮处于单击(pressed)状态
            {
                //设置按钮单击文本颜色
                qob.palette.setColor(QPalette::ButtonText,QColor(Qt::yellow));
            }
            QProxyStyle::drawControl(element,&qob, painter, widget);
        }
        break;
    }
    case CE_ScrollBarSlider:                                //滚动滑块
    {
        if (!(option->state & State_Enabled)) break;
        painterRoundedRect(painter,option->rect,1,6,6,Qt::green);
    }
        break;
    case CE_ScrollBarAddLine:
    case CE_ScrollBarSubLine:
    {
        PrimitiveElement pele = (option->direction == Qt::LeftToRight )?
PE_IndicatorArrowLeft : PE_IndicatorArrowRight;
        if (element == CE_ScrollBarAddLine)
            if(option->direction == Qt::LeftToRight)
                pele = PE_IndicatorArrowRight;              //右向箭头

        QStyleOption qso = *option;
        /*将递增递减按钮文本颜色设置为green*/
        qso.palette.setColor(QPalette::Active, QPalette::ButtonText,QColor(Qt::green));
        drawPrimitive(pele, &qso, painter, widget);         //绘制原始元件
    }
        break;

    default:
        QProxyStyle::drawControl(element, option, painter, widget);
    }
}

void QtCustomStyle::drawPrimitive(PrimitiveElement element, const QStyleOption *option,
                    QPainter *painter, const QWidget *widget) const
```

```cpp
{
    QRect rect = option->rect;

    switch (element)
    {
    case PE_IndicatorArrowRight:
    {
        painter->save();
        /*单击右向箭头,按钮矩形向右下方移动一个像素,实现单击凹陷的动画效果*/
        if (option->state & State_Sunken){ rect.translate(1, 1);}

        /*绘制自定义的右向箭头*/
        QPolygon a;
        a.setPoints(3,rect.x(),rect.y(),rect.x(),rect.y()+rect.height(),
                    rect.right(),rect.y()+rect.height()/2 );
        if (option->state & QStyle::State_Active)
        painter->setPen(Qt::green);
        painter->drawPolygon(a);
        painter->restore();
    }
        break;
    case PE_PanelButtonCommand:                              //命令按钮
    {
      painterRoundedRect(painter,option->rect,0,8,8,Qt::darkGreen);//绘制按钮圆角矩形
    }
        break;
    default:
        QProxyStyle::drawPrimitive(element, option, painter, widget);
    }
}

void QtCustomStyle::drawComplexControl(ComplexControl control,
    const QStyleOptionComplex * option, QPainter * painter, const QWidget * widget) const
{
    switch (control)
    {
    case CC_ScrollBar:                                       //绘制滚动条复合元件
        {
            const QStyleOptionSlider * scrollbar =
            qstyleoption_cast<const QStyleOptionSlider * >(option);
            if(!scrollbar) break;
            painter->save();
            QStyleOptionSlider newScrollbar =  * scrollbar;
```

# 第1章 Qt 基础控件使用

```cpp
            State saveFlags = scrollbar->state;
            painter->setBrush(QBrush(QColor(Qt::darkGray)));
            painter->setPen(Qt::NoPen);
            QRect rect = option->rect;
            painter->drawRect(rect);
            painter->restore();

            if (scrollbar->subControls & SC_ScrollBarSubLine)//递减按钮
            {
                drawScrollBallComplexControl (newScrollbar, scrollbar, SC_ScrollBar-
                                    SubLine,control, painter, widget);
            }
            if (scrollbar->subControls & SC_ScrollBarAddLine)//递增按钮
            {
                drawScrollBallComplexControl(newScrollbar,scrollbar,SC_ScrollBarAd-
                                    dLine,control, painter, widget);
            }
            if (scrollbar->subControls & SC_ScrollBarSlider)//滑动块
            {
                drawScrollBallComplexControl (newScrollbar, scrollbar, SC_Scroll-
                                    BarSlider,control, painter, widget);
            }
        }
        break;
    default:
        QProxyStyle::drawComplexControl(control, option, painter, widget);
        break;
    }
}


int QtCustomStyle::styleHint(StyleHint hint, const QStyleOption * option, const QWidget *
                widget, QStyleHintReturn * returnData ) const
{
    if (hint == QStyle::SH_Slider_AbsoluteSetButtons
            ||hint == QStyle::SH_ScrollBar_LeftClickAbsolutePosition )
                return (Qt::LeftButton);//让滑动块定位到鼠标左键单击位置
    return QProxyStyle::styleHint(hint, option, widget, returnData);
}
```

自定义风格类实现完之后,接着在 main.cpp 里面包涵它的头文件进来,添加代码"qApp->setStyle(new QtCustomStyle);",编译工程看看效果。

**(2) 体验 Qt 样式表的神奇魅力**

Qt 样式表(QSS)绝对不是简单地对 CSS(Cascading Style Sheets)的模仿。QSS

源于 CSS,却自开一派,独创了把 Qt 界面元素的显示外观从设计界面元素本身脱离开来的这种质行分离的设计方法,大大提高了界面设计的效率,增强了灵活性,正如 Qt 的官方文档所言:

Qt Style Sheets are a powerful mechanism that allows you to customize the appearance of widgets, in addition to what is already possible by subclassing QStyle. The concepts, terminology, and syntax of Qt Style Sheets are heavily inspired by HTML Cascading Style Sheets (CSS) but adapted to the world of widgets.

QSS 采用了和 CSS 相仿的概念、语法和术语。我们来看看它的语法格式,先举个例子。在上面设计的 QtCustomStyle 项目的 usecustomstyledialog.cpp 文件中,修改类 UseCustomStyleDialog 构造函数,添上对水平滚动条样式表的设置,如下所示:

```
ui->horizontalSlider->setStyleSheet(
        "QSlider::sub-page:horizontal{"
        "background:qlineargradient(x1: 1, y1: 0, x2: 0, y2: 0,stop:
         0 #00ff00, stop: 0.5 #99ff33,stop: 1 #eeff66);}"
        "QSlider::groove:horizontal {"
        "  border: 1px solid black;"
        "  height: 8px;"
        "  left: 10px; right: 10px; }"
        "QSlider::handle:horizontal {"
        "  border: 1px solid #5c5c5c;"
        "  width: 10px;"
        "  margin: -4px -4px -4px -4px;"
        "  background:red;}"
        );
```

运行看看效果,如图 1.96 所示:

图 1.96 水平滚动条效果图

前后对比一下,是不是开始惊叹于样式表的神奇了? 读者有没有发现我们是调用 setStyleSheet 来对一个控件进行样式表的设置的,里面传递的参数是字符串。想到什么了吧,对了,那就是在界面运行的时候可以随时通过通过改变这个字符串来改变控件的显示风格。这给界面的动态换肤提供了可能。我们要做的就是把每种皮肤对应的样式表设置好,写到一个文件里面或者存储到内存里面,需要的时候调出这些样式表,传递给 setStyleSheet 去设置。样式表文件一般会存储为以".qss"为后缀的文件。QSS 语法的格式跟 CSS 一样,不懂 CSS 没有关系,看看刚才写的例子,读者也能归纳出来,看这句:

```
"QSlider::handle:horizontal {"
```

```
"   border: 1px solid #5c5c5c;"
"   width: 10px;"
"   margin: -4px -4px -4px -4px;"
"   background:red;}"
```

很显然是要设置 QSlider。往专业了说是要设置 QSlider 这个一般选择器(selector)，"::handle"称为子控件选择器，":horizontal"是伪选择器。{}之内的语句称为声明，里面是按照(属性:值)这样的键值对的形式书写的，用来指定哪些属性将会设置在窗体上。

一般选择器指定了该样式表作用的控件，子控件选择器来控制复合控件的子控件风格。"::handle"更进一步说明了要设置 QSlider 滑动块的样式。伪选择器可以更具体地指定控件在不同状态下的样式规则。

总之这个例子就是对处于水平状态的 QSlider 的子控件 handle(滑动块)指定样式表。这样就限定了整个样式表作用的范围。

看下面的语法规则：

Selector$_{(1-n)}$[::sub-control][:pseudo-states]{attribute1:value1;$_{(1-n)}$}

Selector 有多个，中间用"逗号(,)"间隔，sub-control 前面必须加"::"来标志，就像 pseudo-states 用":"来标志一样，没有为什么，就是这么规定的。描述里面有多个(attribute:value)时用";"来间隔。也就这么点语法，不难掌握吧。

QSS 支持所有的 CSS2 定义的选择器，最有用的选择器类型如表 1.10 所列。

表 1.10  QSS 支持的选择器

| 选择器类型 | 样　例 | 描　述 |
|---|---|---|
| 通用选择器 | * | 针对所有的窗体 |
| 类型选择器 | QSlider | 匹配 QSlider 及其子类 |
| 属性选择器 | QSlider[tickPosition=TicksAbove] | 匹配属性 tickPosition 的值为 TicksAbove 的 QSlider 对象 |
| 类选择器 | .QSlider | 仅仅匹配 QSlider 的对象，不含 QSlider 的子类对象，也可以这么写" * [class~="QSlider"]" |
| ID 选择器 | QSlider#horizontalSlider | 匹配所有对象名为 horizontalSlider 的 QSlider 对象 |
| 子孙对象选择器 | QDialog QSlider | 匹配是 QDialog 子孙的 QSlider 对象 |
| 子对象选择器 | QDialog > QSlider | 匹配 QDialog 的子类 QSlider 对象 |

对于复合控件的子控件选择器，我们也举出几个例子来，如表 1.11 所列。

QSS 支持的伪选择器，如表 1.12 所列。

表 1.11  QSS 子控件选择器

| 子控件选择器 | 描述 |
| --- | --- |
| ::add-line | QScrollBar 的增加按钮 |
| ::chunk | QProgressBar 进度条风格 |
| ::down-arrow | QComboBox/QHeaderView/QScrollBar/QSpinBox 下拉箭头 |
| ::down-button | QComboBox 下拉按钮 |
| ::title | QGroupBox /QDockWidget 显示的标题 |

表 1.12  QSS 伪选择器

| 伪选择器 | 描述 |
| --- | --- |
| :active | 窗体处于激活状态 |
| :focus | 具备输入焦点状态 |
| :hover | 鼠标悬浮在控件上面的状态 |
| :pressed | 鼠标按压状态 |
| :selected | 选中一个条目的状态 |

本书并不打算对 QSS 的选择器做全面的介绍，那样的话再有几个这样的篇章恐怕也不能详尽。列出的内容希望读者可以掌握，没有列出的希望读者在需要的时候自行查阅相关资料。

通过前面的讲解看看下面几个规则，检验一下掌握的程度。

```
QPushButton,QLineEdit{color:red;}   //指定选择器 QPushButton 和 QLine 的文本颜色为红色
/* QPushButton 在鼠标经过并且没有输入焦点时文本显示红色,QLineEdit 在获得输入焦点
   的时候文本才显示红色。*/
QPushButton:hover:! focus,QLineEdit:focus {color:red}
/* 对象名是 myButtonobj 的 QPushButton 背景色指定为红色 */
QPushButton#myButtonobj {background-color: red;}
/* myButtonobj 鼠标单击时背景色为 green */
QPushButton#myButtonobj:pressed {background-color: green;}
*{color:green;} //所有控件的前景色为 green
/* 进度条颜色为 blue,宽度 2px,外边距 1px. */
QProgressBar::chunk {background-color: blue;width: 2px;margin: 1px;}
```

接下来，我们把 QtCustomStyle 项目里面界面显示效果用 QSS 样式表来实现。先看看最终做出的效果，对比换肤后和换肤前是不是有丑小鸭变白天鹅的感觉，如图 1.97 所示。

我们仅仅是通过单击了按钮"换肤"，界面就动态地变换成具有这么绚丽多彩的样子了。我们开始动手添加程序。由于要美化界面,最好是准备一些漂亮的图片,可惜不是 PS 高手，找了两个箭头图片，充当 ScrollBar 左右两端的箭头。把界面的水平

# 第 1 章 Qt 基础控件使用

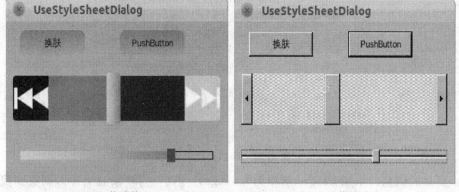

(a) 换肤前                  (b) 换肤后

图 1.97 QSS 样式表使用实例

ScrollBar 大小调整一下,来适应图片的尺寸。把一个按钮的文本改为"换肤",当单击这个按钮的时候就设置样式表实现动态换肤。工程 QtCustomStyle 的 UI 界面就做这些调整。

然后在工程 QtCustomStyle 的目录下面创建两个目录"images"、"qss"。images 里面放两张图片 leftarrow.png 和 rightarrow.png;qss 里面创建 skin1.qss 文件,里面编写样式表规则。可以说换肤就是替换这个 qss 文件。创建好这些之后,我们要学会怎么添加这些资源文件到 Qt 工程里面。鼠标左键单击工程"QtCustomStyle",在弹出的菜单中选择"添加新文件",单击"Qt"选择"Qt 资源文件",输入资源文件名称和存储路径,资源文件后缀一般写为 qrc,取自"Qt resource"的意思,如图 1.98 所示。

图 1.98 新建 Qt 资源文件对话框

下一步,单击完成之后,工程文件列表里面会多出一个"资源文件"目录。双击里面的 style.qrc,进入添加资源的界面,如图 1.99 所示。

单击"添加按钮",选择"添加前缀"。前缀可以不添加。如果资源类型有多种,可以通过添加前缀来标识不同类型的资源。比如我们有 images 图像文件,也有 qss 样式表文件,给它们添加不同的前缀可以更好地区分它们,同时在使用的时候也可以传

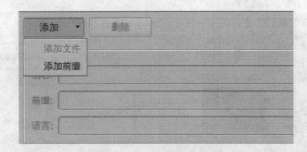

图 1.99 添加资源文件

达出更多的信息。添加 images 前缀为"/images",然后选择"添加文件",浏览到我们的那两个图片,如图 1.100 所示。

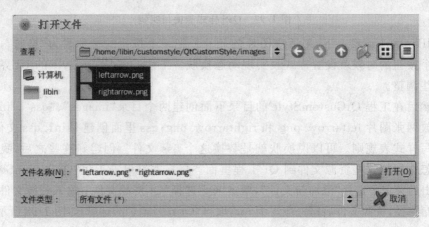

图 1.100 浏览待添加的资源文件

选择要添加的图片文件,然后单击"打开"按钮即可加入到工程里面。同样的步骤添加前缀为"files"的资源文件,向"files"添加文件"skin1.qss",最终资源加载完毕后,资源列表如图 1.101 所示。

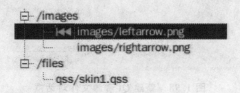

图 1.101 QSS 样式表实例资源列表

这样在工程文件里面,想使用这些资源文件,比如要使用图片 leftarrow.png,则可以通过路径":images/images/leftarrow.png"来访问。

在 usecustomstyledialog.cpp 里面添加头文件。

# 第 1 章　Qt 基础控件使用

```
#include <QFile>
#include <QDebug>
```
添加按钮"换肤"的槽函数。
```
void UseCustomStyleDialog::on_pushButton_clicked()
{
    static int i = 0;
    QString oldsheet;
    if(i == 0)
    {
        oldsheet = this->styleSheet();//第一次单击换肤按钮,保存换肤前的样式表到oldsheet
        i = 1;
        return ;
    }
    if(i == 1)
    {
        //第二次单击按钮,读取皮肤文件
        QFile qssFile(":/files/qss/skin1.qss");
        if(!qssFile.open(QFile::ReadOnly|QFile::Text))
        {
            qDebug()<<"Failed to open qss file";
            return ;
        }
        setStyleSheet(qssFile.readAll());//设置对话框的样式表
        qssFile.close();
        i = 2;
        return ;
    }
    if(i == 2)
    {
        setStyleSheet(oldsheet);//再次单击按钮恢复之前的样式表
        i = 1;
        return;
    }
}
```

这个槽函数对样式表文件的使用,可以看作是 Qt 换肤的实现模板。先针对软件每个主题风格实现不同的 qss 文件,然后通过用户对风格的选择来设置不同的样式表文件,从而实现个性化的界面。

skin1.qss 文件的内容如下,是按照前面学习的样式表规则来写的。我们分析一下。

*{

```
                background-color:#c1d849;    //背景色
}
//按钮背景色渐变,颜色指定和指定按钮圆角样式
QPushButton{
                background:qlineargradient(x1:0,y1:0,x2:0,y2:1,stop:0 #00ff00,
                                            stop:0.5 #33ff33,stop:1 #66ff66);
                color:black;border-radius:8px;
}

QPushButton:pressed
{
                color:#808000; //按钮单击颜色变换
}
//QScrollBar 样式指定
QScrollBar:horizontal {
                border-color:transparent;
                padding-left:50px;
                padding-right:50px;
                margin:4px 0px 4px 0px;
}
//滑动块样式指定
QScrollBar::handle:horizontal {
                background:qlineargradient(x1:1,y1:0,x2:0,y2:0,stop:0 #00ff00,
                                            stop:0.5 #99ff33,stop:1 #eeff66);
                border-radius:5px;
                min-width:20px;
                min-height:50px;
                border-radius:4px;
                margin:-4px 0px-4px   0px;
}
//递增按钮
QScrollBar::add-line:horizontal {
                width:50px;
                background:yellow;
                subcontrol-position:right;
                background-image :url(:images/images/rightarrow.png);
                border-top-right-radius:4px;
                border-bottom-right-radius:4px;
}
//递减按钮
QScrollBar::sub-line:horizontal {
                width:50px;
```

```
            background:black;
            subcontrol-position:left;
            background-image :url(:images/images/leftarrow.png);
            border-top-left-radius:4px;
            border-bottom-left-radius:4px;
}
//鼠标在递减按钮上悬浮时变化其背景色
QScrollBar::sub-line:horizontal:hover {
            background:red;
            width:50px;
            subcontrol-position:left;
            background-image :url(:images/images/leftarrow.png);
            border-top-left-radius:4px;
            border-bottom-left-radius:4px;
}
//设置滑动块右边区域背景色
QScrollBar::add-page:horizontal {
            background:blue;
}
//滑动块左边区域背景色
QScrollBar::sub-page:horizontal {
            background:gray;
}
//QSlider 样式表指定
QSlider::sub-page:horizontal{

            background:qlineargradient(x1: 1, y1: 0, x2: 0, y2: 0,stop: 0 #00ff00,
                            stop: 0.5 #99ff33,stop: 1 #eeff66);
}
//滑动槽样式表
QSlider::groove:horizontal {
            border: 1px solid black;
            height: 8px;
            left: 10px; right: 10px;
}
//QSlider 滑动块样式表
QSlider::handle:horizontal {
            border: 1px solid #5c5c5c;
            width: 10px;
            margin: -4px -4px -4px -4px;
            background:red;
}
```

美好的事物总是人们追求的，我们从自定义风格到样式表的使用，就是想让你多多美化设计的界面，把自己的界面打扮的漂漂亮亮的。告别这个最美的章节，我们进入到"国际化"。

## 6. 让界面显得国际化——GUI多国语言支持

随着经济全球化和一体化的发展，软件产品也要开发出适应不同语言环境的界面。对于一名致力于让中国软件产品冲出亚洲走向世界的负责任的软件工程师来说，保证你开发出来的软件产品在不同的国家不同的语言环境显示出不同的用户界面，是你应该接受的挑战，这说起来就是国际化。本地化呢，则是更具体的设置。比如说软件在中国运行，如果在西藏运行是不是要显示藏文？在香港运行是不是要显示中文繁体？如果被日本网友听到了，觉得好听，能够配音成日语版的，那就变成国际化的产品了。

在设计软件代码的时候就要加上可以方便移植到不同国家和地区的特性，这样才可以在本地化的时候，方便地把这些支持国际化的代码翻译成本地语言支持。Qt国际化提供了一整套机制和工具来实现软件语言的本地化，这使Qt GUI的多国语言支持变得更加便捷可靠。

现在我们就写个支持多国语言的界面来。如图1.102～1.104所示，软件初次运行时会根据本地语言环境来显示软件界面语言，也可以通过用户单击按钮来动态切换显示的语言。

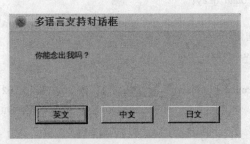

图1.102 中文界面

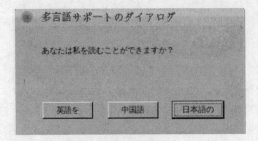

图1.103 日文界面

图1.104 英文界面

# 第 1 章　Qt 基础控件使用

创建工作目录 multilangsupport，进入该目录后启动 Qt Creator，创建基于 QDialog 的工程 MultiLangSupport，类名为"MultiLangDialog"。工程创建完毕后，设计 ui 界面，如图 1.104 所示，共计 3 个按钮 1 个标签。按钮控件对象名依次为"pbnEn"、"pbnCh"和"pbnJa"。然后双击"MultiLangSupport.pro"工程文件，在文件最后添加一行"TRANSLATIONS += i18n/lqgui_en.ts i18n/lqgui_zh_CN.ts i18n/lqgui_ja.ts"。当然了需要在工程目录 MultiLangSupport 下创建好 i18n 这个目录，用来存软件用的翻译文件。保存一下工程文件，按图 1.105 所示路径单击"Update Translations(lupdate)"，来生成翻译文件。

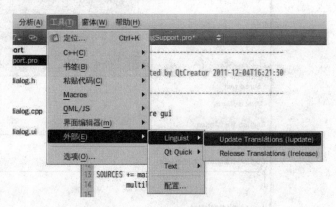

图 1.105　生成界面翻译文件

"lupdate"工具可以从"ui files"和"source files"里面提取要翻译的字符串到 ts(text string)文件里面，比如这里生成 3 种翻译文件：英文(lqgui_en.ts)、中文(lqgui_zh_CN.ts)和日文(lqgui_ja.ts)。要翻译的字符串有了，接下来开始翻译吧。打开一个终端进入到 i18n 目录下，看到 3 个 ts 文件已经存在了。执行"linguist lqgui_en.ts lqgui_ja.ts lqgui_zh_CN.ts"，进入 linguist 这个图形化的翻译工具，如图 1.106 所示。

非常人性化吧，"Strings"窗口列出了从 ts 文件读出的待翻译的字符串。"Sources and Forms"窗口显示了字符串出现的位置。比如单击了"MultiLangDialog"，翻译对话框显示的标题。在"English translation"处输入英文翻译"MultiLangDialog"，"English translator comments"是一些提示信息。翻译人员和开发人员往往不是同一个人，翻译人员可以通过这里的注释得到一些信息，避免翻译产生歧义。比如对"English"的翻译，"English"本身可以做名字和形容词，开发人员可以加上注释"名词"，翻译人员看到这个注释就不会把"English"翻译成形容词了。同样在"Japanese translation"处输入标题 MultiLangDialog 的日文翻译"多言語サポートのダイアログ"，在"Chinese translation"输入中文翻译"多语言支持对话框"，至此软件标题显示的多国语言的翻译就结束了，如图 1.107 所示。

其他的字符串按照这个方法依次翻译即可。翻译好了，单击 linguist(图 1.106)的"File"菜单，选择"Release ALL"（相当于调用 lrelease，把 ts 文件转为 qm 格式），

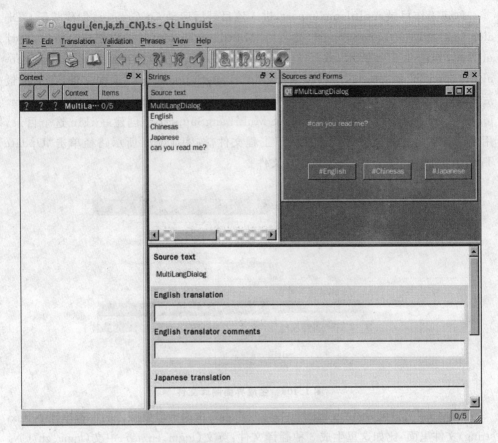

图 1.106　linguist 翻译工具界面

在 i18n 目录下面生成了 qm(Qt Message)文件。这些".qm"文件是由对应的".ts"文件转换过来的。ts 文件是 XML 格式翻译文件,qm 文件则是经过优化,体积比较小的二进制格式翻译文件。切换到 Qt Creator 里面,把这些 qm 文件添加到工程资源里面去。资源文件起名为"translations.qrc",前缀为"qm",编辑 mian.cpp,来使用这些翻译文件。Main.cpp 修改为如下内容：

```
#include <QtGui/QApplication>
#include "multilangdialog.h"
#include <QTranslator>              //Qt 提供的支持国际化文本输出的类
#include <QLocale>
#include <QDebug>

int main(int argc, char * argv[])
{
    QApplication a(argc, argv);
    QTranslator apptranslator;      //生成翻译器
```

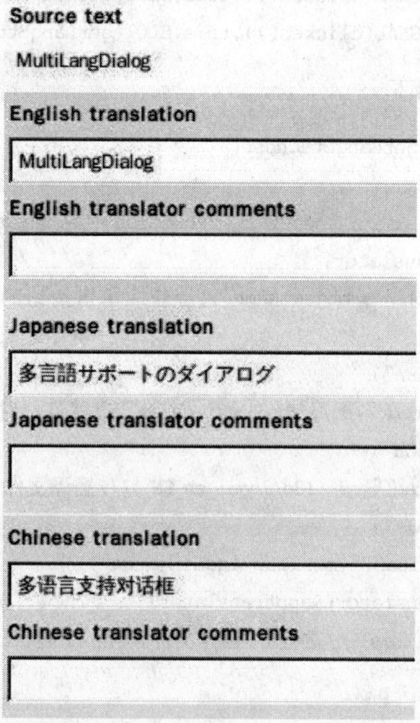

# 第1章 Qt基础控件使用

Source text

　MultiLangDialog

English translation

　MultiLangDialog

English translator comments

Japanese translation

　多言語サポートのダイアログ

Japanese translator comments

Chinese translation

　多语言支持对话框

Chinese translator comments

图1.107 多国语言实例标题翻译

```
/*获取格式如"language_country"的本地语言,中文环境返回 zh_CN */
    QString locale = QLocale::system().name();
    bool isok = apptranslator.load(":qm/i18n/lqgui_" + locale);//加载翻译文件,
                                                              //lqgui_zh_CN.qm
    if(isok) qDebug()<<"load trans file ok";
    else
        qDebug()<<"load trans file error";
    qApp->installTranslator(&apptranslator);//安装翻译器
    MultiLangDialog w;
    w.show();
    return a.exec();
}
```

在 multilangdialog.h 头文件中,增加3个按钮关联的槽函数。

```
private slots:
    void getLangBtnChose();
```

在 multilangdialog.cpp 中加上头文件 #include <QTranslator>。
在构造函数里面加上信号和槽的关联。

```
connect(ui->pbnEn,SIGNAL(clicked()),this,SLOT(getLangBtnChose()));
```

```
connect(ui->pbnCh,SIGNAL(clicked()),this,SLOT(getLangBtnChose()));
connect(ui->pbnJa,SIGNAL(clicked()),this,SLOT(getLangBtnChose()));
```

实现槽函数的代码如下:

```
void MultiLangDialog::getLangBtnChose()
{
    QPushButton * pbn = qobject_cast<QPushButton *>(sender());
    QTranslator apptranslator;
    QString objname = pbn->objectName();//获取单击按钮的对象名

    if(objname == "pbnEn")
        apptranslator.load(":qm/i18n/lqgui_en.qm");//"英文"按钮单击加载英文翻译文件
    if(objname == "pbnCh")
        apptranslator.load(":qm/i18n/lqgui_zh_CN");//翻译文件以qm为后缀时可以省去不写
    if(objname == "pbnJa")
        apptranslator.load(":qm/i18n/lqgui_ja.qm");
    qApp->installTranslator(&apptranslator);
    ui->retranslateUi(this);//重置UI翻译文件,实现UI显示语言动态切换,这句很重要
}
```

记住这几个步骤,记着这几个工具 lupdate、lrelease 和 linguist。即使不再需要国际化界面了,也不能忘记它们便捷的特点。

### 1.3.3 Qt 提供的标准对话框

还记得在 1.3.1 节"初识 QDialog"中画的那个 QDialog 类的继承关系图吗？从 QDialog 继承的一系列的标准对话框,这些对话框针对某一特定功能进行封装,便利了程序员的使用,加快了开发进度,使用起来也很灵活,接下来就逐个认识它们。

文件选择对话框(如图 1.108 所示)是再熟悉不过的窗口了。

信息提示框(如图 1.109 所示)显示了我们在文件打开对话框里面选择的文件。

软件产品的关于对话框(如图 1.110 所示),基本上每个发行的界面软件都有这样类型的窗口。

如图 1.111 所示的进度对话框,软件里面的费时操作都会用这个窗体来显示当前进度,并且提供"取消"按钮供用户随时终止该操作。当然了还有一些对话框,不一一列举了,比如说颜色对话框(QColorDialog),字体选择对话框(QFontDialog)等等。这些对话框经常可以看到,使用起来也很简单。

那接下来,看看怎么在程序里面使用这几个对话框。

# 第1章 Qt 基础控件使用

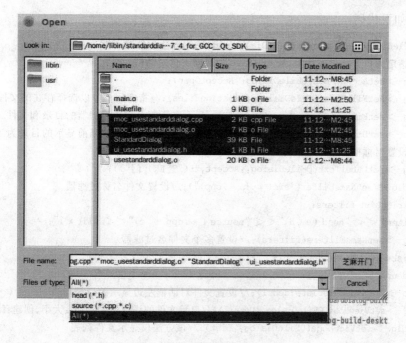

图 1.108 文件选择对话框

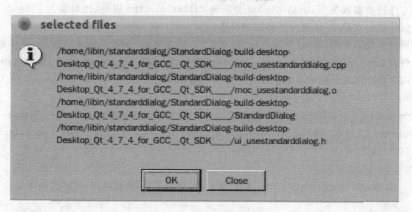

图 1.109 信息提示框

 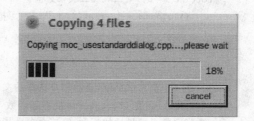

图 1.110 关于对话框　　　　　　　　图 1.111 进度对话框

看如下代码:

```
QFileDialog * dlg = new QFileDialog(this);//创建文件对话框
//指定为打开文件对话框,AcceptSave 为保存文件对话框
dlg->setAcceptMode(QFileDialog::AcceptOpen);
dlg->setFileMode(QFileDialog::ExistingFiles);//指定用户可以选择存在的文件
dlg->setFilter(QDir::Dirs|QDir::Files);//显示符合文件过滤器的目录和文件
dlg->setDirectory(QDir::currentPath());//设置文件对话框当前显示的目录为当前目录
//设置对框框"open"按钮的显示文本
dlg->setLabelText(QFileDialog::Accept,tr("芝麻开门"));
//dlg->setNameFilter("src(*.h *.cpp)");//设置文件名称过滤器
QStringList filters;
filters << "head(*.h)"<< "source(*.cpp *.c)"<<"All(*)";
dlg->setNameFilters(filters);//设置多个文件名过滤器
QList<QUrl> sideurl;
sideurl << QUrl::fromLocalFile("/home/libin")<< QUrl::fromLocalFile("/usr");
dlg->setSidebarUrls(sideurl);//设置文件对话框左边显示的目录列表
dlg->setViewMode(QFileDialog::Detail);//显示文件的详细信息(类型、大小、创建日期等)
//dlg->setViewMode(QFileDialog::List);//该方法仅显示文件列表
/*
当文件过滤器改变了,QFileDialog 会发送 filterSelected 信号,比如单击了 head(*.h)则
该信号就会发射,并传递过滤器的字符串。
当用户点选了文件,单击"芝麻开门"按钮之后,就会发射 filesSelected 信号,并传递选择的
文件列表。还有一个 void directoryEntered(const QString & directory)信号也经常用到,
当用户在文件对话框中单击进入一个目录的时候发送。
*/
//connect(dlg,SIGNAL(filterSelected(QString)),this,SLOT(getfilterchange(QString)));
//connect(dlg, SIGNAL(filesSelected(QStringList)), this, SLOT(getfilesSelected
  (QStringList)));

    if(dlg->exec() == QDialog::Accepted)//"芝麻开门"按钮单击,对话框关闭返回 Accepted
    {
        QStringList list = dlg->selectedFiles();//取得用户选择文件列表
        QString filelist;
        for(int i = 0;i<list.size();i++)
            filelist += list.at(i) + "\n"; //把文件列表转存在 QString 对象里面中间
                                            //加个换行符
```

/*
显示一个消息信息框,显示用户选择的文件
information 是 QMessageBox 的静态函数,第一个参数指定父窗口指针;第二个参
数指定信息框显示的标题;第三个参数指定显示的文本内容;第四个参数指定信息
框上显示的标准按钮,我们指定显示一个 close 按钮和一个 ok 按钮,还有一些标

# 第 1 章 Qt 基础控件使用

准按钮比如 QMessageBox::Open、QMessageBox::Cancel、QMessageBox::Yes 等可以根据需要选择;第五个参数选择第四个参数里面列出的一个按钮作为默认按钮,也就是说当按回车键的时候相当于第五个参数指定的按钮单击了。
*/

```
QMessageBox::information(this,tr("selected files"),filelist,QMessageBox::
Close|QMessageBox::Ok,QMessageBox::Ok);
/*
   构造关于对话框显示的文本内容,支持 HTML 语法,指定文本显示颜色红色,
   指定了一个超级链接,<br>是 HTML 的换行符。
*/
QString about = "<font color = 'red'>Author:lqgui<br>Version:0.0.1<br>
                Copyright@lqgui all rights reserved<br>Email:<a href = '#'
                >lqgui@lqgui.com</a></font>";
/*
   about 函数也是 QMessageBox 的静态函数,可以用它方便地创建一个关于对话框。
   第一个参数是父窗体指针,第二个参数指定对话框显示的标题,第三个标题指定对
   话框显示的文本内容。
*/
QMessageBox::about(this,tr("关于"),about);
int size = list.size();//获取用户选择的文件个数
/*
   构造进度对话框,第一个参数指定进度对话框显示的文本,第二个参数指定取消按
   钮显示的文本,第三个和第四个参数指定进度条显示的范围。
*/
QProgressDialog * progress = new QProgressDialog("copying...","cancel",
                                                 0,size * 1000000,this);
progress->setWindowModality(Qt::WindowModal);//指定进度对话框为模态对话框
progress->show();
QString title = QString("Copying %1 files").arg(size);
progress->setWindowTitle(title);//设置进度对话框显示的标题
int j = 0;
//固定指定一个文件 copy 需要 1 000 000 个进度,实际要根据文件的大小来计算
for (int i = 0; i< size * 1 000 000; i++)
{
progress->setValue(i);// 更新进度条显示位置
if (progress->wasCanceled()) break;//如果单击了取消按钮,则终止。
if((i!= 0)&&((i + 1) % 1 000 000 == 0)) j ++ ;//一个文件 copy 结束,取下个文件名
int len = list.at(j).length();
int pos = list.at(j).lastIndexOf("/");
QString txt = list.at(j).right(len - pos - 1);// 得到下个文件名
progress->setLabelText("Copying " + txt + "…,please wait");//更新当前在
                                                            //copy 的文件名
```

```
        }
                progress->setValue(size*1000000);//copy 结束,指定为满进度
        }
```

读者自行创建一个工程,在一个按钮的槽函数里面写上上面的语句,就会看到图 1.108～图 1.111 所示的那几个对话框了。另外,文件对话框提供了几个静态函数,我们之所以没有用,一方面是因为要通过这个例子学会 QFileDialog 的几个接口函数以便方便灵活的使用,另一面是因为这些静态函数很直观,读者一看就可以掌握了,比如说下面这个函数:

```
QStringList QFileDialog::getOpenFileNames ( QWidget * parent = 0, const QString & caption =
                QString(), const QString & dir = QString(), const QString & filter = QString(),
                QString * selectedFilter = 0, Options options = 0 ) [static]
```

我们这样写:

```
        QStringList files = QFileDialog::getOpenFileNames(
                                        this,
                                        "open",
                                        QDir::currentPath(),
                                        "head(*.h);;src(*.cpp *.h);;All(*)"
                                        );
```

就可以创建一个和图 1.108 一样的打开文件对话框来。是不是很简单? 其他的静态函数读者可自行研究。对话框就到这了,下面开始进入 QWidget 的世界。

## 1.4　Qt GUI 之 QWidget 使用

QWidget 是 Qt 所有用户界面对象的基类。前面讲到的 QDialog 就是从 QWidget 继承过来的子类,QPushButton 也是它的间接子类。我们使用 QWidget 做个图片浏览器,顺便再学习一些新内容。在这里有必要说一下,QDialog 在 Qt 里面的称谓是顶层窗口,它有自己的框架和标题栏。QPushButton 在创建的时候如果指定了父窗体,那就变成了子窗体了,嵌入到父窗体之内;创建控件对象的时候如果没有指定父窗体那将会是一个顶层窗口。QWidget 也不例外,当创建 QWidget 时指定了父窗体那它也会变成子窗体嵌入到父窗体之内,而 QDialog 则永远保持独立。

### 学会为自己的手机写个图片浏览器

读到这里,你不妨打开自己的智能手机看看这些美丽的图片浏览软件。等学完了这一节,我们也将做出来一个。没有什么神秘,Qt 本身就可以帮助我们来实现这个目标。

乔布斯总爱引用画家毕卡索(Picasso)的名言"好的艺术家懂复制,伟大的艺术

家则擅偷取",他从不认为借用别人的点子是件可耻的事。乔布斯给的两个创新关键字是"借用"与"联结"。但前提是,我们得先知道别人做了什么,然后才能在看完手机上的图片浏览器之后,也做出相同功能的浏览器来,如图 1.112 所示。

图 1.112　QWidget 实现的图片浏览器

鼠标滑动图 1.112 所示的中间的图片,可以把图片滑动到屏幕的左边或者右边。鼠标单击的时候那些截图、旋转、放大等功能按钮就出现在屏幕上。用户可以单击这些按钮实现相应的功能,也可以通过双击中心图片来放大图片。

创建工程目录 picturebrowser,进入目录,启动 Qt Creator 创建基于 QWidget 的工程 QtPicBrowser,类名为 QtPicBrowserWidget,界面布局如图 1.113 所示。

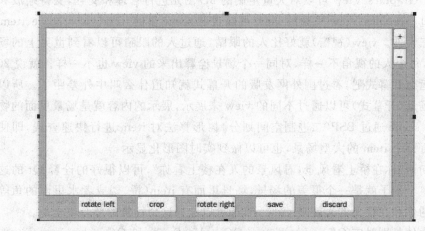

图 1.113　图片浏览器界面布局

界面控件信息如表 1.13 所列。

编辑 QtPicBrowserWidget 的 styleSheet,添加"background-color",选择颜色为黑色,"background-color：rgb(0,0,0);",按钮的样式表设置为"background-color：rgb(255,255,255);",即背景色为白色。graphicsView 这个对象是咱们拖过

来的一个"Graphics View",第一次跟它打交道。QGraphicsView 类可是我们这个图片浏览器的第一号功臣,来认识一下它。

表 1.13  图片浏览器界面控件信息

| 对象名 | 类 | 文本(text) | 几何坐标(geometry) | 作　用 |
| --- | --- | --- | --- | --- |
| QtPicBrowserWidget | QWidget | 无 | (0,0,572,307) | 图片浏览器主窗体 |
| graphicsView | QGraphicsView | 无 | (10,20,530,251) | 管理图片视窗 |
| pBnZoomIn | QPushButton | "+" | (540,20,21,27) | 放大图片 |
| pBnZoomOut | QPushButton | "—" | (540,50,21,27) | 缩小图片 |
| pBnrLeft | QPushButton | "rotate left" | (60,270,61,27) | 左转图片 |
| pBnrRight | QPushButton | "rotate right" | (240,270,61,27) | 右转图片 |
| pBnCrop | QPushButton | "crop" | (150,270,61,27) | 截取图片 |
| pBnSave | QPushButton | "save" | (330,270,61,27) | 保存截取的图片 |
| pBnDiscard | QPushButton | "discard" | (420,270,61,27) | 撤销截图操作 |

### 1. 初识 Graphics View Framework

一提到 Framework,给工程师们的感觉就是庞大的结构,复杂的机制,啰哩啰嗦的新名词,着实让人望而却步。还好,对于 Qt 的"Graphics View Framework",我们只需要明白其中的 3 大元件和 10 个函数就可以了。

有名的 KDE 桌面就是建立在该框架基础上的,读者们要静下心来好好学学这个框架。Graphics View 可以对大量定制的 2D 图元进行管理和交互,支持缩放和旋转。通过 Graphics View 里面的 view 可以观看 scene 里的 item、view、scene、item 就是它的三大件。view(视窗)就好比人的眼睛,通过人的眼睛可以看到世界上的场景(scene),每个人的视角不一样,对同一个场景诠释出来的 view 也不一样。就说 2008 北京奥运会开幕式吧,看过国外网友版的开幕式就知道什么叫中外差距了。所以对同一个场景(开幕式)可以通过不同的 view 来展示,展示的内容就是场景里面的物件(item)。scene 通过 BSP(二进制空间划分)树形算法对 item 进行快速查找,即使是包含了百万个 item 的大型场景,也可以做到实时图形化显示。

有句话"你在桥上看风景,看风景的人在楼上看你",可以很好的诠释 Qt 的这个机制。整个句子就是一个很美的场景,场景里面有 item(桥、楼或者水里面的鱼等),在桥上的你和在楼上的人就是 view 了,都可以诠释这个场景的部分或全部。

三大件分别对应 QGraphicsView、QGraphicsScene 和 QGraphicsItem。功能就如前面所述,Qt 预定义了一些 item,比如 QGraphicsEllipseItem(椭圆)、QGraphicsLineItem(线)、QGraphicsPixmapItem(图像)和 QGraphicsRectItem(矩形)等,这些一般可以满足场景里面出现的内容了。如果遇到一只猫,要描述猫这个 item,直接使用预定义的 item 满足不了猫需要了,这就需要子类化 QGraphicsItem 来实现自定义的 item。制作出来了放到场景里面就可以用了。

就像地球这个场景上的物件都有个经纬度来标识它的位置一样，Graphics View 里面也有一套坐标系统。三大件，三个坐标系统，之间也可以相互转化。

item 坐标系统。item 位于它们自己的坐标系统中，以坐标（0,0）为中心点。item 位置是指 item 中心点在它父亲坐标系统中的坐标。scene 坐标系统是用来管理整个 scene 的坐标系统，item 在 scene 的位置就用该坐标系统来描述。view 坐标系统就是 QGraphicsView 这个窗体本身的坐标系统，左上角是（0,0），右下角是（width,height）。如果要通过鼠标和场景里面的 item 交互，则需要把 view 坐标转换为 scene 坐标，因为鼠标事件所得到的坐标是基于 view 坐标系统的。

对于十大函数，在工程源码中用到的时候结合实例再讲，免得难以理解。现在通过给工程 QtPicBrowser 增加图片显示和截图功能，在实践中掌握三大件的使用。

先看最终做出的效果，如图 1.114 所示。

图 1.114　图片浏览器截图功能展示

程序启动，有张比现实甜蜜的图片，单击"crop"按钮，出现截图选择框。我们的截图选择框偏偏要分开小公主到王子的怀抱，也可以移动这个选择框去截取图片的其他区域，也可以拉动选择框把白马王子也囊括到截图框里面。不在截图框里面的图片看起来会暗一些。单击"save"保存截图到一个文件，单击"discard"撤销本次操作，图片显示为原来的亮度，这些都是我们要做的功能点。

为工程添加 C++源文件 qtcutrectitem.cpp 和头文件 qtcutrectitem.h，用来实现一个自定义的截图选择矩形，通过这个 item 来选择截图的区域。该矩形可以拖动也可以拉伸。

qtcutrectitem.h 添加代码：

```cpp
#include <QGraphicsRectItem>              //矩形条目类
#include <QGraphicsSceneMouseEvent>       //Qt视图框架鼠标事件类
#include <QPixmap>                        //Qt提供的在屏幕上显示图像的类
#include <QPointF>                        //抽象的标识平面坐标点的类

class QtCutRectItem:public QGraphicsRectItem
{
public:
 QtCutRectItem ( QGraphicsItem * parent = 0 );
 void setCutPix(QPixmap&p);                //设置截图区域
protected:
 void mouseMoveEvent ( QGraphicsSceneMouseEvent * event );
 void mousePressEvent ( QGraphicsSceneMouseEvent * event );
 void mouseReleaseEvent ( QGraphicsSceneMouseEvent * event );
 void paint(QPainter * painter, const QStyleOptionGraphicsItem * option, QWidget * widget = 0);
public:
 bool isPull;//isPull = true 绘制拉伸矩形的外观,isPull = false 绘制移动矩形的外观
 QPointF oldpos;                           //记录鼠标单击的坐标
 QPointF newpos;                           //记录新的鼠标坐标
 bool ispressed;                           //标识鼠标左键是否单击
 qreal oldposX;                            //记录矩形框的X轴坐标
 qreal oldpoxY;                            //记录矩形框的Y轴坐标
 QPixmap cutPix;                           //存储需要截图的图像
//矩形框所处的状态,NONE 初始化状态,PULL 拉伸状态,MOVE 移动状态
 enum statM {NONE,PULL,MOVE};
statM s;
/* 鼠标在矩形框内的位置,TOPLEFT  左上角区域,TOP 上方,… */
 enum MousePosition {ALL,TOPLEFT,TOP,TOPRIGHT,RIGHT,BOTTOMRIGHT,
                     BOTTOM,BOTTOMLEFT,LEFT};
 MousePosition m;
};
```

qtcutrectitem.cpp类实现代码如下:

```cpp
#include "qtcutrectitem.h"
#include <QDebug>
#include <QGraphicsScene>
#include <QPainter>
#include <QStyleOptionGraphicsItem>
QtCutRectItem::QtCutRectItem ( QGraphicsItem * parent )
{
    setFlag(QGraphicsItem::ItemIsMovable,true);//设置条目可以随着鼠标移动特性
    setPos(10,10);                            //设置矩形框显示的坐标
```

```cpp
    oldpos = QPointF();                    //初始化为(0,0)坐标点
    newpos = QPointF();                    //初始化为(0,0)坐标点
    ispressed = false;                     //左键处于未单击状态
    oldposX = 0;
    oldpoxY = 0;
    m = ALL;                               //初始化鼠标在矩形框内的位置
    s = NONE;                              //初始化矩形框的状态
    isPull = false;
}

void QtCutRectItem::setCutPix(QPixmap&pix) { cutPix = pix; }
/*鼠标移动事件处理,根据矩形框状态(PULL/MOVE),来实现矩形框拉伸或者移动操作*/
void QtCutRectItem::mouseMoveEvent ( QGraphicsSceneMouseEvent * event )
{
    if(!ispressed) return;                 //左键没有单击直接返回,不做处理
    qreal x = event->scenePos().x();       //取得当前鼠标在场景中的x轴坐标
    qreal y = event->scenePos().y();       //取得当前鼠标在场景中的y轴坐标
    qreal rx = x - this->rect().width()/2;
    qreal ry = y - this->rect().height()/2;

    /*如果矩形框处在移动状态,矩形框跟着鼠标移动,并且鼠标位置在矩形框中心*/
    if(s == MOVE)
    {
        setPos(rx,ry);
        return ;
    }
    if(s == PULL)                          //矩形框拉伸缩放状态
    {
        newpos = event->scenePos();        //存储当前的鼠标坐标
        QPointF tpos = newpos - oldpos;    //计算新鼠标坐标和上次鼠标单击坐标之差
        qreal i = tpos.x();
        qreal j = tpos.y();

        if((i == 0) && (j != 0)  )         //上下缩放矩形框
        {
            if(m == TOP) 鼠标位于矩形框内的上方
            {
                setPos(oldposX,oldpoxY + j);  //矩形框x轴不变,y轴减小
                j =- j;
                setRect(0,0,rect().width() + i,rect().height() + j);
            }

            if(m == BOTTOM){setRect(0,0,rect().width() + i,rect().height() + j); }
            goto INIT;
```

```cpp
    }else if(j==0 && (i!=0))              //左右缩放矩形框
    {
        if(m==LEFT)
        {
        setPos(oldposX+i,oldpoxY);
        i=-i;
        setRect(0,0,rect().width()+i,rect().height()+j);
        }
        if(m==RIGHT)
        {
        setRect(0,0,rect().width()+i,rect().height()+j);
        }
        goto INIT;
    }else if(i<0 && j>0)                   //右上角缩小矩形或左下角拉伸矩形
    {
        if(m==TOPRIGHT)
        {
            setPos(oldposX,oldpoxY+j);
            setRect(0,0,rect().width()+i,rect().height()-j);
        }
        if(m==BOTTOMLEFT)
        {
            setPos(oldposX+i,oldpoxY);
            setRect(0,0,rect().width()-i,rect().height()+j);
        }
        goto INIT;
    }else if(i>0 && j<0)                   //右上角拉伸矩形或左下角缩小矩形
    {
        if(m==TOPRIGHT)
        {
            setPos(oldposX,oldpoxY+j);
            setRect(0,0,rect().width()+i,rect().height()-j);
        }
        if(m==BOTTOMLEFT)
        {
            setPos(oldposX+i,oldpoxY);
            setRect(0,0,rect().width()-i,rect().height()+j);
        }
        goto INIT;
    }else if(i<0 && j<0)                   //左上角拉伸矩形或右下角缩小矩形
    {
        if(m==TOPLEFT)
```

# 第1章 Qt 基础控件使用

```
            {
                setPos(oldposX + i,oldpoxY + j);
                setRect(0,0,rect().width() - i,rect().height() - j);
            }
            if(m == BOTTOMRIGHT)
            {
                setPos(oldposX,oldpoxY);
                setRect(0,0,rect().width() + i,rect().height() + j);
            }
            goto INIT;
        }else if(i>0 && j>0)          //左上角缩小矩形或右下角拉伸矩形
        {
            if(m == TOPLEFT)
            {
                setPos(oldposX + i,oldpoxY + j);
                setRect(0,0,rect().width() - i,rect().height() - j);
            }
            if(m == BOTTOMRIGHT)
            {
                setPos(oldposX,oldpoxY);
                setRect(0,0,rect().width() + i,rect().height() + j);
            }
            goto INIT;

        }
        INIT:
        oldposX = this ->x();          //更新 x 轴坐标
        oldpoxY = this ->y();          //更新 y 轴坐标
        oldpos = newpos;               //更新鼠标位置点
        this ->scene() ->update();     //刷新一下场景,避免出现拖影
    }
}

void QtCutRectItem::mousePressEvent ( QGraphicsSceneMouseEvent * event )
{
 if(event ->button() == Qt::LeftButton)     //左键单击
 {
    ispressed = true;                         //左键单击标识
    oldpos = event ->scenePos();              //记录鼠标单击位置,在鼠标移动事件处理
                                              //中用到

    qreal x = event ->scenePos().x();
    qreal y = event ->scenePos().y();
```

```cpp
    qreal rectX = this->x();
    qreal rectY = this->y();
    oldposX = rectX;
    oldpoxY = rectY;
    /*
    根据鼠标在矩形框内的位置离矩形边框距离是否小于10个像素
    来断定是否拉伸矩形框
    */
    if((rectX + rect().width() - x)<10 || (x - rectX)<10 || (y - rectY)<10 || (rectY + rect().height() - y)<10)
    {
        s = PULL;                                   //设置矩形框处于拉伸状态
        /*根据鼠标在矩形框内的位置,来设置拉伸方向*/
        if((rectX + rect().width() - x)<10 && (y - rectY)>10 && (rectY + rect().height() - y)
            >10) m = RIGHT;
        if((rectX + rect().width() - x)<10 && (y - rectY)<10 ) m = TOPRIGHT;
        if((rectX + rect().width() - x)<10 && (rectY + rect().height() - y)<10 ) m = BOTTOMRIGHT;
        if((rectY + rect().height() - y)<10 && (rectX + rect().width() - x)>10 && (x - rectX)
            >10) m = BOTTOM;
        if((rectY + rect().height() - y)<10 && (x - rectX)<10 ) m = BOTTOMLEFT;
        if((x - rectX)<10 && (rectY + rect().height() - y)>10 && (y - rectY)>10 ) m = LEFT;
        if((x - rectX)<10 && (y - rectY)<10 ) m = TOPLEFT;
        if((y - rectY)<10 && (x - rectX)>10 && (rectX + rect().width() - x)>10 ) m = TOP;
        isPull = true;
        update();//重绘矩形框为拉伸样式,也即矩形框4个角和上下左右中点位置放置一个小框。
        return;
    }else                                           //鼠标位置距离矩形框大于10个像素
    {
        s = MOVE;                                   //设置矩形框处于移动状态
        isPull = false;
        update();
        return;
    }}}
/*鼠标释放重置oldpos、newpos、oldposX、oldposY、ispressed、ifPull、m和s为初始值*/
void QtCutRectItem::mouseReleaseEvent ( QGraphicsSceneMouseEvent * event )
{
    oldpos.setX(0); oldpos.setY(0);
    newpos.setX(0); newpos.setY(0);
    oldposX = 0; oldpoxY = 0;
    ispressed = false; isPull = false;
    m = ALL; s = NONE;
}
/*在本地坐标系统(item坐标系统)绘制矩形条目,那些绘图的类可参考1.4.1节第2条目*/
```

```cpp
void QtCutRectItem::paint(QPainter * painter, const QStyleOptionGraphicsItem *
                          option, QWidget * widget )
{
    painter->save();                            //保存绘图对象状态
    painter->setPen(Qt::green);                 //设置画笔,画笔颜色为绿色
    painter->drawRect(option->rect);            //绘制矩形
    int x = this->pos().x();int y = this->pos().y();
    int w = option->rect.width();int h = option->rect.height();
    /*
    根据矩形框的大小和坐标绘制截图区域的图像,给人的感觉就是矩形框内的图像高亮
    了,实际上是我们在相应位置绘制了一下没有灰暗背景的截图区。绘制在(1,1)本地坐
    标系统,宽高各减去一个像素,防止把矩形框的边框遮盖了。QPixmap 的 copy 函数可以
    返回给定矩形区域图像的备份。
    */
    painter->drawPixmap(1,1,cutPix.copy(x,y,w-1,h-1));
    if(isPull == true)
    {
    /*依次在矩形框的四角和边框中心处绘制小矩形,来提示用户可以拖动这些小矩形框
        来拉伸矩形框*/
    painter->setBrush(Qt::green);
    painter->drawRect(-2,-2,2,2);//topleft
    painter->drawRect(-2,-2+option->rect.height()/2,2,2);//left center
    painter->drawRect(-2,-2+option->rect.height()+2,2,2);//bottom left
    painter->drawRect(option->rect.width()/2-1,-2,2,2);//topcenter
    painter->drawRect(option->rect.width(),-2,2,2);//topright
    painter->drawRect(option->rect.width(),-2+option->rect.height()/2,2,
    2);//right center
    painter->drawRect(option->rect.width(),option->rect.height(),2,2);//
    bottom right
    painter->drawRect(option->rect.width()/2-1,option->rect.height(),2,2);//
    bottom center
    }
    painter->restore();//恢复绘图对象状态,和 save()配对使用
}
```

截取区域选择矩形设计好了之后,我们写代码来使用它。

在 qtpicbrowserwidget.h 中添加代码:

```cpp
#include <QGraphicsScene>              //场景类头文件
#include "qtcutrectitem.h"             //截图区矩形 item 头文件
```

在类 QtPicBrowserWidget 里面添加成员:

```cpp
public:
```

```cpp
    QGraphicsScene * scene;                    //场景对象
    QGraphicsPixmapItem * picitem;             //pixmap 条目对象
    QPixmap * grappix;//存储从 ui->graphicsView 里面抓取到的图像
    QPixmap * bgpix;                           //把图像 grappix 加上灰色背景
    QGraphicsPixmapItem * bg;                  //将 bgpix 作为一个 pixmapitem 加入到场景中
    QtCutRectItem * rectitem;                  //截图区选择矩形条目对象
    void freeCropItem();                       //截图操作结束后,释放资源
public slots:
    void OnSaveClicked();                      //关联按钮"save"的槽函数
    void OnCropClicked();                      //关联按钮"crop"的槽函数
    void OnDiscardClicked();                   //关联按钮"discard"的槽函数
```

在 qtpicbrowserwidget.cpp 中添加代码如下:

```cpp
#include "qtpicbrowserwidget.h"
#include "ui_qtpicbrowserwidget.h"
#include <QDateTime>//日期时间类,用于在存储截图的时候指定文件名

QtPicBrowserWidget::QtPicBrowserWidget(QWidget * parent) :
    QWidget(parent),
    ui(new Ui::QtPicBrowserWidget)
{
    ui->setupUi(this);
    /*去掉 widget 的最大化和最小化按钮,就和 QDialog 外观相仿了,QDialog 能做到的 QWid-
      get 都能做到,包括后面用到的中心窗体,也是 QWidget 的子类。它的功能直接用 QWid-
      get 也可以实现。Qt 既然提供给我们对话框和中心窗体了,就无需再自定义了*/
    setWindowFlags(this->windowFlags()&(~Qt::WindowMinMaxButtonsHint));
    scene = new QGraphicsScene(ui->graphicsView);    //创建场景对象
    ui->graphicsView->setScene(scene);               //设置 view 的场景
    scene->setSceneRect(ui->graphicsView->rect());//设置场景矩形为 view 的矩形区域
    /*关闭 view 的水平和垂直滚动条*/
    ui->graphicsView->setHorizontalScrollBarPolicy(Qt::ScrollBarAlwaysOff);
    ui->graphicsView->setVerticalScrollBarPolicy(Qt::ScrollBarAlwaysOff);
    connect(ui->pBnCrop,SIGNAL(clicked()),this,SLOT(OnCropClicked()));
    connect(ui->pBnSave,SIGNAL(clicked()),this,SLOT(OnSaveClicked()));
    connect(ui->pBnDiscard,SIGNAL(clicked()),this,SLOT(OnDiscardClicked()));
    /*用 love.png 构造 pixmap,前提是工程目录下面有 images 目录,目录里面有 love.png
      图片,没有得去创建一个目录,并找个图片。*/
    QPixmap pix("images/love.png");
    /*忽略比例(Qt::IgnoreAspectRatio),平滑无锯齿(Qt::SmoothTransformation)的缩放
      图片大小为 view 的宽度和高度*/
    pix = pix.scaled(ui->graphicsView->width(),ui->graphicsView->height(),
                     Qt::IgnoreAspectRatio,Qt::SmoothTransformation);
```

```cpp
    picitem = scene->addPixmap(pix);//图片加入场景显示,用picitme存储条目指针
    picitem->setPos(0,0);                          //设置该条目在场景中的坐标
    rectitem = NULL;
}

void QtPicBrowserWidget::freeCropItem()
{
    scene->removeItem(bg);                         //移除条目
    scene->removeItem(rectitem);
    if(bg!=NULL)       {delete bg;bg=NULL;}        //释放资源
    if(rectitem!=NULL) { delete rectitem; rectitem=NULL; }
    if(grappix!=NULL) { delete grappix; grappix=NULL;}
    if(bgpix!=NULL)   { delete bgpix; bgpix=NULL;}
}

void QtPicBrowserWidget::OnCropClicked()
{
    //抓取view内容,存储在grappix
    grappix = new QPixmap(QPixmap::grabWidget(ui->graphicsView));
    //构造一个view大小的图像
    QPixmap pix(ui->graphicsView->width(),ui->graphicsView->height());
    QColor c(Qt::lightGray);                       //创建一个浅灰色的颜色
    c.setAlpha(131);//设置透明度(0~255)之间,要让截图时背景更暗一些,可以调大这个值
    pix.fill(c);                                   //用c填充图像
    bgpix = new QPixmap(*grappix);                 //创建一个grappix备份的图像
    QPainter painter(bgpix);                       //创建在bgpix上的绘图对象
    painter.drawPixmap(0,0,pix);                   //在bgpix上绘制背景
    bg = scene->addPixmap(*bgpix);                 //加入场景
    rectitem = new QtCutRectItem;                  //创建截图区矩形条目
    rectitem->setRect(0,0,50,50);                  //设置矩形大小
    rectitem->setPos(30,30);
    /*设置z-value,该值大时,条目可以显示在其他低的z-value条目之上。截图矩形
      框要显示在场景中所有其他条目之上,不能被其他条目遮盖了,故设置为一个值,默
      认情况下条目的z-value值为0,实际上设置为一个大于零的值就行*/
    rectitem->setZValue(5);
    scene->addItem(rectitem);
    rectitem->setCutPix(*grappix);//传递截图区域图像到QtCutRectItem paint函数
}
/*根据截图区选择矩形的大小,保存截图区图像。QPixmap save函数可以指定存储图像文
  件的名字和格式。我们把文件名字命名为"年-月-日-时-分-秒.jpg"这个格式,图
  像存储格式指定为"JPG",也可以指定为"GIF/JPEG/BMP/PNG"等Qt支持的格式*/
void QtPicBrowserWidget::OnSaveClicked()
```

```
{
    if(rectitem == NULL) return;
    int cutWidth = rectitem->rect().width();
    int cutHeight = rectitem->rect().height();
    int cutX = rectitem->pos().x();
    int cutY = rectitem->pos().y();
    QString
        fileName = QDateTime::currentDateTime().toString("yyyy-MM-dd-hh-mm-ss") + ".jpg";
    grappix->copy(cutX,cutY,cutWidth,cutWidth).save(fileName,"JPG");
    freeCropItem();
}

void QtPicBrowserWidget::OnDiscardClicked()
{
    freeCropItem();
}

QtPicBrowserWidget::~QtPicBrowserWidget()
{
    freeCropItem();
    if(picitem!=NULL)  { delete picitem; picitem = NULL;}
    if(scene!=NULL)   { delete scene; scene = NULL;}
    delete ui;
}
```

好了,代码写完了,去看看结果吧。

## 2. 那些为绘画而生的类

Qt 绘图系统(Paint System)让程序员可以轻松地变成画家在屏幕上绘制图形。QPainter 就如同画家握着画笔的手,完成具体的绘制操作;QPainterDevice 就如同画纸,提供一个抽象的二维绘制空间,相当于 QPainter 的画纸。常用的"画纸"有 QImage、QPicture、QPixmap 和 QWidget 等,这些类都是从 QPaintDevice 继承而来。QPainter 可以在这些类或其子类上进行绘图。

QImage 类提供一个与硬件无关的图像,可以显示 1 位、8 位、32 位像素或 alpha 混合图像。QImage 类针对 IO 做了优化,也可以用它来直接访问图像像素,另外它还可以跨线程绘制。QPixmap 使用特定硬件平台的绘图引擎,优化了图像在屏幕上显示的速度。在不同硬件平台上 Qpixmap 不像 QImage 那样可以保证显示效果的一致,也不能直接访问像素。

QPainter 可以绘制基本的点线面体或复杂形状,也可以绘制文本和 pixmap。在绘制的时候可以设置画笔(QPen),画刷(QBrush)和字体(QFont)。画刷填充形状的时候,可以指定填充样式和填充颜色。QColor 类表示颜色,可以用 RGB(red、green、blue)来表示颜色值。alpha-channel 指定透明度,使用 0~255 之间的一个值指定,值越大,越不透明。填充样式用 Qt::BrushStyle 表示,常用填充样式风格如图 1.115 所示。

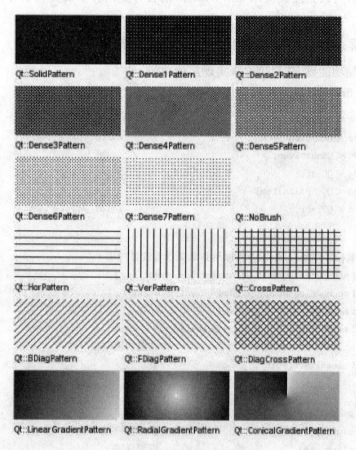

图 1.115　Qt 画刷填充样式

QGradient 可以提供渐变填充,它的子类 QLinearGradient、QConicalGradient 和 QRadialGradient 可以方便地用来实现线性、角度和辐射渐变。

我们创建一个线性渐变画笔,代码如下:

```
QLinearGradient line(0,0,100,100);        //设置线性渐变起始点(0,0)和终止点(100,100)
line.setColorAt(0,Qt::red);               //把渐变区域开始位置的颜色设置为白色
line.setColorAt(0.5,Qt::green);           //把渐变区域中点位置颜色设置为绿色
line.setColorAt(1,Qt::blue);              //把渐变区域结束位置颜色设置为蓝色
QBrush b(line);                           //用 line 构造画刷
QPainter painter(this);                   //创建绘制对象
painter.setBrush(b);                      //设置画刷
```

```
painter.drawRect(0,0,100,100);        //绘制矩形
```

把这段代码放在 paintEvent 事件处理函数(详见第 2 章)里面,就可以在屏幕上看到一个具有渐变颜色的矩形了。其他的渐变类型用起来和这段代码相仿,不一一举例了。读者可以去阅读 Qt Paint System 的官方文档和多研究我们在工程里用到的实际代码。

### 3. 拖屏、缩放、旋转和剪切存储一个功能都不能少

剪切存储功能搞定了,接着来实现其他功能。

在 qtpicbrowserwidget.h 添加代码:

```cpp
#include <QTimeLine>
#include <QKeyEvent>
#include <QMouseEvent>
#include <QList>
#include <QGraphicsItem>
#include <QTimer>

public:
    /*鼠标事件处理器,读者可以跳到第 2 章看看再回来*/
    void mousePressEvent( QMouseEvent * event );
    void mouseReleaseEvent( QMouseEvent * event );
    void mouseMoveEvent( QMouseEvent * event );
    void mouseDoubleClickEvent( QMouseEvent * event );
    void hideAllBtn(void);           //隐藏功能按钮
    void showAllBtn(void);           //显示

private:
    int picWidth;                    //图片宽
    int picHeight;                   //图片高
    int viewWidth;                   //视图区宽
    int viewHeight;                  //视图区高
    int curIndex;                    //当前显示图片的索引
    int itemCount;                   //加载图片的张数
    bool isOverTime;
    int poxOldX;                     //记录上次鼠标单击 X 轴坐标
    int poxNewX;                     //当前鼠标位置的 X 轴坐标

    QList<QGraphicsItem *> items;    //记录图片条目信息
    QTimer duration;                 //用于判断开始一个拖动图片操作的定时器
    QTimeLine TimeLineLeft;          //控制向左滑动图片动画效果
    QTimeLine TimeLineRight;
```

## 第1章　Qt基础控件使用

```
    int offset;
public:
    void loadPics(const QString& dirstr = QString());
    QStringList filesList;                    //记录图片路径
    void loadItemToView(QGraphicsScene * scenep,QList<QGraphicsItem *> * listp);
public slots:
    void slideLeft();                         //左滑图片
    void slideRight();
    void upCurrent();                         //向左滑时更新当前显示图片索引
    void downCurrent();                       //向右滑时更新当前显示图片索引
private slots:
    void moveLeft(int x);
    void moveRight(int x);
    void getDurationTimeout(void);
    void OnZoomIn(void);// +
    void OnZoomOut(void);// -
    void OnRotateLeft(void);
    void OnRotateRight(void);
```

在 qtpicbrowserwidget.cpp 中添加代码：

```
#include <QDebug>
#include <QDir>
```

在类 QtPicBrowserWidget 构造函数里面把 picitem 相关代码注释掉，添加如下代码：

```
bg = NULL; bgpix = NULL; grappix = NULL;
viewWidth = ui->graphicsView->width();
viewHeight = ui->graphicsView->height();
curIndex = 0;
picWidth = viewWidth/5;
if(qApp->argc() == 2)                        //获取需要打开的图片目录参数
    loadPics(qApp->arguments().at(1));       //加载图片
else
    loadPics();
itemCount = (int)filesList.count();
loadItemToView(scene,&items);                //加载图片到场景中
connect(&TimeLineLeft, SIGNAL(frameChanged(int)), this, SLOT(moveLeft(int)));
connect(&TimeLineRight, SIGNAL(frameChanged(int)), this, SLOT(moveRight(int)));
connect(&TimeLineLeft, SIGNAL(finished()), this, SLOT(upCurrent()));
connect(&TimeLineRight, SIGNAL(finished()), this, SLOT(downCurrent()));
connect(&duration,SIGNAL(timeout()),this,SLOT(getDurationTimeout()));
```

```
duration.setSingleShot(true);
/*graphicsView 鼠标事件由其父类接管*/
ui->graphicsView->setAttribute(Qt::WA_TransparentForMouseEvents);
isOverTime = false;
poxOldX = 0;
poxNewX = 0;
connect(ui->pBnrLeft,SIGNAL(clicked()),this,SLOT(OnRotateLeft()));
connect(ui->pBnrRight,SIGNAL(clicked()),this,SLOT(OnRotateRight()));
connect(ui->pBnZoomIn,SIGNAL(clicked()),this,SLOT(OnZoomIn()));
connect(ui->pBnZoomOut,SIGNAL(clicked()),this,SLOT(OnZoomOut()));
hideAllBtn();
```

其他成员函数如下：

```
void QtPicBrowserWidget::loadPics(const QString& dirstr)
{
    QStringList    filterList;
    filterList<<"*.png"<<"*.jpeg"<<"*.jpg"<<"*.ico";//图片格式后缀
    QDir dir = QDir::current();          //初始化图片搜索路径为当前目录

    if(!dirstr.isEmpty())
    dir = QDir(dirstr);                  //用户指定图片目录
    QDir::Filters
    fliters = QDir::AllDirs|QDir::NoSymLinks|QDir::Hidden|QDir::NoDotAndDotDot;
    foreach(const QFileInfo file, dir.entryInfoList(fliters))//循环遍历图片目录
    {
        if(file.absolutePath() == dir.absolutePath())
        {
            loadPics(QString(file.absoluteFilePath()));
        }
    }
    QFileInfoList list = dir.entryInfoList(filterList);
    for (int i = 0; i < list.size(); ++i)
    {
        QFileInfo fileInfo = list.at(i);
        /*记录搜索到的图片绝对路径*/
        filesList.append(dir.absoluteFilePath(fileInfo.fileName()));
    }
}
void QtPicBrowserWidget::loadItemToView(QGraphicsScene * scenep,
                                        QList<QGraphicsItem * > * listp)
{
    QPixmap pix;
    for(int i = 0; i<itemCount; i++)
    {
        if(pix.load(filesList[i]))
```

# 第1章 Qt基础控件使用

```cpp
        {
            picHeight = pix.height();
            if(picHeight>viewHeight)
               picHeight = viewHeight;
            /*调整图片尺寸,以合适的大小在view里面显示*/
            pix = pix.scaled(picWidth,picHeight,Qt::IgnoreAspectRatio,
                       Qt::SmoothTransformation);
            if(!pix.isNull())
            {
                QGraphicsItem * item = scenep->addPixmap(pix);
                if(i == 0)
                {
                /*第一张图片显示位置*/
                item->setPos(viewWidth * 2/5,(viewHeight/2 - picHeight/2));
                }
                else
                {
                    item->setPos(viewWidth - picWidth,(viewHeight - picHeight)/2);
                }
                item->setOpacity(0.8);              //设置显示透明度
                item->setRotation(i * 5);           //设置顺时针方向倾斜角度
                item->setZValue(itemCount - i - 1);//设置Z-value以便产生图片叠加效果
                listp->append(item);                //存储该条目信息
            }
        }
    }
}


void QtPicBrowserWidget::getDurationTimeout()
{
    isOverTime = true;
}


void QtPicBrowserWidget::mouseMoveEvent(QMouseEvent * event)
{
    if(event->buttons()&Qt::LeftButton)             //左键拖动图片
    {
        if(isOverTime == true)                       //定时器溢出确认一次拖动操作开始
        {
            poxNewX = event->pos().x();
            if((poxNewX - poxOldX)>30)               //向右滑动超过了30个像素
                slideRight();                        //向右滑动图片
            if((poxNewX - poxOldX)< - 30)
                slideLeft();                         //向左滑动图片
        }
    }
```

```cpp
}
void QtPicBrowserWidget::mouseDoubleClickEvent ( QMouseEvent * event )
{
    if(event->button() == Qt::LeftButton)            //左键双击放大当前显示图片
    {
        static int num = 0;
        items[curIndex]->translate(picWidth/2.0,picHeight/2.0);
        items[curIndex]->scale(2,2);                 //拉伸图像
        items[curIndex]->translate(-picWidth/2.0,-picHeight/2.0);
        num ++ ;
        if(num>3)                                    //超过3次,图片恢复原来大小
        {
            items[curIndex]->resetMatrix();
            num = 0;
        }
    }
}

void QtPicBrowserWidget::mouseReleaseEvent ( QMouseEvent * event )
{
    if(event->button() == Qt::LeftButton)
    {
        if(duration.isActive()) duration.stop();
        isOverTime = false;
        poxOldX = 0;
        poxNewX = 0;
    }
}
void QtPicBrowserWidget::mousePressEvent ( QMouseEvent * event )
{
    int x = event->pos().x();
    int y = event->pos().y();
    int viewx = ui->graphicsView->x();
    int viewy = ui->graphicsView->y();
    /*鼠标在view区单击*/
    if(x>viewx && x<(viewx+viewWidth) && y>viewy && y<(viewy+viewHeight))
    {
        if(event->button() == Qt::LeftButton)
        {
            poxOldX = event->pos().x();              //记录单击位置的X轴坐标
            duration.start(500);                     //启动定时器

            if(ui->pBnCrop->isHidden())              //显示或者隐藏工具按钮
            {
                showAllBtn();
```

# 第1章 Qt基础控件使用

```cpp
        }else
        {
            hideAllBtn();
        }
    }
}
void QtPicBrowserWidget::showAllBtn()
{
    ui->pBnCrop->show();
    ui->pBnrLeft->show();
    ui->pBnrRight->show();
    ui->pBnSave->show();
    ui->pBnDiscard->show();
    ui->pBnZoomIn->show();
    ui->pBnZoomOut->show();
}

void QtPicBrowserWidget::hideAllBtn()
{
    ui->pBnCrop->hide();
    ui->pBnrLeft->hide();
    ui->pBnrRight->hide();
    ui->pBnSave->hide();
    ui->pBnDiscard->hide();
    ui->pBnZoomIn->hide();
    ui->pBnZoomOut->hide();
}

void QtPicBrowserWidget::upCurrent()
{
    curIndex++;
    if(curIndex>=(itemCount-1)) return;         //超过图片个数返回
}

void QtPicBrowserWidget::downCurrent()
{
    curIndex--;
    if(curIndex<=0) return;
}
/*当前和上一个图片一起向右滑动*/
void QtPicBrowserWidget::moveRight(int x)
{
    if(curIndex<itemCount)
        items[curIndex]->setPos(viewWidth/2-picWidth/2+x,items[curIndex]->pos().y());
```

```cpp
    items[curIndex-1]->setPos(x,items[curIndex-1]->pos().y());
}
/*当前和下一张图片一起滑动*/
void QtPicBrowserWidget::moveLeft(int x)
{
    if(curIndex<itemCount)
    items[curIndex]->setPos(viewWidth/2-picWidth/2+x,items[curIndex]->pos().y());
    if(curIndex<(itemCount-1))
    items[curIndex+1]->setPos((viewWidth-picWidth+x),items[curIndex+1]->pos().y());
}

void QtPicBrowserWidget::slideLeft()
{
    if (TimeLineLeft.state() != QTimeLine::NotRunning)
        return;
    if(curIndex>=(itemCount-1)) return;
    TimeLineLeft.setFrameRange(0,-(viewWidth/2-picWidth/2));
    TimeLineLeft.start();
    items[curIndex]->setRotation(curIndex*5);
    items[curIndex+1]->setRotation(0);//下一张图片即将成为当前图片,不设置倾斜角度
}

void QtPicBrowserWidget::slideRight()
{
    if (TimeLineRight.state() != QTimeLine::NotRunning)
        return;
    if(curIndex<=0) return;
    TimeLineRight.setFrameRange(0, viewWidth/2-picWidth/2);  //设置起始和终止帧
    TimeLineRight.start();
    items[curIndex]->setRotation(curIndex*5);
    items[curIndex-1]->setRotation(0);
}

void QtPicBrowserWidget::OnRotateLeft()             //图片左旋90度
{
    items[curIndex]->translate(picWidth/2.0,picHeight/2.0);
    items[curIndex]->rotate(-90);
    items[curIndex]->translate(-picWidth/2.0,-picHeight/2.0);
}

void QtPicBrowserWidget::OnRotateRight()            //图片右旋90度
{
    items[curIndex]->translate(picWidth/2.0,picHeight/2.0);
    items[curIndex]->rotate(90);
    items[curIndex]->translate(-picWidth/2.0,-picHeight/2.0);
}
```

## 第1章 Qt基础控件使用

```
void QtPicBrowserWidget::OnZoomIn()                    //图像放大
{
    items[curIndex]->translate(picWidth/2.0,picHeight/2.0);
    items[curIndex]->scale(2,2);
    items[curIndex]->translate(-picWidth/2.0,-picHeight/2.0);
}

void QtPicBrowserWidget::OnZoomOut()                   //图像缩小
{
    items[curIndex]->translate(picWidth/2.0,picHeight/2.0);
    items[curIndex]->scale(0.8,0.8);
    items[curIndex]->translate(-picWidth/2.0,-picHeight/2.0);
}
```

在类QtPicBrowserWidget的析构函数里面，屏蔽掉对picitem的释放，添加对scene的释放语句"if(scene!=NULL){delete scene;scene=NULL;}"。在OnSaveClicked()和OnDiscardClicked()函数里面添加"ui->graphicsView->setAttribute(Qt::WA_TransparentForMouseEvents,true);"语句。在OnCropClicked()槽函数中屏蔽掉"rectitem->setPos(30,30);rectitem->setZValue(5);"，添加如下语句：

```
/*view自己处理鼠标事件*/
ui->graphicsView->setAttribute(Qt::WA_TransparentForMouseEvents,false);
rectitem->setZValue(itemCount);          //截图矩形区显示在所有图像的最上面
/*初始化截图矩形区显示的位置*/
rectitem->setPos(viewWidth*2/5+rectitem->rect().width()/2,
                 (viewHeight/2-picHeight/2+rectitem->rect().height()/2));
```

至此，伴随着图片浏览器的结束，本章的内容也将结束。然而对Qt这些控件的理解和使用，还远远没有结束。

# 第 2 章
# Qt 事件驱动机制

现在回过头来，看看每一个工程的 main.cpp 文件的内容是不是都是如下的模式：

```
QApplication app(argc,argv);
Ui 类对象 w;
w.show();
return app.exec();
```

app 对象负责启动 Qt GUI 程序的主事件循环，它从窗口系统接收并分发事件到具体的控件对象。我们一直没有讲 Qt 的事件机制，其实一直都在使用它，包括前面反复用到的那些鼠标事件。当鼠标单击移动或者键盘按键时都会产生相应的系统事件。这些事件会被封装成 QEvent（及其子类）类型的对象并被分发给具体的接收对象。例如鼠标事件会封装成 QMouseEvent，键盘事件封装成 QKeyEvent，然后由 QApplication::notify() 发送事件到接收者的 event() 函数进行事件处理，接着就会调用相应的事件处理器(event hander)来完成对该事件的处理。我们可以重载 event 函数来实现对事件处理的自定义，也可以重写事件处理器来完成特定的事件处理过程。Qt 也允许程序员自定义事件，通过 QCoreApplication::sendEvent() 或 QCoreApplication::postEvent() 来投递事件。看一下 QEvent 类的结构（只列出来了常用的要用到的），如下所示：

```
QEvent
├────QInputEvent
│       └────QKeyEvent
│       └────QMouseEvent
│       └────QWheelEvent
│       └────QContextMenuEvent
```

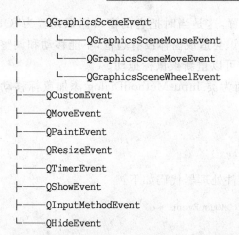

每一个 Qt 支持的事件都有一个事件 ID。QEvent::close 对应的 ID 是 19,对应的描述类是 QCloseEvent,对应的事件处理器是 closeEvent(QCloseEvent * e);QEvent::KeyPress 对应 ID 是 6,对应描述类是 QKeyEvent,对应的事件处理器是 keyPressEvent(QKeyEvent * e)……不一一举例了,读者可以通过帮助文档检索"enum QEvent::Type"来查看具体的事件 ID 和描述。这些事件都是 Qt 定义好的,当我们要自定义事件的时候,这个事件 ID 要定义在 QEvent::User(1000)～QEvent::MaxUser(65535)之间,小于 1 000 的事件 ID 被 Qt 系统保留。事件 ID 不能冲突。安全起见,可以用"int QEvent::registerEventType(int hint = -1)[static]"来注册自定义事件 ID。通过向这个函数传递一个自定义的 ID 值,如果该 ID 没有被注册,将返回这个 ID;如果被占用了,将返回一个合法的 ID。知道怎么定义自定义事件的 ID 了,还应该知道它对应的描述类是 QCustomEvent,对应的事件处理器是 customEvent(QEvent * e),才可以去实现自定义事件的处理。我们先来看看这些系统事件。

## 2.1 永具魅力的系统事件

Qt 系统事件里面,像 QKeyEvent、QMouseEvent 来自底层操作系统,属于自发事件,不需要程序员的干预,当有键盘或鼠标动作的时候这些事件就会通知 Qt 事件处理系统;而像 QTimerEvent、QPaintEvent 可以通过 Qt 自身来产生,自定义事件当然需要应用程序来产生。这些是事件的来源。

### 2.1.1 古老而常用的鼠标键盘事件

键鼠事件我们一直在用,还记得在 1.3.2 小节第 4 条目下写的那个输入法软键盘吧。现在再次进入工程文件夹 inputmethod,打开那个工程 LinuxQtInputMethod。运行时,在打开输入法软键盘的时候,当鼠标拖动这个软键盘时,它无法移动,一直赖在咱们给它安排的屏幕右下角的位置,这是当时把它的窗口标识设置为"Qt::FramelessWindowHint"造成的。这个标识会造成窗体没有边框,不能移动和调整大小。我们用鼠标事件来处理该问题,让它可以重新被鼠标拖动。

在头文件 inputmethoddialog.h 里面为类 InputMethodDialog 添加鼠标移动事件处理器。

```
protected:
    void mouseMoveEvent(QMouseEvent *);
```

在 inputmethoddialog.cpp 中添加事件处理器代码如下:

```
void InputMethodDialog::mouseMoveEvent(QMouseEvent * e)
{
    QPoint pos = e->pos();//获取鼠标单击位置的坐标(相对于软键盘窗体的坐标)
    QPoint gPos = this->mapToGlobal(pos);//把 pos 转为全局坐标(相对于屏幕坐标)
    move(gPos.x() - this->width()/2,gPos.y() - this->height()/2);//更新软键盘
                                                                  //的显示位置
}
```

试一下,输入法软键盘是不是可以拖动了?

接下来,再回头看看我们的输入法软键盘。必须依靠单击按钮"input method"才可以打开输入法,输入的时候也仅仅能够给 useinputdialog 的 lineedit 提供输入功能,这显然是满足不了实际需要的。一般情况下,输入法在具有输入焦点的位置可以自动打开,为该输入焦点提供输入功能;在没有输入焦点的位置输入法软键盘就隐藏。同时还应该提供一个快捷键来随时呼出或者隐藏输入法面板。完成这些功能,我们还需要上点"硬菜",先端菜后品菜,为工程 LinuxInputMethod 添加文件 inputmethodctx.h 和 inputmethodctx.cpp。

inputmethodctx.h 代码如下:

```
#ifndef INPUTMETHODCTX_H
#define INPUTMETHODCTX_H
#include <QInputContext>
#include "inputmethoddialog.h"
class inputMethodCtx:public QInputContext        //从 Qt 的输入法抽象类做继承
{
    Q_OBJECT
public:
    inputMethodCtx();
    ~inputMethodCtx();
    bool filterEvent(const QEvent * e);          //事件过滤器
    QString identifierName ();                   //返回输入法标识名
    bool isComposing () const;
```

## 第 2 章　Qt 事件驱动机制

```cpp
    QString language();
    void reset();
public slots:
    void getFocusWidget(QWidget * oldWidget,QWidget * newWidget);//获得输入焦点窗体
    void sendkey(QString key);                          //发送按键字符
private:
    QWidget * hasFocusWidget;
    InputMethodDialog * inputDialog;
};
#endif // INPUTMETHODCTX_H
```

inputmethodctx.cpp 代码如下：

```cpp
#include <QtGui>
#include <QDebug>
#include "inputmethodctx.h"

inputMethodCtx::inputMethodCtx()
{
    inputDialog = new InputMethodDialog;
    /*捕获输入焦点变化信号 focusChanged */
connect(qApp,SIGNAL(focusChanged(QWidget * ,QWidget * )),this,
                SLOT(getFocusWidget(QWidget * ,QWidget * )));
    /*捕获输入面板信号 sendKeyChar */
    connect(inputDialog, SIGNAL(sendKeyChar(QString)), this,SLOT(sendkey(QString)));
}

bool inputMethodCtx::filterEvent(const QEvent * e)
{
    if (e->type() == QEvent::RequestSoftwareInputPanel)     //需要打开输入面板事件
    {
        inputDialog->show();                                //显示软件输入面板
        return true;
    } else if (e->type() == QEvent::CloseSoftwareInputPanel)//关闭软键盘事件
    {
        inputDialog->hide();                                //隐藏输入面板
        return true;
    }else if(e->type() == QEvent::KeyPress)                 //按键事件
    {
        const QKeyEvent * key = static_cast<const QKeyEvent * >(e);
        /* "Ctrl+Space"组合键是打开或者隐藏输入面板的快捷键 */
        if(key->key() == Qt::Key_Space && (key->modifiers()&Qt::ControlModifier))
        {
```

```cpp
            if(inputDialog->isHidden())
                inputDialog->show();
            else
                inputDialog->hide();
        return true;
        }else return false;
    }
    return false;
}

void inputMethodCtx::sendkey(QString key)
{
    QKeyEvent *keyEvent;
    if(key=="DEL")                                      //如果单击了软键盘的"DEL"按钮
    {
    /*向输入焦点窗口发送退格键单击按键事件*/
    keyEvent = new QKeyEvent(QEvent::KeyPress,Qt::Key_Backspace, Qt::NoModifier);
    }else
    {
    /*发送按键字符*/
    keyEvent = new QKeyEvent(QEvent::KeyPress,key.data()->unicode(), Qt::NoModifier, key);
    }
    QApplication::sendEvent(hasFocusWidget, keyEvent);  //事件发送输入焦点窗体
}

void inputMethodCtx::getFocusWidget(QWidget *oldWidget, QWidget *newWidget)
{
    if(newWidget!=0 )
        hasFocusWidget = newWidget;                     //保存新的具有输入焦点的窗体指针
}

bool inputMethodCtx::isComposing() const
{
    return false;
}

QString inputMethodCtx::identifierName()
{
    return "LinuxQtISP";                                //输入法名称
}

QString inputMethodCtx::language()
```

```cpp
{
    if(inputDialog->getInputType() == 0)
        return QString("en_US");                    //英文
    return QString("zh_CN");                        //中文
}

void inputMethodCtx::reset()
{
}
inputMethodCtx::~inputMethodCtx()
{
    if(inputDialog)
    {
        delete inputDialog;                         //销毁输入面板
        inputDialog = NULL;
    }
}
```

在 inputmethoddialog.h 中添加代码：

```cpp
public slots:
    void getDelClicked(void);                       //按钮"DEL"关联的槽函数
public:
    int getInputType() const {return inputType;}    //返回当前软键盘的输入状态(中文或英文)
```

inputmethoddialog.cpp 添加代码：

```cpp
void InputMethodDialog::getDelClicked()
{
    if(inputType == 1)
        pyText->backspace();                        //中文输入状态,从 pyText 光标左边删除一个字符
    else emit sendKeyChar("DEL");                   //英文状态向外发送"DEL"字符串
}
```

在类 inputMethodDialog 构造函数中添加代码：

```cpp
connect(ui->pBndel,SIGNAL(clicked()),this,SLOT(getDelClicked()));
connect(ui->pBn0,SIGNAL(clicked()),this,SLOT(getKeyClicked()));
connect(ui->pBnxj,SIGNAL(clicked()),this,SLOT(getKeyClicked()));
```

在函数 CreateHzPanel() 的 for(index=0;index<10;index++) 循环里面，在初始化汉字面板的时候最后加上一条语句：

```cpp
hzPanel[index]->setFocusPolicy(Qt::NoFocus);   //按钮不接收焦点事件
```

在 main.cpp 中添加代码：

```
＃include "inputmethodctx.h"
inputMethodCtx * iCtx = new inputMethodCtx;
a.setInputContext(iCtx);//为 Qt 应用程序设置输入法
//再创建个 lineedit
QLineEdit test;
test.show();
```

运行工程,我们的输入法也可以给这个 test 提供输入字符了。输入焦点切换到另外一个 lineedit,输入法也可以弹出来了,也可以向它里面输入字符了,如图 2.1 所示。

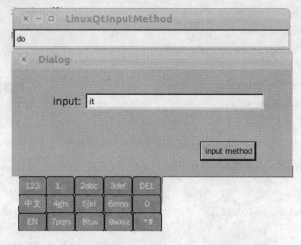

图 2.1　完善版输入法面板演示实例

至此我们的输入法就完美结束了。到这里,看着我们的成果,是不是觉得所有的付出都值得呀？Qt 事件处理的精彩还在后面,我们还要继续。

## 2.1.2　从定时器事件开始谈谈其他的系统事件

QTimerEvent 是 Qt 定时器事件描述类,对应的事件处理器是"void QObject∷timerEvent（QTimerEvent * event）"。定时器事件按规定的间隔发送事件给启动定时器的对象。调用"int QObject∷startTimer（int interval）"来启动定时器,其中 interval 是以毫秒为单位的定时间隔。如传递"1 000"则为 1s 定时器事件产生一次。成功启动定时器,会返回一个定时器 ID 来唯一标识该定时器,当需要时可以通过"QTimerEvent∷timerId()"来获取定时器的 ID,当不需要该定时器的时候可以通过"void QObject∷killTimer(int id)"来删除指定 ID 的定时器。QTimerEvent 和前面用到的 QTimer 功能相似,但是 QTimer 利用了信号而不是事件。Qt 还有一个类 QBasicTimer 可以产生定时器事件,这个是比 QTimer 更快速轻量和底层,感兴趣的读者可以自行去查阅一些该类的资料。

QCloseEvent 是 Qt 窗口关闭事件描述类,对应的事件处理器是"void closeEvent（QCloseEvent * event）"。当 Qt 接收到一个窗口关闭请求的时候就会调用该处理器，默认情况下会接收该关闭事件并关闭窗口。如果忽略该事件可以在事件处理器里面调用"void QEvent::ignore()"。一般在程序中如果有未完成的工作或者提示用户窗体即将关闭时，可以重载该事件处理器。

Qt 绘制事件描述类 QPaintEvent 和 Qt 上下文菜单描述类 QContextMenuEvent 在后面用到时再说。这节提到的事件会在后面编写卡拉 OK 歌词显示界面的时候进行实际操作，以弥补理论的空洞。

## 2.2 在特定需求下用户自定义的事件

Qt 实现自定义事件模式相对比较固定了，但凡以后需要，按照下面的模板做就可以了：

```
#define MYEVENTID   (QEvent::User+100)            //定义我们的事件 ID
int  myEventID = QEvent::registerEventType(MYEVENTID); //向系统申请自定义事件 ID
QEvent * myEvent = new QEvent(QEvent::Type(myEventID));  //创建事件对象
qApp-> sendEvent ( QObject * receiver, myEvent);      //发送自定义事件到接收对象
//或 postEvent ( QObject * receiver, myEventID);
```

sendEvent 直接发送事件给接收者。postEvent 会先把事件放置到事件队列里面，然后接收该事件的对象重写 customEvent（QEvent * event）来处理该事件：

```
void ReceiverObject:: customEvent ( QEvent * event )
{
  if(e->type() == MYEVENTID)                      //判断自定义事件是否产生了
  {
    //相应的事件处理代码
  }
}
```

利用自定义事件可以在两个对象间传递信息，通过一个对象发送事件到另一个对象的方式，双方可以实现通信。编程如果都如此精简该多好，从这点来看需要向 Qt 开发人员致敬！

## 2.3 写一个歌词如卡拉 OK 般滚动的界面

综合利用 Qt 的事件处理机制来写这个桌面歌词秀，最终效果如图 2.2 所示。

图 2.2　歌词桌面秀

歌词背景透明显示。右键在歌词显示区域单击会弹出一个上下文菜单,用来选择退出桌面歌词或者设置歌词显示的颜色。动手吧,创建工程目录 desktoplyrics,进入后,创建 3 个文件 qtdesktoplyrics.h、qtdesktoplyrics.cpp 和 main.cpp。qtdesktoplyrics.h 为桌面歌词显示界面的类定义。动手前,先看一下要解析的 lrc 歌词内容,选择了一首偶像汪峰的《硬币》,歌词内容如下:

```
[ti:硬币]
[ar:汪峰]
[al:笑着哭]
[by:LQGUI]
[00:06.02]汪峰-硬币-笑着哭
[00:16.80]除了阳光没有什么可以笼罩世界
[00:24.21]除了雨没有什么可以画出彩虹
[00:31.59]除了雪没有什么可以洁白大地
[00:39.19]除了风没有什么可以吹动树叶
[00:47.51]你有没有看到自己眼中的绝望
[00:53.95]你有没有听见痛彻心肺的哭声
[01:01.72]你有没有感到心如花朵般枯萎
[01:09.11]你有没有体验到生命有多无可奈何
[01:17.00]除了你没有什么可以让我眷恋
[01:24.49]除了悲伤没有什么可以值得忘却
[01:32.16]除了宽容没有什么可以让你释怀
[01:39.49]除了爱没有什么可以改变生命
[02:17.38][01:47.10]你有没有看见手上那条单纯的命运线
[02:25.38][01:54.72]你有没有听见自己被抛弃后的呼喊
[03:05.05][02:01.84]你有没有感到也许永远只能视而不见
[03:12.49][02:09.67]你有没有扔过一枚硬币选择正反面
[03:20.42]
```

注意分析这个文件的内容,我们的任务就是把这个 lrc 文件里面的歌词检索出来,根据每句歌词前面给出的时间点(方框内的内容)来播放出对应的歌词。每句歌词的持续时间则通过上下两句歌词时间点的差值求出。有了要显示的歌词,也有了歌词持续的时间,剩下的就是在持续时间内推动歌词如卡拉 OK 般滚动显示就可以了。qtdesktoplyrics.cpp 是具体实现代码。main.cpp 为测试代码。qtdesktoplyrics.h 代码及解析如下:

```
#ifndef QTDESKTOPLRRICS_H
#define QTDESKTOPLRRICS_H

#include <QLabel>
#include <QTimer>
#include <QAction>
```

# 第 2 章 Qt 事件驱动机制

```cpp
#include <QContextMenuEvent>
#include <QHash>
#include <QMenu>
#include <QCloseEvent>
class QtDesktopLyrics :public QLabel
{
    Q_OBJECT
public:
    QtDesktopLyrics(QWidget * parent = 0);
    ~QtDesktopLyrics();
public slots:
    void displayLrc(int time);           //显示歌词
    void updateLrcWidth();               //更新歌词显示宽度
    void getCurPlayTime();               //获取当前播放时间
    void getActionTrigger();             //菜单项单击槽函数
public :
    int  parseLrc(QString str);
    int  setLrc(QString lrcName);
    void setPlay();
    void createCtxMenu();
private:
    struct lrcinfo
    {
    int duration;                        //记录一条歌词的持续时间
    QString lrc;                         //记录一条歌词的内容
    };
    QMap<int, QString> * lrcmap;
    QHash<int,lrcinfo> * lrchash;
    enum Qt::GlobalColor lyricsColor;    //歌词显示颜色
    QRegExp regExp;                      //检索歌词时间内容
    quint64 ticker;                      //记录播放进度
    int onewordWidth;
    QAction * blueAct;                   //对应蓝色天空菜单项
    QAction * greenAct;                  //绿色海洋
    QAction * redAct;                    //红色世界
    QAction * exitAct;                   //关闭歌词秀菜单项
    QMenu * ctxMenu;                     //右键单击弹出的菜单
    QTimer * playingTimer;               //播放定时器
    QTimer * lrcTimer;                   //更新歌词显示宽度定时器
    qreal length;
    qreal lrcWidth;                      //卡拉 OK 歌词显示宽度
protected:
```

```cpp
    void paintEvent(QPaintEvent *);
    void contextMenuEvent(QContextMenuEvent * ev);
    void closeEvent(QCloseEvent * e);
};

#endif // QTDESKTOPLRRICS_H
```

Qtdesktoplyrics.cpp 代码及解析如下:

```cpp
#include <QFile>
#include <QTextCodec>
#include <QPainter>
#include <QMessageBox>
#include <QRegExp>
#include <QApplication>
#include <QDesktopWidget>
#include <QDebug>
#include "qtdesktoplyrics.h"

QtDesktopLyrics::QtDesktopLyrics(QWidget * parent)
    :QLabel(parent)
{
    this->setWindowFlags(Qt::FramelessWindowHint| Qt::WindowStaysOnTopHint);
    int deskwidth = QApplication::desktop()->width();
    int deskheight = QApplication::desktop()->height();
    setGeometry(100,deskheight-50,deskwidth-200,50);     //设置歌词秀显示位置
    QTextCodec::setCodecForCStrings(QTextCodec::codecForName("gb18030"));
    QTextCodec::setCodecForTr(QTextCodec::codecForName("gb18030"));
    this->setWindowTitle("LinuxQtLrcDisplayer");
    this->setAttribute(Qt::WA_TranslucentBackground);    //背景透明
    this->setCursor(Qt::OpenHandCursor);                 //设置鼠标显示形状

    lrcmap = new QMap<int, QString>();
    lrchash = new QHash<int,lrcinfo>;
    lrcTimer = new QTimer;
    playingTimer = new QTimer;
    lrcWidth = 0;
    lyricsColor = Qt::green;
    ticker = 0;

    connect(lrcTimer,SIGNAL(timeout()),this,SLOT(updateLrcWidth()));
    connect(playingTimer,SIGNAL(timeout()),this,SLOT(getCurPlayTime()));

}
```

# 第 2 章　Qt 事件驱动机制

```cpp
/*创建在歌词秀上单击右键弹出的菜单*/
void QtDesktopLyrics::createCtxMenu()
{
    exitAct = new QAction(trUtf8("exit(&E)"),this);
    blueAct = new QAction(trUtf8("蓝色天空"),this);
    greenAct = new QAction(trUtf8("绿色海洋"),this);
    redAct = new QAction(trUtf8("红色世界"),this);

    connect(exitAct,SIGNAL(triggered()),this,SLOT(close()));  //单击关闭歌词秀
    connect(blueAct,SIGNAL(triggered()),this,SLOT(getActionTrigger()));
    connect(greenAct,SIGNAL(triggered()),this,SLOT(getActionTrigger()));
    connect(redAct,SIGNAL(triggered()),this,SLOT(getActionTrigger()));

    ctxMenu = new QMenu;
    QMenu * menuLevel2 = ctxMenu->addMenu(trUtf8("设置歌词颜色"));
    menuLevel2->addAction(blueAct);
    menuLevel2->addAction(redAct);
    menuLevel2->addAction(greenAct);
    ctxMenu->addAction(exitAct);
    QPoint pos = QCursor::pos();
    pos.setY(pos.y() - ctxMenu->sizeHint().height()/2);
    ctxMenu->exec(pos);                                      //在指定位置弹出菜单

    delete ctxMenu;
    delete exitAct;
    delete blueAct;
    delete greenAct;
    delete redAct;
}
/*上下文菜单事件处理器实现*/
void QtDesktopLyrics::contextMenuEvent(QContextMenuEvent * ev)
{
    createCtxMenu();                                         //创建弹出菜单
}
/*重写关闭事件处理器*/
void QtDesktopLyrics::closeEvent(QCloseEvent * e)
{
    /*弹出询问对话框,提示用户是否真的要退出歌词秀*/
    QMessageBox::StandardButton sb =
            QMessageBox::question(NULL, trUtf8("LinuxQtLrcDisplayer"),
                        trUtf8("关闭桌面歌词吗?"),
                        QMessageBox::Yes|QMessageBox::No, QMessageBox::Yes);
    if(sb == QMessageBox::Yes) e->accept();//如果用户单击了"yes"按钮,则处理事件,退出
```

```
        else e->ignore();                              //否则忽略该事件
}

void QtDesktopLyrics::getActionTrigger()               //设置歌词显示颜色
{
    QAction *ac = (QAction *)qobject_cast<QAction *>(sender());

    if(ac == blueAct)
    {
        lyricsColor = Qt::blue;
    }else if(ac == redAct)
    {
        lyricsColor = Qt::red;
    }else if(ac == greenAct)
    {
        lyricsColor = Qt::green;
    }
    this->update();                                    //重绘界面,使修改的颜色立即生效
}
/*设置歌词路径并解析lrc歌词文件*/
int  QtDesktopLyrics::setLrc(QString lrcName)
{
    this->setText("LinuxQtLrcDisplayer");//切换歌词时,歌词秀界面暂时显示
                                         //LinuxQtLrcDisplayer
    if(lrcTimer->isActive()) lrcTimer->stop();
    if(playingTimer->isActive()) playingTimer->stop();

    if(lrcmap == NULL||lrchash == NULL) return -1;
    if(!lrcmap->isEmpty()) lrcmap->clear();
    if(!lrchash->isEmpty()) lrchash->clear();
    if(parseLrc(lrcName)) return -1;          //调用 parseLrc 解析歌词文件

    QMapIterator<int ,QString> i(*lrcmap);//遍历lrcmap检索到歌词内容及出现的
                                         //时间点
  int curtime = 0;
  int nextTime = 0;
    struct lrcinfo lrcinfo;                  //歌词信息
    while (i.hasNext())                      //还有条目
    {
      i.next();
      curtime = i.key();                     //取得当前歌词时间点
      nextTime = i.peekNext().key();         //取得下句歌词出现的时间点
```

```cpp
        int last = nextTime - curtime;          //两者之差就是当前歌词的持续时间
        if(last<0) break;
        lrcinfo.duration = last;                //记录歌词持续时间
        lrcinfo.lrc = i.value();                //记录歌词内容
        lrchash->insert(curtime,lrcinfo);       //存储歌词信息到 lrchash,QHash
                                                //比 QMap 检索速度更快
    }
    /*最后每句歌词的内容和持续时间都存储在了 lrchash 里面了*/
    ticker = 0;
    return 0;
}

int QtDesktopLyrics::parseLrc(QString str)
{
    QFile file(str);
    if(!file.open(QIODevice::ReadOnly|QIODevice::Text))    //打开歌词文件
    {
    qDebug()<<"Failed to open file";
    return -1;
    }
    regExp.setPattern("\\[(\\d{1,2}):(\\d{1,2}).\\d{1,2}\\]");//匹配每句歌词前面
                                                             //方框内的时间

    int matchpos = 0;
    while(!file.atEnd())
    {
        QByteArray lrcArray = file.readLine();
        QString lrcString = QString(lrcArray.data());
        int pos = 0;
        matchpos = 0;
        QStringList timelist;
        /*有的歌词会重复唱,所以它前面会有大于一个的方框来指示出现的时间位置。
            把这些时间点都要找出来,例如前面《硬币》歌词"[02:25.38][01:54.72]
            你有没有听见自己被抛弃后的呼喊",分别在 1 分 54 秒和 2 分 25 秒出现
        */
        while((pos = regExp.indexIn(lrcString,pos))!= -1)    //匹配到了歌词时间
        {
            int timepos = regExp.cap(1).toInt() * 60 + regExp.cap(2).toInt();
                                                //取得对应的分钟和秒
            timelist<<QString::number(timepos);  //把兑换成秒的 timepos 存储起来
            pos += regExp.matchedLength();       //更改 pos 位置,接着往下匹配
            matchpos = pos;                      //记录匹配到的位置
```

```cpp
        }
        if(matchpos == 0) continue;              //如果没有匹配到,则继续读取歌词文件
        lrcString = lrcString.mid(matchpos).trimmed();//取出去除时间框内容的歌词内容
        /*碰到歌手和歌迷互动或者歌手在飙高音不停时,就会只有时间,没有歌词。
          我们的歌词秀进入广告时间,暂时用我们的logo,LinuxQtLrcDisplayer替代显示
        */
        if(lrcString.isEmpty()) lrcString = "LinuxQtLrcDisplayer";

        for(int i=0;i<timelist.size();i++)
        {
            lrcmap->insert(timelist.at(i).toInt(),lrcString);
                                    //把歌词出现的时间及歌词内容存在lrcmap里面
        }
    }
    file.close();
    return (matchpos == 0)?(-1):(0);             //成功解析返回0,失败返回-1
}

void QtDesktopLyrics::setPlay()                  //模拟播放器开始播放音乐文件
{
    playingTimer->start(1000);                   //启动播放定时器,1 s溢出一次
}

void QtDesktopLyrics::getCurPlayTime()           //playingTimer溢出
{
    displayLrc(ticker);                          //显示当前播放进度对应的歌词
    ticker++;                                    //递增播放进度
}

void QtDesktopLyrics::displayLrc(int time)
{
    if(lrchash->contains(time))                  //当前播放进度位置有歌词对应
    {
        this->setText(lrchash->value(time).lrc); //显示该歌词内容
        lrcWidth = 0;                            //歌词宽度重置为0
        int duration = lrchash->value(time).duration*1000;//取得歌词持续时间
        int textlen = text().length()*4;         //把歌词长度扩大4倍
        lrcTimer->start(duration/textlen);//启动定时器,定时更新卡拉OK,显示歌词宽度
    }
}

void QtDesktopLyrics::updateLrcWidth()
{
```

第 2 章　Qt 事件驱动机制

```
    /* rcTimer 每次溢出,歌词显示宽度增加 1/4 长度
       相当于分 4 次显示完歌词中的 1 个字
    */
    lrcWidth += onewordWidth/4;
    update();                                           //更新卡拉 OK 歌词进度显示
}

void QtDesktopLyrics::paintEvent(QPaintEvent *)         //绘制事件处理器
{
    QPainter painter(this);
    painter.setRenderHints(QPainter::Antialiasing | QPainter::TextAntialiasing);
    QFont font("Times",30,QFont::Bold);                 //设置歌词显示字体
    painter.setFont(font);
    painter.setBrush(QBrush(lyricsColor));              //用指定的颜色设置画刷
    painter.setPen(Qt::NoPen);
    QPainterPath textPath;
    int h = painter.fontMetrics().height();             //取得当前字体高度
    int x = this->width()/2 - painter.fontMetrics().width(text)/2;
    int y = (this->height() - (h))/2;
    textPath.addText(x,y + painter.fontMetrics().ascent(),font,text);
    painter.drawPath(textPath);                         //绘制完整的一句歌词
    length = painter.fontMetrics().width(text);//计算出当前整句歌词的字体宽度
    onewordWidth = painter.fontMetrics().width("中");//获取一个汉字的字体宽度给
                                                        //updateLrcWidth 用
    painter.setPen(Qt::yellow);                         //唱过的歌词显示的颜色
    painter.drawText(x,y,lrcWidth,h,Qt::AlignLeft,text));//绘制卡拉 OK 显示的歌词
}

QtDesktopLyrics::~QtDesktopLyrics()
{
    delete lrcmap;                                      //养成好的习惯,注意回收资源
    delete lrchash;
    delete lrcTimer;
    delete playingTimer;
}
```

main.cpp 代码如下所示:

```
#include <QtGui/QApplication>
#include <qtdesktoplyrics.h>

int main(int argc, char *argv[])
{
    QApplication a(argc, argv);
```

```
    QtDesktopLyrics w;                          //歌词秀对象
    w.setLrc(QObject::trUtf8("硬币.lrc"));      //设置待显示的歌词
    w.setPlay();                                //播放
    w.show();
    return a.exec();
}
```

在编写完代码后,抽空考虑一个问题:"在这个项目案例里,用了哪些事件?"。回头去数数吧,这些都是在实际使用中会经常碰到的事件。

# 第 3 章

# Qt 编程两件套：多进程和多线程

田震有首歌曲不是唱到，"不管编程语言如何变换，编程 SDK 如何改变，多进程多线程编程永远在我心间，要想超越这平凡的生活，这两位江湖大佬你必须对它们保持内心的狂热"，由此可见，多进程和多线程在编程道上的重要地位。接下来让我们来认识一下 Qt 世界里面的这两位大佬。

## 3.1 看 Qt 程序是怎样和其他进程打交道的

在 Linux 系统里面，进程和进程之间通信交互数据，可以有很多方法，Qt 程序也可以搭上这些通信机制来和其他进程通信。Linux 下面的 socket 通讯在 Qt 程序里面也可以直接使用，当然这样经典的通信机制，Qt 又做了类的封装。另外 QtDBus 模块可以方便地使用 D-Bus 总线与用户程序或者内核程序通信，也可以使用 QSharedMemory 来用共享内存通信机制。Qt 的类 QProcess，用它可以方便地启动第三方应用程序并与之通信，非常方便，值得我们着重学习。

### 3.1.1 利用 QProcess 让第三方应用程序为我所用

通过 QProcess 的 start 接口可以启动外部程序。成功启动外部程序后，QProcess 把外部进程看成一个有序的 I/O 设备，可以通过 write()函数实现对进程标准输入的写操作，通过 read()、readLine()和 getChar()函数实现对进程标准输出的读操作，这一点就如同 socket 通信一般。通俗来说就是 QProcess 启动了第三方程序，如果这个第三方程序需要从键盘得到输入，那么就可以调用 write 函数向它输入数据，就相当于敲键盘了；如果第三方程序有 printf 输出信息到屏幕上，调用 read 就可以读到这些信息。

看看 QProcess 的 start 接口,有两个。

(1) void    start (const QString & program, const QStringList & arguments,
            OpenMode mode = ReadWrite)
(2) void    start (const QString & program, OpenMode mode = ReadWrite)

要调用"ls"这个 Linux 下查看目录内容的指令,代码可以这样写:

```
QProcess p;// 创建对象
QStringList args;
args<<"-l"<<"-h";
p.start("ls",args);   //调用 1 号 start 接口,传递了程序名,程序运行参数
p.start("ls - l - h");//调用 2 号 start 接口,直接传递了程序名和运行参数,用空格间隔
```

如果用"ls"查看一个具体文件("ab")的信息,注意这个文件名中包含了空格,那么这个时候,用 1 号 start 接口通过 QStringList 传递参数比较方便。

```
QStringList args;
args<<"-l"<<"-h"<<"a b";
p.start("ls",args);
```

如果用 2 号 start 就要这样写了:

```
p.start("ls - l - h \"a b\"");//用引号把文件名"a b"括了起来
```

进程是否启动,可以通过捕获下面的信号来感知:

```
//进程启动发送的信号
void QProcess::started () [signal]
// 启动失败发送的信号,参数 error 指明出错的原因
void QProcess::error ( QProcess::ProcessError error ) [signal]
```

started 和 error 信号的发送有时候会有延迟,可以通过"bool QProcess::waitForStarted ( int msecs＝30 000 )"来阻塞调用者进程直到被启动的进程启动、started 信号发射或者到达了 msecs 指定的超时时间。如果超时或启动失败,waitForStarted 返回 false;成功启动进程则返回 true。

一般在 start 之后可以加上这个语句来观察进程启动成功与否,代码片段如下:

```
p.start("ls",args);
if(! p.waitForStarted(2 000))
        QMessageBox::warning(this,"warn"," Failed to start process!");//启动失败弹出框
    else
        QMessageBox::warning(this,"warn"," Successful start process!");//成功启动弹出框
```

成功启动了"ls"进程后,ls 会往标准输出上面输出目录内的文件信息,主进程可以通过捕获信号"void QProcess::readyReadStandardOutput () [signal]"来读取这些信息,模板语句如下:

```
connect(&p,SIGNAL(readyReadStandardOutput()),this,SLOT(readdata()));//关联信号
int readdata() //readdata 槽函数读取"ls"输出内容
{
 QByteArray recdata = p.readAllStandardOutput();
 //用 p.read()或 p.readAll()接口读取也行
}
```

QProcess 还提供了几个静态成员函数,供我们直接使用,用来启动外部程序,如下:

```
int      execute (const QString & program, const QStringList & arguments)
int      execute (const QString & program)
bool startDetached (const QString & program, const QStringList & arguments, const
                QString & workingDirectory, qint64 * pid = 0)
bool     startDetached (const QString & program, const QStringList & arguments)
bool     startDetached (const QString & program)
```

和 start 不同,调用 execute 启动进程会等待该进程运行结束,如果启动失败 execute 返回 -2,进程崩溃返回 -1,其他情况下返回进程退出码。startDetached 启动的进程可以脱离主进程独立运行。前面用 start 启动的 ls 进程,如果不需要和主进程交互信息,可以直接这样写"QProcess::execute("ls-l-h");"也可以完成对 ls 的调用。当进程运行结束时会发送"void QProcess::finished ( int exitCode, QProcess::ExitStatus exitStatus )"信号。exitCode 是带回来的退出码;exitStatus 指定退出状态(QProcess::NormalExit/QProcess::CrashExit)。QProcess 常用的方法和信号的理论终于介绍完了,后面我们就要去实际用一下了。

## 3.1.2　execvp 或 system 和无名管道搭档

给大家看一下其他的函数,在 Qt 里面可以直接用来启动第三方程序,这些是 POSIX 标准的一套接口,有兴趣的读者关注一下。

```
int execl(const char * path, const char * arg, ...);
int execlp(const char * file, const char * arg, ...);
int execle(const char * path, const char * arg,..., char * const envp[]);
int execv(const char * path, char * const argv[]);
int execvp(const char * file, char * const argv[]);
int system(const char * command);
```

用这些接口执行外部程序,可以这么写:

```
system(ls-l-h);
char * argv[] = {"ls","-l",(char *)NULL};
execvp("ls",argv);
execlp("ls","ls","-l",(char *)0);
```

另外需要注意的是,当父进程执行 exec 函数簇中的一个函数后,父进程的代码段、数据段、堆和栈完全替换为新程序。新程序从其 main()函数开始执行。因为调用 exec 的函数并不创建子进程,执行前后进程的 PID 不变,通常在运行这些函数之前通过 fork()的得到一个子进程,在子进程里面运行这些函数,然后可以通过管道来实现父子进程之间的通信。system 函数本身就是"fork + exec"的组合,其原理是在当前进程中 fork()的一个子进程,并在子进程中调用 exec。因而在 Qt 里面我们可以直接使用 system 函数,要用到 exec 那些函数,我们一般得这么写(仍然以调用 ls 为例):

```
#include<unistd.h>            //在 Qt 里面括进来头文件,pipe/fork/dup2 需要的头文件
#include<sys/types.h>         //waitpid 需要的头文件
#include<sys/wait.h>          //waitpid 需要的头文件
    pid_t pid;
    int pfds[2];
    char recBuf[1024];

    if(::pipe(pfds)<0)          //创建管道
    {
        qDebug("Faile to call pipe() \n");
        return ;
    }
    if((pid = fork())>0)        //创建进程,如果是父进程
    {
        ::close(pfds[1]);        //关闭管道写端
        memset(recBuf,0,sizeof(recBuf));
        ::read(pfds[0],recBuf,1024);    //从管道读端读取子进程传递的数据
        qDebug("read data is % s\n",recBuf);  //数据处理
        ::close(pfds[0]);
        waitpid(pid,NULL,0);     //等待子进程退出
    }
    else if(pid == 0)            //如果是子进程
    {
        ::close(pfds[0]);        //关闭管道读端
        ::dup2(pfds[1],STDOUT_FILENO);  //重定向标准输出到管道的写端
        char * argv[] = {"ls","-l",(char *)NULL};
        execvp("ls",argv);//执行 ls,相当于向管道写入了 ls 指令执行结果的数据
        ::close(pfds[1]);
        ::exit(0);
    }else if(pid<0)              //创建进程失败
            qDebug()<<"Failed to call fork()";
```

通过上面的演示,熟悉 Linux C 编程的读者也可以轻松地写出 Qt 的多进程程序了,即使不懂也不想懂 QProcess。在下面将给大家提提 Linux 系统下其他的进程通

信机制,需要的时候拿出来为 Qt 程序所用即可。

## 3.1.3 Qt 中使用消息队列、共享内存等进程通信机制

Linux 下面经典的进程间通信方式当属于信号、共享内存、管道和消息队列了。在 3.1.2 小节,我们也用到了管道 pipe,消息队列相比于管道,则具有更大的灵活性。消息有特定格式和特定优先级,多个进程可以从消息队列里面取走或者添加消息。传递给消息队列的消息的数据类型可以定义为如下的结构:

```
struct msgbuf
{
  long mtype;                //消息类型
  char mtext[0];             //消息内容,定义成零长数组,该内容长度是可变的
};
```

通过为传递的消息指定不同的消息类型(避免出现自发自收现象),可以实现两个进程之间的双向通信。正是因为消息类型的存在,使得进程从消息队列里面有选择地提取消息成为一种可能。在实际使用的时候可以把消息的数据类型定义的更复杂一些,来满足特殊的需要,比如下面的结构:

```
struct msgbuf
{
  long mtype;                //消息类型
  int index;                 //消息内容
  struct mystruct str;       //消息内容
  int time;                  //消息内容
};
```

足够灵活吧,但是 Linux 会对这个结构有大小的限制。在"linux/msg.h"头文件里面(文件内容在不同的 Linux 发行版中有区别,我用的是 ubuntu 11.10),可以看到如下宏定义:

```
#define MSGMNI    16        //系统中同时运行的消息队列的最大个数(缺省值)
#define MSGMAX    8192      //消息数据结构 msgbuf 占用的最大字节数
#define MSGMNB    16384     //一个消息队列中可以存储消息的最大字节数
```

在具体使用过程中,要注意这些限制。如果一个消息的大小是 8K,要在消息队列里面同时存储 100 个消息,就要调整 MSGMNB 为(8K * 100)来满足需要,一般还可以通过修改"/proc/sys/kernel"下面的文件"msgmni/msgmax/msgmnb"来调整。

知道了消息的定义,就如同知道了写信的格式;知道了消息定义的限制,就如同知道了信纸的大小。最多把信纸写满内容,信写好了,接着就要去邮局了吧,让邮局帮你派发到接收人就可以了。在程序这里,就要开始创建消息队列了,所幸创建消息队列比在现实中开个邮局省事多了,调用"int msgget(key_t key, int msgflg);"就可

以了。程序里的世界对程序员来说就如同童话世界一般,程序员在这里可以指点江山,游刃有余。来看这个 API,需要向它传递两个参数,其中参数类型为 key_t 的参数 key 是消息队列对外的名称。当我们用 msgget 创建一个消息队列的时候,该函数返回一个类似文件描述的非负整数,这个整数称为消息队列的标识符,也是其内部名。就如同文件的读写接口需要用到文件描述符一样,利用消息队列进行消息的收发需要用到这个标识符。key(键)是为了让多个进程可以在同一个消息队列上进行会话而设计的,如果消息队列存在,进程可以根据该 key 调用 msgget 来得到消息队列的标识符,拿到了这个标识符,进程间就可以利用消息队列收发消息通信了。这个 key 一般可以通过"key_t ftok(const char * path,ind id);"来产生,参数 path 指定为一个存在的路径,id 只采用它的低 8 位(1~255 之间)来结合为键值。这样只要 path 和 id 固定,那么不同进程用 ftok 得到的键值就是不变的。有了 key 再看 msgflg,在"/linux/ipc.h"头文件里面可以看到它常用的取值:

```
#define IPC_CREAT    00001000    /* create if key is nonexistent */
#define IPC_EXCL     00002000    /* fail if key exists */
```

IPC_CREAT 用来指定创建一个新的消息队列,当 IPC_EXCL 和 IPC_CREAT 配合使用,指定 key 对应的消息队列已经存在的时候会返回 EEXIST 错误。调用 msgget 可以返回与指定 key 关联的消息队列标识符。当 key 指定为 IPC_PRIVATE 或者指定的 key 未被其他消息队列占用时,同时 msgflg 指定为 IPC_CREAT,则 msgget 可以创建一个新的消息队列。反之当 key 对应的消息队列已经存在,msgflg 没有指定 IPC_EXCL 的时候,msgget 返回这个存在的消息队列的标识符,供 msgsnd/msgrcv 使用。msgflag 低位设置该消息队列的访问权限,其语法格式和 open()接口的 mode 参数一致。消息队列不用执行权限,如果创建的消息队列对"user/group/other"组用户都有读写权限,则 msgflg 可以或上(0666),接下来看看消息队列发收消息的接口:

```
#include <sys/types.h>
#include <sys/ipc.h>
#include <sys/msg.h>
int msgsnd(int msqid, const void * msgp, size_t msgsz, int msgflg);
```

功能:
向队列尾端添加一条消息。
参数:
    msqid  消息队列的标识符,就是通过 msgget 得到的那个整形值。
    msgp  指向进程要发送的消息结构体的指针,也就是要传递的消息(消息类型和消息内容)。
    msgsz  发送的消息内容的长度(不含消息类型)。

## 第3章 Qt编程两件套：多进程和多线程

msgflg 用来控制函数行为的标志；取 0 值忽略标志，取 IPC_NOWAIT，如果消息队列已满或消息队列里面的消息总数等于系统限制的数值或消息队列里面的字节总数等于系统限制值，则 msgsnd 出错返回 EAGAIN。发送时候不指定 IPC_NOWAIT 则进程阻塞直到消息可以有空间被写入或消息队列被删除或进程被信号中断。如果消息队列被删除，msgsnd 返回 EIDRM，被信号中断则返回 EINTR。

返回值：
成功返回 0，失败返回 −1，并置 errno 错误码为如下的一个值：
EACCES       进程对该消息队列没有写权限。
EFAULT       发送数据指针 msgp 无效。
EINVAL       消息队列标识符无效或消息类型为负值或者发送消息内容长度无效。
ENOMEM       系统内存不足。
EAGAIN/EIDRM/EINTR    描述如前面 msgflg 参数的解释。

ssize_t msgrcv(int msqid, void * msgp, size_t msgsz, long msgtyp, int msgflg);

功能：
从消息队列提出一条消息，并不一定从队列头取消息。
参数：
msqid    消息队列的标识符，就是通过 msgget 得到的那个整形值。
msgp     指向进程要用来接收该消息的消息结构体的指针。
msgsz    要接收消息内容的长度(不含消息类型)。
msgtyp   指定要接收消息的类型。msgtyp=0，接收消息队列中的第一个消息；msgtype>0，接收消息队列中消息类型为 msgtyp 的第一个消息，如果下一个参数 msgflg 指定为 MSG_EXCEPT，则接收消息类型不等于 msgtyp 的第一个消息；msgtyp<0，则接收消息类型小于或者等于 msgtyp 绝对值的最小消息类型的消息。
msgflg   可以是如下值"或"在一起：
         IPC_NOWAIT 指定读取的消息类型不存在函数立即返回，并设置 errno 为 ENOMSG。如果不指定该值，没有指定类型的消息可读的时候，进程将阻塞直到指定类型的消息存在或消息队列被删除(置 errno 为 EIDRM)或进程被信号中断(置 errno 为 EINTR)。需要注意的是，当 msgrcv 被中断处理函数打断，它不会自动重启。需要在安装信号处理器的时候为信号的选项标志(sa_flags)指定 SA_RESTART 标志，以便 msgrcv 被中断打断后可以自动重启。
         MSG_EXCEPT 见参数 msgtyp 里面的描述。

MSG_NOERROR 截断超过 msgsz 参数指定长度的消息内容。

返回值：

成功返回实际接收到的消息内容的长度，失败返回 -1，并置 errno 错误码为如下的一个值：

E2BIG  msgflg 未指定 MSG_NOERROR，但接收到的消息内容大于 msgsz 指定的值时，返回该错误码。

EACCES  进程对该消息队列没有读权限。

EAGAIN  当 msgflg 没有指定 IPC_NOWAIT，消息队列又无可用的消息时，设置该错误码。

EFAULT  接收数据指针 msgp 无效。

EINVAL  消息队列标识符无效或 msgsz 为负值。

ENOMSG/EIDRM/EINTR  描述如前面 msgflg 参数的解释。

再坚持一下，我们讲完最后一个接口后就开始在 Qt 里面用消息队列写一个进程间通信的程序。事情都是有始有终的，有 msgget 创建消息队列，就应该有方法从内核中删除该队列。

```
int msgctl(int msqid, int cmd, struct msqid_ds * buf);
```

功能：

ctl 就是 control。在 Linux 中它出现频度非常高。msgctl 就是用来控制消息队列行为的接口。

参数：

msqid  消息队列的标识符。

cmd  控制消息队列行为的命令码。

IPC_STAT  获取消息队列对应的 msqid_ds 结构，存放在参数 buf 指定的位置。

IPC_SET  将 buf 指向的值写入到 msqid_ds 对应的值，可以修改 msqid_ds 下面的字段 msg_qbytes/msg_perm.uid/msg_perm.gid/msg_perm.mode，但是进程的用户 ID 要等于 msg_perm.uid 或 msg_perm.cuid 才可以修改这些值。msg_qbytes 只能被超级用户修改，这些字段的作用见 buf 参数的描述。

IPC_RMID  超级用户或者消息队列的创建者或者拥有者可以用该 cmd 删除消息队列，并唤醒所有的读写进程。

buf  每个消息队列都对应一个 msqid_ds 结构，它规定消息队列的当前状态。在"linux/msg.h"头文件里面可以找到 buf 类型的定义，注释已经够详细了，在这里不做赘述了。

```
struct msqid_ds {
```

```
struct ipc_perm msg_perm;
struct msg * msg_first;          /* first message on queue, unused   */
struct msg * msg_last;           /* last message in queue, unused    */
__kernel_time_t msg_stime;       /* last msgsnd time */
__kernel_time_t msg_rtime;       /* last msgrcv time */
__kernel_time_t msg_ctime;       /* last change time */
unsigned long  msg_lcbytes;      /* Reuse junk fields for 32 bit */
unsigned long  msg_lqbytes;      /* ditto */
unsigned short msg_cbytes;       /* current number of bytes on queue */
unsigned short msg_qnum;         /* number of messages in queue */
unsigned short msg_qbytes;       /* max number of bytes on queue */
__kernel_ipc_pid_t msg_lspid;    /* pid of last msgsnd */
__kernel_ipc_pid_t msg_lrpid;    /* last receive pid */
};
```

返回值：

成功返回 0，失败返回 −1，并置 errno 为如下值：

EACCES    cmd 取值 IPC_STAT，但进程无读取权限。

EFAULT    cmd 取值 IPC_SET 或 IPC_STAT，但 buf 地址无效。

EIDRM     无效的 cmd 或 msqid。

EINVAL    消息队列标识符无效或消息类型为负值或者发送消息内容长度无效。

EPERM     cmd 取值 IPC_SET 或 IPC_RMID，但进程的用户 ID 不是该消息队列的创建者或者拥有者，也不是超级用户时，返回该错误码。

我们在 Qt 端创建一个消息队列做服务器端，等待接收用 Linux C 写的客户端程序发送数据。服务器收到数据后，变换消息类型，给客户端一个回复消息，来实现双方通信。

创建工作目录 usemsgqueue。进入目录后启动 Qt Creator，创建基于 QDialog 的工程 usemsgqueue，类名为 UseMsgQueueDialog，界面布局如图 3.1 所示。一个 lineEdit 用来显示接收到的消息内容，按钮"create queue"用来创建消息队列，同时接收和发送消息。这些操作本不应该放在按钮的槽函数中，在线程或者在定时器处理函数里面处理比较好。线程还没有学，等学了之后读者自行改善吧。

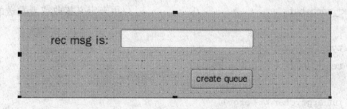

图 3.1　消息队列使用实例界面

按钮槽函数内容如下：

```cpp
void UseMsgQueueDialog::on_pushButton_clicked()
{
  key_t key;
  key = ftok("/home",1);//根据"home"路径和"1"来产生键值
  if(key == -1) {qDebug("get key error\n");return;}//失败返回
  int msgid = msgget(key,IPC_CREAT|00666);         //创建消息队列
  if(msgid == -1) {qDebug("Failed to create msg queue\n");return;}
  struct  rec_send_buf                             //用来定义接收或者发送的消息结构
  {
      long type;
      char text[20];
  };
  struct rec_buf recbuf;
  /*接收消息类型为"0x55"的消息*/
  int ret = msgrcv(msgid,&recbuf,sizeof(struct rec_send_buf) - sizeof(long),0x55, MSG_NOERROR) ;
  if(ret ==-1) {qDebug()<<"Failed to rec data from queue\n";return;}
  ui->lineEdit->setText(recbuf.text);              //收到消息内容显示在lineEdit框
  struct rec_send_buf sendbuf;                     //定义发送消息结构
  sendbuf.type = 0xaa;                             //初始化发送消息类型为"0xaa"
  strcpy(sendbuf.text,"send data to client");      //设置发送的消息内容
  /*发送该消息*/
  ret = msgsnd(msgid,&sendbuf,sizeof(struct rec_send_buf) - sizeof(long),MSG_NOERROR);
  if(ret ==-1) {qDebug("Failed to send data to client");return ;}
}
```

然后在工程目录下创建一个 client.c 来写客户端程序，如下：

```c
#include<stdio.h>
#include<string.h>
#include<sys/msg.h>
#include<sys/ipc.h>
#include<sys/types.h>
struct rec_send_buf                                //用来定义接收或者发送的消息结构
{
    long type;
    char text[20];
};
int main(int argc,char **argv)
{
    key_t key;
```

# 第3章 Qt编程两件套:多进程和多线程

```
    int msgid;
    int ret;
    struct rec_send_buf recbuf,sendbuf;
    key = ftok("/home",1);                       //获取和 server 端使用的相同的 key
    if(key<0)
    {
        printf("Failed to get key\n");
        return -1;
    }
    msgid = msgget(key,IPC_CREAT|00666);         //根据 key 打开消息队列
    if(msgid<0)
    {
        printf("Failed to open msg queue\n");
        return -1;
    }
    sendbuf.type = 0x55;                         //设置发送消息类型为"0x55"
    strcpy(sendbuf.text,"send data to server");//设置发送消息内容
    /*发送消息到服务端*/
    ret = msgsnd(msgid,&sendbuf,sizeof(struct rec_send_buf) - sizeof(long),MSG_NOERROR);
    if(ret<0)
    {
        printf("Failed to send data to server\n");
        return -1;
    }
    /*阻塞接收消息类型为"0xaa"的来自服务器端的消息*/
    ret = msgrcv(msgid,&recbuf,sizeof(struct rec_send_buf) - sizeof(long),0xaa,MSG_NOERROR);
    if(ret<0)
    {
        printf("Failed to read data from server\n");
        return -1;
    }
    printf("read data from server is %s\n",recbuf.text);   //打印接收到的消息内容

    ret = msgctl(msgid,IPC_RMID,NULL);           //从系统中删除消息队列
    if(ret<0)
    {
        printf("Failed to read data from server\n");
        return -1;
    }
    return 0;
}
```

程序写好后,分别编译程序。client.c 用 gcc 编译生成 client 执行程序。先运行

Qt 服务器端,单击"create queue"按钮,如果创建队列过程中没有出错,我们可以在终端执行"icps-q"指令来查看成功创建的消息队列的信息,如下:

```
root@libin:~/usemsgqueue/usemsgqueue# ipcs-q

------ Message Queues --------
key        msqid      owner      perms      used-bytes   messages
0x01010003 65536      root       666        0            0

root@libin:~/usemsgqueue/usemsgqueue#
```

通过上面的信息可以查看到消息队列对应的键值、标识符、属主、权限、消息个数及已使用的字节数。消息队列一旦创建,它会随内核一起存在,直到内核重启或者被显式的删除。

单击"create queue"按钮之后,服务器端现在就阻塞到接收消息那里了。因为消息队列里面没有对应的消息,我们启动客户端向消息队列添加消息。服务器端成功读取后就在 lineEdit 里面显示接收到的消息内容,并且也向消息队列添加了另外一个消息类型的消息。客户端接收到消息后打印出消息内容,删除消息队列,退出,这个时候我们再次用"ipcs-q"去查看消息队列信息,就看不到内容了。使用消息队列通信是异步的,通过设置消息类型可以变相地实现消息收发的优先权问题,消息类型就是优先权值。消息队列的作用范围是整个系统,没有访问计数,进程插入消息队列的消息不会随着进程的终止而删除。另外还需要注意的就是,消息队列在文件系统里面并没有对应的名字,也不用文件描述符,不能用"poll/select"函数来使用多个消息队列。相比于消息队列共享内存这种"XSI IPC"通信机制就更加高效了,它直接把一个共享内存段映射到进程地址空间,多个进程可以对该段进行读写操作。我们先来对共享内存有个直观的认识,在终端输入指令"ipcs-m",回车可以看到如下输出:

```
root@libin:~/usemsgqueue/usemsgqueue# ipcs-m

------ Shared Memory Segments --------
key        shmid      owner      perms      bytes      nattch     status
0x00000000 0          libin      600        393216     2          dest
0x00000000 32769      libin      777        131136     2          dest
0x00000000 458754     root       777        3360       2          dest
0x00000000 98307      libin      777        25608      2          dest
0x00000000 131076     libin      777        17160      2          dest
0x00000000 163845     libin      777        26004      2          dest
0x00000000 196614     libin      777        23496      2          dest
0x00000000 229383     libin      777        26796      2          dest
0x00000000 262152     libin      777        24024      2          dest
0x00000000 294921     libin      777        19800      2          dest
```

| | | | | | |
|---|---|---|---|---|---|
| 0x00000000 327690 | libin | 777 | 17160 | 2 | dest |
| 0x00000000 360459 | libin | 777 | 13200 | 2 | dest |
| 0x00000000 393228 | libin | 777 | 15180 | 2 | dest |
| 0x00000000 425997 | libin | 777 | 178728 | 2 | dest |
| 0x00000000 491534 | root | 777 | 3360 | 2 | dest |
| 0x00000000 524303 | root | 777 | 3529744 | 2 | dest |
| 0x00000000 557072 | root | 777 | 445588 | 2 | dest |
| 0x00000000 786449 | libin | 777 | 18876 | 2 | dest |
| 0x00000000 3047442 | root | 777 | 60656 | 2 | dest |

如同查看消息队列信息一样，"ipcs - m"输出了当前系统的共享内存信息，"key/shmid/owner/perms/btyes"的含义和消息队列差不多，shmid 是共享内存的描述符。上面显示内容的第 6 列"nattch"用来表示连接到该共享内存段的进程个数。第 7 列"status"指明了该共享内存段的状态。"dest"表明该共享内存段已被删除，但是仍有进程连接着它。当"nattch"为"0"，就是连接内存段的所有进程都退出了，那个时候该内存段空间就彻底释放了。共享内存顾名思义就是这段内存可以被多个进程共享来实现进程间数据交互。和消息队列不同的还有，多进程在访问共享内存的时候要注意做好同步访问的问题。接下来看看它的几个 API：

```
#include <sys/ipc.h>
#include <sys/shm.h>

int shmget(key_t key, size_t size, int shmflg);
```

功能：
创建共享内存或者打开一个已存在的共享内存。
参数：

key　　参数的意义和 msgget 一样。

size　　请求共享内存段的大小，如果使用已存在的共享内存段，则 size 传递 0 值。

shmflg　与 msgflg 类似，不再赘述。

返回值：
成功则返回共享内存的标识符，失败则返回-1。

```
#include <sys/types.h>
#include <sys/shm.h>

void * shmat(int shmid, const void * shmaddr, int shmflg);
```

功能：
关联共享内存段到进程的地址空间。
参数：

shmid    shmget 接口得到的共享内存的标识符。
shmaddr  为 NULL,由系统选择一个合适的地址连接到共享内存段。

不为 NULL,当下个参数 shmflg 没有指定 SHM_RND 时,内存段连接到该 shmaddr 指定的地址(该地址必须页对齐)。一般情况设置为 NULL 即可。

shmflg

SHM_RND,取整。

SHM_RDONLY,只读打开。

返回值:
成功则返回连接到共享段的地址,失败则返回(void *)-1,并置 errno 为如下一个值:

EACCES   进程没有对该段请求的访问权限。
EINVAL   标识符或连接地址非法。
ENOMEM   内存不足。

int shmdt(const void * shmaddr);

功能:
作用和 shmat 相反,该函数用来禁止进程对一段共享内存的访问。
参数:
shmaddr shmat    函数返回的地址。
返回值:
成功则返回 0 值,失败则返回-1,并置 errno 为如下值:

EINVAL   共享内存段不存在或者 shmaddr 地址非页对齐。

int shmctl(int shmid, int cmd, struct shmid_ds * buf);

功能:
用来对共享内存进行行为控制的接口。
参数:
shmctl   待控制的共享内存描述符。
cmd      与 msgctl 接口的 cmd 参数作用一致,只不过共享内存对应的结构体变了。
buf      shmid_ds 是共享内存对应的结构体,在"linux/shm.h"头文件里面可以找到它的定义如下:

```
struct shmid_ds {
    struct ipc_perm    shm_perm;    /* operation perms */
    int                shm_segsz;   /* size of segment (bytes) */
    __kernel_time_t    shm_atime;   /* last attach time */
```

```
    __kernel_time_t        shm_dtime;  /* last detach time */
    __kernel_time_t        shm_ctime;  /* last change time */
    __kernel_ipc_pid_t     shm_cpid;   /* pid of creator */
    __kernel_ipc_pid_t     shm_lpid;   /* pid of last operator */
    unsigned short         shm_nattch; /* no. of current attaches */
    unsigned short         shm_unused; /* compatibility */
    void                   *shm_unused2; /* ditto - used by DIPC */
    void                   *shm_unused3; /* unused */
};
```

返回值:

成功则返回 0 值,失败则返回 -1,并置 errno 为如下一个值:

EACCES        进程没有对该内存段的读操作权限。

EFAULT        buf 指针无效。

EIDRM         shmid 无效。

EINVAL        shmid 或 cmd 无效。

ENOMEM        核心内存不足。

EOVERFLOW     cmd 取值 IPC_STAT 时,GID/UID 超过了 buf 对应域的大小。

EPERM         cmd 取值 IPC_SET 或 IPC_RMID 时,进程既不是共享内存的创建者也不是拥有者,更不是超级用户,则执行设置或者删除共享内存时,报权限不足错误。

现在我们写个 Linux C 程序 write2shm.c,负责创建共享内存。向内存里面写入一些数据信息,然后在 Qt 工程 usemsgqueue 里面为 UI 添加一个按钮"recfromshm",单击按钮,Qt 程序从共享内存取数据显示在 lineedit 上。write2shm.c 程序如下:

```
#include <stdio.h>
#include <string.h>
#include <sys/ipc.h>
#include <sys/shm.h>
#include <sys/types.h>

typedef struct{
    int index;
    char text[20];
} message;
int main(int argc, char * * argv)
{
    int shmid = 0;
    key_t key = 0;
```

```
    int ret = 0;
    message * mesp = NULL;
    key = ftok("/home",1);
    if(key == -1)
    {
        perror("ftok():");
        return -1;
    }
    shmid = shmget(key,1024,IPC_CREAT|00666);
    if(shmid == -1)
    {
        perror("shemget():");
        return -1;
    }
    mesp = (message *)shmat(shmid,NULL,0);
    if(mesp == (void *)-1)
    {
        perror("shmat():");
        return -1;
    }
    mesp->index = 1;
    strcpy(mesp->text,"send to shm");

    ret = shmdt(mesp);
    if(ret == -1)
    {
        perror("shmdt():");
        return -1;
    }
    return 0 ;
}
```

按钮"recfromshm"槽函数代码如下（需要在 usemsgqueuedialog.cpp 中添加头文件＜sys/shm.h＞）：

```
void UseMsgQueueDialog::on_pushButton_2_clicked()
{
    typedef struct
    {
        int index;
        char text[20];
    } message;
```

## 第3章 Qt编程两件套：多进程和多线程

```
    int shmid = 0;
    key_t key = 0;
    int ret = 0;
    message * mesp = NULL;
    key = ftok("/home",1);
    if(key == -1){qDebug("get key error\n");return;}

    shmid = shmget(key,0,0);
    if(shmid == -1){qDebug("get shimd error\n");return;}

    mesp = (message *)shmat(shmid,NULL,0);
    if(mesp == (void *) -1){qDebug("map shm error\n");return;}

    if(mesp->index == 1)
        ui->lineEdit->setText(mesp->text);
    ret = shmdt(mesp);
    if(ret == -1) {qDebug("detach shm error\n");return;}
    ret = shmctl(shmid,IPC_RMID,NULL);//输出共享内存段
    if(ret == -1) {qDebug("rm shm error\n");return;}
}
```

执行"gcc write2shm.c -o write"生成执行文件，运行 write，通过"ipcs -m"可以看到创建的共享内存段的信息，如下：

```
Key          shmid    owner    perms    bytes    nattch    status
0x01010003   557072   root     666      1024     0
```

单击"recfromshm"按钮，lineedit 上面显示了从共享内存里面拿到的数据"send to shm"，如图 3.2 所示。

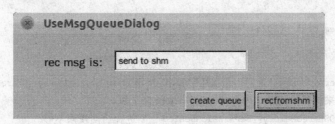

图 3.2　共享内存实例演示界面

再次在终端输入命令"ipcs -m"，我们创建的共享内存段的信息不在了，如果在槽函数 on_pushButton_2_clicked()里面不执行删除共享内存段的代码，则该共享内存会随着内核的存在而持续，直到内核重启或其他进程显式地删除它。也可以通过指令"rpcrm -m shmid"来删除共享内存标识符为(shmid)的共享内存。

实际上，Qt 应用程序之间使用共享内存进行通信，可以采用 Qt 特有的类

QSharedMemory 来轻松实现。接下来,看看怎么用 QSharedMemory 实现两个 Qt 进程间的通信。

写两个文件,qsmsend.cpp 用来实现创建共享内存,向共享内存写入数据;qsmrec.cpp 从共享内存读取数据。先创建一个工程目录 useqtshm,进入该目录,分别创建两个子目录 qsmsend 和 qsmrec,在 qsmsend 里面创建 qsmsend.cpp,在 qsmrec 里面创建 qsmrec.cpp。

qsmsend.cpp 代码如下:

```
#include<QCoreApplication>
#include<QSharedMemory>
#include<QDebug>

typedef struct
{
    int index;
    char text[20];
} message;

int main(int argc,char **argv)
{
    QCoreApplication app(argc,argv);
    QSharedMemory mem("QtShm");//用 key-"QtShm"构造共享内存对象
    /*
创建共享内段大小为 1 024 字节,读写操作权限,create 函数原型如下:
bool QSharedMemory::create ( int size, AccessMode mode = ReadWrite )
mode 指明该内存段的访问权限可以是 QSharedMemory::ReadOnly 只读,
默认是 QSharedMemory::ReadWrite 读写权限。
*/
    if(!mem.create(1024))
    {
        /*
        errorString()返回出错描述字符串,Qt 用 enum QSharedMemory::SharedMemoryError
        来标明使用共享内存的错误码,取值含义如下:
        QSharedMemory::PermissionDenied     进程访问权限不够。
        QSharedMemory::InvalidSize          请求创建共享内存段大小的 size 无效。
        QSharedMemory::KeyError             指定 key 无效。
        QSharedMemory::AlreadyExists        指定 key 的共享内存段已经存在了。
        */
        qDebug()<<"Failed to create qsm"<<mem.errorString();
        return -1;
    }
```

```cpp
    message mes;
    mes.index = 1;
    strcpy(mes.text,"send to qsm");
    mem.lock();
    memcpy((char*)mem.data(),(char*)&mes,sizeof(message));
    mem.unlock();

    return app.exec();
}
```

qsmrec.cpp 代码如下:

```cpp
#include<QSharedMemory>
#include<QDebug>

typedef struct
{
    int index;
    char text[20];
} message;

int main(int argc,char**argv)
{
    QSharedMemory mem("QtShm");
    mem.attach();

    message mes;
    mem.lock();
    memcpy((char*)&mes,(char*)mem.data(),sizeof(message));
    mem.unlock();

    qDebug()<<"read from the qsm string is"<<mes.text;
    return 0;
}
```

程序写好了之后,分别进入目录 qsmsend 和 qsmrec,用 qmake 创建工程,创建 Makefile。编译程序,先运行 qsmsend 进程,然后运行 qsmrec,就可以看到这两个进程通过共享内存通信了。还需要注意的就是,QSharedMemory 对象在析构的时候会自动清除 key,同时调用 detach() 来取消进程和共享内存段的关联。如果这个进程是最后一个关联到该共享内存的进程,那系统会销毁掉这个共享内存。这一点和 Linux IPC 的共享内存机制不一样,Linux IPC 共享内存机制要求必须显式调用 shmdt() 来取消进程和共享内存段的关联。明白了这一点在实际用 QSharedMemory 的时候一定要注意共享内存对象的生存周期,否则会给编程人员带来不必要的麻烦。

## 3.2　编写自己的音视频播放器

"音乐是上天赐给我们的礼物"。怎样用 Qt 来设计一款播放器,恐怕是我们迫切需要了解的。我们现在就开始设计一个自己的播放器。

先看一下我们最终做出来的播放器的效果(和大家见到过的播放器并无二致),如图 3.3 所示。

图 3.3　音视频播放器界面

比比手机或者电脑上的播放器,该有的功能我们全都不落下,播放、暂停、停止、下一首、上一首、全屏显示和恢复、单曲循环、列表循环播放、音量调节、静音开关、进度显示和拖放、时间显示和倍速播放、播放列表显示、拖动磁盘音视频文件到播放列表显示和播放、鼠标在播放列表文件间移动划过时文件背景变色、当前播放的文件名前会有一个小图标显示。当然了右键单击一个歌曲在弹出的上下文菜单可以选择播放、单曲循环或者从播放列表删除该歌曲文件。另外鼠标放在每一个功能按钮上都会有该按钮功能的气泡提示。是不是想赶紧把它做出来好放歌给自己听?不要着急,慢慢来。

创建工程目录 qtplayer,启动 Qt Creator 创建基于 QWidget 的工程 qtmplayer,类名为 QtMplayerWidget。先来设计界面文件 qtmplayerwidget.ui,这次要用到一些 Qt 布局管理器的知识。布局管理器用来约束界面上控件的大小对齐策略。说白了就是界面在变化大小的时候,由它们来保证界面控件和控件之间呈现效果的统一,保证界面控件和整个窗体显示效果的统一。比如说按照正常大小显示一个窗体和按照全屏显示一个窗体,那窗体里面的控件也要做相应地调整来适应整个新变换了大小的窗体。就好比如我们小时候,五官长的很协调很端正,随着我们年纪的增大,五官也变化了,变的还是和头部保持那么好的比例和协调。这就是布局管理器的作用。先看看整体的界面内容,如图 3.4 所示。

图 3.4 播放器界面布局

图 3.4 中的那些带有图标显示的都是我们创建的 QPushButton。看出来了吧,有 10 个"Push Button",2 个"Horizontal Slider",显示"00:00:00"文字处是 2 个"Label"。图 3.4 上部那个黑色的区域是个"Widget",左边用来显示播放列表的是个"List Widget"。用"Group Box"把那些"Push Button"、"Horizontal Slider"和"Label"框在一起,以便当双击窗体全屏播放视频的时候把它们统一 hide 起来。接下来,读者先去把这些控件拖到界面上来吧。还记得前面讲的吗? 拖过来一个按钮设置好属性,直接选中按钮"ctrl+c"+"ctrl+v"就"克隆出来"了。这些按钮属性大致都一样,避免了一个一个地调、复制粘贴改改名,这不是我们最喜欢的方式吗? 先拖过来一个"Push Button"在它的属性编辑器里面,设置"geometry"的"宽度"为 41,"高度"为 27,设置"sizePolicy"属性,把"水平策略"由默认的"Minimum"改为"Fixed",设置"maximumSize"属性的"宽度"为 41,"高度"为 27,"focusPolicy"属性由默认的"StrongFocus"改为"NoFocus",修改按钮上显示图标大小的属性"iconSize"的"宽度"和"高度",由默认的"24×24"改为"32×32",最后点选上"flat"属性,至此这些按钮的共有属性完成。用我们最拿手的复制粘贴方法复制 9 份出来,调整位置到如图 3.4 所示的布局。由于要在按钮上显示图标,所以接下来为工程创建一个"Qt

资源文件",起名为"res.qrc"吧。我们在 qtmplayer 工程下面已经准备好了一个目录,"images"里面放的全是可爱的小图标(png),有"play.png"播放图标,"up.png"下一首按钮图标,不一一说了。这些按钮图标谷歌一下一大把,自己找找吧。创建好资源文件后,添加前缀"/png",然后添加 images 里面的所有图标进来,如图 3.5 所示。

接下来,按照表 3.1 来具体地调整这 10 个按钮的属性。

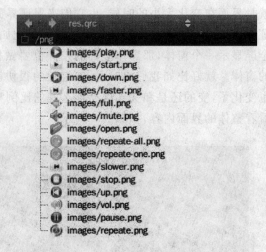

图 3.5 播放器资源列表

表 3.1 播放器功能按钮属性

| 对象名 | 属性 |
| --- | --- |
| pBtnPlay | Icon:":/png/images/play.png"<br>Tooltip:"play" |
| pBtnOpen | Icon:":/png/images/open.png"<br>Tooltip:"open" |
| pBtnUp | Icon:":/png/images/up.png"<br>Tooltip:"up" |
| pBtnDown | Icon:":/png/images/down.png"<br>Tooltip:"down" |
| pBtnStop | Icon:":/png/images/stop.png"<br>Tooltip:"stop" |
| pBtnShowFull | Icon:":/png/images/full.png"<br>Tooltip:"fullscreen" |
| pBtnMode | Icon:":/png/images/repeate.png"<br>Tooltip:"repeated one or all" |
| pBtnVol | Icon:":/png/images/vol.png"<br>Tooltip:"mute" |
| pBtnSlower | Icon:":/png/images/slower.png"<br>Tooltip:"slower" |
| pBtnFaster | Icon:":/png/images/faster.png"<br>Tooltip:"faster" |

共有两个"Horizontal Slider"。一个用来显示和调整播放进度,起名为"pPlayerSlider";sizePolicy 属性"水平策略"设置为"Expanding","垂直策略"为"Fixed";minimumSize 固定一个值,这里设置"宽度"为 361,"高度"为 20;maximumSize"高度"改为 20。另外一个"Horizontal Slider"用来调整音量,起名为"pVolSlider";sizePolicy 的"水平策略"和"垂直策略"都设置为"Fixed";maximumSize 固定为一个值,这里设置"宽度"为 81,"高度"为 16。

还有一个"Widget"用来显示视频,起名为"pPlayerWidget";sizePolicy"水平策略"和"垂直策略"都为"Expanding";minimumSize"宽度"为 491,"高度"为 283,固定为一个合适的大小就可以;在 styleSheet 中设置样式表;"添加颜色"设置"background-color"为黑色(rgb(0,0,0))。

我们拖到图 3.4 左边的"List Widget"用来显示播放歌曲列表,起名为"listWidget";sizePolicy"水平策略"为"Fixed","垂直策略"为"Expanding";maximumSize"宽度"固定为值 171;在 styleSheet 设置样式表;"添加颜色"设置"background-color"为颜色(rgb(53,63,10));背景色选择一个喜欢的即可,勾选上"showDropIndicator"和"dragEnable";设置 dragDropMode 为"DragDrop",defaultDropAction 设置为"MoveAction"。一个"Label"指明为"pLabelCurTime",用来显示当前播放的时间;另一个指明为"pLabelTotalTime"用来显示播放总时长。两个 Label 的 text 属性都初始化为"00:00:00"的时分秒格式。

接下来我们用布局管理器把这些控件管理起来。在组合框内,选中"pBtnSlower"、"pPlayerSlider"和"pBtnFaster",单击右键,在弹出的菜单选择"布局",点选"水平布局"。然后把"pLabelCurTime"和"pLabelTotalTime"两个也用水平布局管理管理起来,同样的"pBtnPlay"、"pBtnOpen"、"pBtnUp"、"pBtnStop"、"pBtnDown"、"pBtnShowFull"、"pBtnMode"、"pBtnVol"和"pVolSlider",它们在一个水平布局管理器里面,现在有 3 个水平布局管理器了。然后再点选那个组合框,接着单击右键选择"布局",用"栅格布局"来管理整个组合框内控件的布局。接下来用"栅格布局"来布局组合框和"pPlayerWidget"和"listWidget"。至此终于可以舒口气了,整个界面的布局结束了,现在编译工程看看成果吧。运行起来,随便拖动改变界面大小,看看里面的那些控件是不是随着也调整了坐标和显示大小,整体的布局没有被打乱吧,看到这个结果,前面所有的工作都是值得的。

下面就开始写代码。接下来将要出场是我们今天的主角,大名鼎鼎的 MPlayer。

## 3.2.1　MPlayer Open Source 的魅力无法阻挡

程序员 Arpad Gereoffy (A'rpi)用 libmpeg3 拼凑出来了播放器 mpg12play v0.1,这是 MPlayer 成名前的真名(就和艺人有艺名一样)。后来 mpg12play 功能越来越多,在 2000 年改名为 MPlayer,意思是"The Movie Player for Linux",再后来,MPlayer 开发人员遍布了全球。开源的魅力就是无法阻挡,程序员们努力地为它添加功能,让它不仅可以在 Linux 上用,在类 UNIX、Window、MAC 等主流系统上都可以运行。它支持播放的媒体文件格式如下:

物理介质：CD、DVD、Video CD。
容器格式：3GP、AVI、ASF、FLV、Matroska、MOV (QuickTime)、MP4、NUT、Ogg、OGM、RealMedia。
视频格式：Cinepak、DV、H.263、H.264/MPEG-4 AVC、HuffYUV、Indeo、MJPEG、MPEG-1、MPEG-2、MPEG-4 Part 2、RealVideo、Sorenson、Theora、WMV。
音频格式：AAC、AC3、ALAC、AMR、FLAC、Intel Music Coder、Monkey's Audio、MP3、Musepack、Real-Audio、Shorten、Speex、Vorbis、WMA。
字幕格式：AQTitle、ASS/SSA、CC、JACOsub、MicroDVD、MPsub、OGM、PJS、RT、Sami、SRT、SubViewer、VOBsub、VPlayer。
图像格式：BMP、JPEG、PCX、PTX、TGA、TIFF、SGI、Sun Raster。
网络协议：RTP、RTSP、HTTP、FTP、MMS、Netstream (mpst://)、SMB。

这个号称可以播放地球上所有已存的音视频格式的 MPlayer 果然名副其实。我们可以去 MPlayer 官网的 web 地址"http://www.mplayerhq.hu/MPlayer/releases/"下载它的最新和历史版本，当前最新版本是 MPlayer-1.0rc4.tar.gz 了。从网站上下载 MPlayer 的源码。

我们要用 MPlayer 来做播放器的后端，通过前面学习的 QProcess 来把这个人见人爱的 MPlayer 据为己用。不过在 Ubuntu 上，如果不想通过源码安装 MPlayer（除非要交叉编译 MPlayer 到不同的平台，一般不用源码安装），可以看看 Ubuntu 的官方安装 MPlayer 指导文档（http://wiki.ubuntu.org.cn/％E5％AE％89％E8％A3％85MPlayer）。既然源码都下载下来了，我们就源码安装。先大致认识一下这个源码目录结构，解压缩 MPlayer-1.0rc4.tar.gz 之后，会生成目录 MPlayer-1.0rc4，进入之后，ls 可以看到如下的工程代码结构：

```
Access_mpcontext.h  codec-cfg.h      edl.h           libavformat    libvo        m_option.h
mp_osd.h            path.c           sub_cc.h                       vidix
asxparser.c         command.c        etc             libavutil      LICENSE      mp3lib
m_property.c        path.h           subdir.mak                     vobsub.c
asxparser.h         command.h        find_sub.c      libdvdcss      loader       mpbswap.h
m_property.h        playtree.c       subopt-helper.c                vobsub.h
AUTHORS                              common.mak      fmt-conversion.c  libdvdnav    Makefile
mpcommon.c   m_struct.c              playtree.h      subopt-helper.h   xvid_vbr.c
av_opts.c    configure               fmt-conversion.h  libdvdread4   mangle.h     mpcommon.h
m_struct.h   playtreeparser.c        subreader.c     xvid_vbr.h
av_opts.h    Copyright               gui             libfaad2        m_config.c   mp_core.h
osdep                                playtreeparser.h  subreader.h
cfg-common.h                         cpudetect.c     help            libmenu      m_config.h
mp_fifo.c    parser-cfg.c            README                          TOOLS
cfg-mencoder.h                       cpudetect.h     input           libmpcodecs  mencoder.c   mp_fifo.h
parser-cfg.h   rpm                                   tremor
cfg-mplayer-def.h    cpuinfo.c       libaf           libmpdemux     metadata.h   mplayer.c
parser-mecmd.c       spudec.c                        unrar_exec.c
```

```
cfg-mplayer.h        DOCS          libao2        libmpeg2         mixer.c      mplayer.h
parser-mecmd.h       spudec.h                    unrar_exec.h
Changelog            drivers       libass        libpostproc      mixer.h      mp_msg.c
parser-mpcmd.c       stream                      VERSION
codec-cfg.c          edl.c         libavcodec    libswscale       m_option.c   mp_msg.h
parser-mpcmd.h       sub_cc.c                    version.sh
```

工程代码的组织结构一看就是典型的开源工程的模式,有按功能模块划分出来的子目录,有 DOCS 帮助文档目录,也有 README(看开源工程要读的第一个文件了)。libavcodec、libavformat、libavutil 这 3 个目录是从 FFmpeg(Fast Forward Moving Pictures Experts Group)拿来的。FFmpeg 是一款优秀的集音视频转换录制和编解码为一体的完整的开源流媒体解决方案。libmpcodecs 和 libmpdemux 就是大名鼎鼎的 MPlayer 的 codecs 和 demux。Mplayer 还有些第三方的库,比如 libmpeg2、mp3lib 等,还有一个重要的文件 configure,做编译前配置。在 MPlayer-1.0rc4 目录执行"./configure--help",可以看到配置帮助文档说明,你可以看看,有没有编译选项"—enable-gui"来指定是否需要播放器界面支持,"--disable-largefiles"来禁止播放大于 2GB 文件,用"--disable-decoder=DECODER"来禁止指定的 decoder,用"—language=lang"指定默认使用的语言等编译选项。需要时都可以一一配置上,我们按照默认的配置即可。执行"./configure",进行配置,生成 Makefile,然后执行"make"、"make install"这 3 部曲就把 MPlayer 安装在我们 Ubuntu 的"/usr/local/bin"目录下了。man 手册也装在"/usr/loca/man"下面了。找个视频文件,现在就可以用 MPlayer 这个命令行的播放器通过"mplayer filepath"来播放视频了。不过会单独地弹出一个播放视频的窗口,这可不是我们想要的,我们要它和 Qt 界面无缝地联合在一起。看看"DOCS/tech/ slave.txt"这个帮助文档吧,答案下节揭晓。

## 3.2.2 通过 Qt 的界面操作来实现播控

对于一些工程师来说,可能最不喜欢做的就是写文档和读文档了。代码可以轻松写上上千行,可一到写文档就犯愁。笔者认为"一款操作系统+一门编程语言+技术文档=软件开发工程师"。相信从这个公式里面,读者可以看出文档的重要性。开始写代码吧,先在工程文件 qtmplayerwidget.h 里面定义类的数据成员。当然要先定义 QProcess 的对象了,括进来它的头文件♯include＜QProcess＞,还有其他的头文件一并括进来得了,♯include＜QProcess＞/♯include＜QListWidgetItem＞/♯include＜QTimer＞,在私有数据区定义用到的数据成员如下:

```
private:
    QProcess playerProcess;        //启动 mplayer 进程的对象
    QString playingfile;           //记录当前播放的媒体文件(包含文件路径)
```

```cpp
    bool isPlaying;              //true 证明播放器处于播放状态,false 播放停止
    bool isSwitch;               //true 表示代码处于切换音视频状态,false 则相反
    quint16 playingId;           //记录当前播放文件在播放列表里面的索引
    QTimer timer;                //定时更新 pPlayerSlider 显示的播放位置
    bool isRepeatedAll;          //true 代表播放列表循环播放,false 相反
    bool isRepeatedOne;          //true 代表单曲循环播放,false 相反
    QAction * play;              //在播放列表中单击右键弹出的菜单项
    QAction * repeated;          //在播放列表中单击右键弹出的菜单项
    QAction * del;               //在播放列表中单击右键弹出的菜单项
    QListWidgetItem * clickedItem; //记录鼠标单击播放列表处的条目
```

对于 10 个按钮的槽函数,通过右键单击按钮选择"转到槽(goto slot)"来自动关联好 clicked 信号。

```cpp
private slots:
    void on_pBtnPlay_clicked();
    void on_pBtnOpen_clicked();
    void on_pBtnUp_clicked();
    void on_pBtnStop_clicked();
    void on_pBtnDown_clicked();
    void on_pBtnShowFull_clicked();
    void on_pBtnMode_clicked();
    void on_pBtnVol_clicked();
    void on_pBtnFaster_clicked();
    void on_pBtnSlower_clicked();
```

先来写 on_pBtnOpen_clicked(),打开媒体文件的代码,如下:

```cpp
playingfile = QFileDialog::getOpenFileName(
                                this,
                                "open",
                                QDir::currentPath(),
                                "AV files(*.mp3 *.mp4 *.avi *.flv);;All(*)"
                                );//打开文件选择对话框,得到用户选择的视频文件
    isSwitch = true;                     //置切歌状态为 true
    ui->pPlayerSlider->setValue(0);//重置播放进度显示为 0 位置
    on_pBtnPlay_clicked();               //调用 pBtnPlay 按钮槽函数播放该视频文件
    int len = playingfile.length();      //计算播放文件字符串长度包含路径,
                                         //如"/home/libin/h3.mp4"
    int pos = playingfile.lastIndexOf("/");//找到 playingfile 里面最后一个
                                         //"/"出现的位置

    QString itemtext = playingfile.right(len - pos - 1);//过滤掉 playingfile 的路径,
                                         //取得文件名,如 h3.mp4
```

## 第3章 Qt编程两件套：多进程和多线程

```
QListWidgetItem * item = new QListWidgetItem(itemtext);//用视频文件名构造
                                                       //listwidget条目对象
item->setToolTip(playingfile);    //设置鼠标放在该歌曲目条上时弹出的气泡提示
                                  //为playingfile
item->setBackgroundColor(Qt::green);//设置条目显示背景为绿色
item->setIcon(QIcon(":/png/images/start.png"));//设置在条目文本名前
                                               //显示start.png图标
ui->listWidget->addItem(item);//把该条目加入到播放列表
ui->listWidget->setCurrentItem(item);//播放列表当前显示条目更改为新选择的
                                     //视频条目
playingId = ui->listWidget->currentRow();//更新记录,当前播放文件的索引为新
                                         //播放的文件条目
initListItem();//初始化播放列表
```

在 on_pBtnOpen_clicked()槽函数里面，调用了 on_pBtnPlay_clicked()，看看怎样实现的播放：

```
void QtMplayerWidget::on_pBtnPlay_clicked()
{
    if(playingfile.isEmpty()) return;//如果播放文件为空,返回

    if(isPlaying == false)              //播放器处于未播放状态,则启动mplayer
    {
     QStringList args;                  //记录启动播放器传递给mplayer的启动参数
     /*
       slave 指定 mplayer 启动为从模式
       在该模式下mplayer进程作为Qt进程的后台程序
       不再捕获键盘事件,从标准输入(stdin)得到运行指令
     */
     args << "-slave";
     args << "-quiet";//和slave参数搭档,禁止mplayer的一些输出信息
     /* wid 参数比较重要,它指定了mplayer的视频流重定向到的窗体ID
        为了让视频流在 pPlayerWidget里面显示,故用winId()拿到了该窗体的ID
     */
     args << "-wid" << QString::number(ui->pPlayerWidget->winId());
     args<<playingfile;                 //传递播放的媒体文件(包含路径)

     playerProcess.start("mplayer", args);//根据传递的参数启动mplayer进程,播放
                                          //指定视频
     ui->pBtnPlay->setIcon(QIcon(":/png/images/pause.png"));//设置播放按钮
                                                           //图标为pause.png
     /*改变气泡提示为"Pause",提示用户再次单击按钮可以暂停视频*/
     ui->pBtnPlay->setToolTip("Pause");
```

```cpp
        isPlaying = true;                        //标识处于播放状态
        isSwitch = false;                        //切换状态为false
        /*
          向MPlayer进程发送获取播放总时长指令 get_time_length
          注意指令必须以"\n"结束
        */
        playerProcess.write("get_time_length\n");
        timer.start(1000);                       //启动定时器,1 s更新一次播放进度条
        /*
          发送获取当前音量属性 volume 的值来初始化音量进度条初始显示的音量位置
        */
        playerProcess.write("get_property volume\n");
        return;
    }
    else                                          //如果播放器正在播放视频
    {
        if(isSwitch == true)         //如果处于播放状态时发生了切换音视频的情况
        {
            QString cmd = "loadfile " + playingfile + "\n";
            playerProcess.write(cmd.toLatin1().data());//播放新的视频文件
            isSwitch = false;
            if(ui->pBtnPlay->toolTip() == "Play") //if in playing set the tooltip pause
            {
                ui->pBtnPlay->setIcon(QIcon(":/png/images/pause.png"));
                ui->pBtnPlay->setToolTip("Pause");
            }
            playerProcess.write("get_time_length\n"); //获取视频总时长
            timer.start(1000);
            playerProcess.write("get_property volume\n");  //获取音量
            return;
        }
        playerProcess.write("pause\n");                      //暂停或者继续播放当前视频
        if(ui->pBtnPlay->toolTip() == "Pause")        //切换播放按钮(pBtnPlay)状态
        {
            ui->pBtnPlay->setIcon(QIcon(":/png/images/play.png"));
            ui->pBtnPlay->setToolTip("Play");
            timer.stop();
        }
        else
        {
            ui->pBtnPlay->setIcon(QIcon(":/png/images/pause.png"));
            ui->pBtnPlay->setToolTip("Pause");
```

## 第3章 Qt 编程两件套：多进程和多线程

```
            timer.start(1000);
        }
    }
}
```

initListItem()主要完成初始化播放列表条目的状态,保证当前播放的条目前面有"start.png"图标显示,其他条目保持初始状态。代码如下:

```
void QtMplayerWidget::initListItem()
{
    for(int i = 0;i<ui->listWidget->count();i++)//遍历歌词列表
    {
        /*如果列表条目气泡提示和当前播放的歌曲一致*/
        if(ui->listWidget->item(i)->toolTip() == playingfile)
        {
            playingId = i;//记录当前播放的条目位置
            continue;
        }
        ui->listWidget->item(i)->setIcon(QIcon());//其他列表项不设置图标
        ui->listWidget->item(i)->setBackgroundColor(Qt::green);
    }
}
```

截止到现在,我们的播放器可以实现简单地打开媒体文件、播放和暂停了。接下来先在视频播放的时候,当用户双击播放窗口 pPlayerWidget 时,实现全屏播放或者恢复原始大小。看到鼠标双击,自然就想到了 Qt 的鼠标事件处理了。在 qtmplayerwidget.h 中添加鼠标双击事件处理器。在做这个之前先把用户目录下的一个隐藏文件添加一条语句,在笔者这里的路径是"/home/libin/.mplayer/config",在 config 文件里面加上"zoom=true"。

```
protected:
    void mouseDoubleClickEvent(QMouseEvent *);
```

实现代码如下:

```
void QtMplayerWidget::mouseDoubleClickEvent(QMouseEvent *)
{
    switchFullorNormal();
}
```

鼠标双击的时候,调用了 switchFullorNormal()函数来实现全屏播放或恢复原始大小播放,switchFullorNormal()是在头文件声明的一个 public 的成员函数,代码如下:

```
void QtMplayerWidget::switchFullorNormal()
{
    /*全屏播放时,隐藏了包含功能按钮的组合框,因此判断组合框 groupBox
    是否处于隐藏状态就可以判断出来当前播放处于全屏状态还是正常状态
    */
    if(ui->groupBox->isHidden())//如果已经处于全屏状态
    {
        ui->groupBox->show();      //显示功能按钮
        ui->listWidget->show();    //显示播放列表
        this->showNormal();        //切换至正常大小播放模式
    }else                          //否则
    {
        ui->groupBox->hide();      //隐藏功能按钮
        ui->listWidget->hide();    //隐藏播放列表
        this->showFullScreen();    //切换至全屏播放
    }
}
```

有了这个功能,感觉看视频舒服多了。接下来,我们实现从外部磁盘拖放一个音视频文件到播放列表播放,需要重载两个事件处理器:

```
protected:
    void dropEvent(QDropEvent * event);
    void dragEnterEvent(QDragEnterEvent *);
```

Qt 的控件既可以作为拖动(drag)的源,也可以作为松开放下(drop)的目的地。拖曳是程序间转移数据的一个非常有效的机制,Qt 控件之间,部分 Qt 控件自身之内都支持拖放操作。为此 Qt 给我们提供几个拖曳相关的事件类(QDragEnterEvent/QDragLeaveEvent/QDragMoveEvent/QDropEvent),当拖放产生的时候这些事件会在拖曳的不同状态下被发送,对应的事件处理器会被调用。例如当从外部程序拖曳数据到 Qt 控件松开的时候,dropEvent 函数就会被调用;当拖曳一个对象到 Qt 控件时,dragEnterEvent 函数会被调用。Qt 会自动改变鼠标状态来指示当前的控件是否是一合法的 drop 目的地。Qt 的窗体默认是不接收 drop 事件的,还需要调用"void setAcceptDrops ( bool on )"来开启。我们的播放器界面需要接收 drop 事件,故在类 QtMplayerWidget 的构造函数里面加上这句代码 setAcceptDrops(true),然后编写上面两个事件处理器代码:

```
void QtMplayerWidget::dragEnterEvent(QDragEnterEvent * event)
{
    event->accept();                    //接收处理该 drag 事件
}
```

## 第3章 Qt编程两件套：多进程和多线程

```
void QtMplayerWidget::dropEvent(QDropEvent * event)
{
    /* 检查drop的MIME类型，类型为"text/url-list"用来保存URL地址列表
       MIME类型由IANA(The Internet Assigned Numbers Authority,互联网数字分配机构)
       定义发布，用来区别不同的数据类型
    */
    if(event->mimeData()->hasUrls())//是否返回了urls列表
    {
        QString text = event->mimeData()->text();
                                  //得到drop的内容，如"file:///home/libin/h3.avi"
        int r = text.indexOf("///") + 2;
        int len = text.length();
        QString itemToolTip = text.right(len-r);//根据url获取文件路径部分，
                                                //如"/home/libin/h3.avi"
        len = itemToolTip.length();
        r = itemToolTip.lastIndexOf("/");
        QString itemtext = itemToolTip.right(len-r-1);//根据文件路径获取文件名，
                                                      //如"h3.avi"
        QListWidgetItem * item = new QListWidgetItem(itemtext.trimmed());//用文件名
                                                                         //构建条目

        item->setToolTip(itemToolTip.trimmed());//设置条目对应的气泡提示为文件
                                                //的绝对路径
        item->setBackgroundColor(Qt::green);    //条目背景色设置为绿色
        item->setIcon(QIcon(":/png/images/start.png"));//当前播放条目前加指示小图标
        ui->listWidget->addItem(item);
        ui->listWidget->setCurrentItem(item);
        playingId = ui->listWidget->currentRow();//记录当前播放条目ID
        playingfile = itemToolTip.trimmed();     //记录当前播放文件
        initListItem();                          //初始化播放列表信息
        isSwitch = true;                         //设置为切视频状态
        on_pBtnPlay_clicked();                   //播放拖放过来的视频文件
        event->setDropAction(Qt::MoveAction);
        event->accept();
    }
}
```

这样一来，我们的播放器也可以从磁盘拖动文件播放了。既然可以往播放列表添加条目，也应该可以从播放列表删除条目。我们给播放列表添加一个上下文菜单，当鼠标右键单击播放列表的一个条目时，弹出菜单供用户选择"play"、"repeated"或"del"。先在qtmplayerwidget.h文件里面为类QtMplayerWidget添加一个槽函数"void createCtxMenu(const QPoint&);"，用来创建上下文菜单。添加槽函数"void

·185·

getActionTriggered();",用来响应菜单项的单击。在类 QtMplayerWidget 构造函数中添加如下代码:

```
/*
设置 listwidget 上下文弹出菜单的策略为 Qt::CustomContextMenu.
这样 listwidget 就会发送信号 customContextMenuRequested ( const QPoint & pos ),
当用户请求 listwidget 上下文菜单时
*/
ui->listWidget->setContextMenuPolicy(Qt::CustomContextMenu);
connect(ui->listWidget,SIGNAL(customContextMenuRequested(constQPoint&)),this,
SLOT(createCtxMenu(const QPoint&)));//用 createCtxMenu 来创建上下文菜单
play = new QAction("play",0);         //创建菜单项对象
repeated = new QAction("repeated",0);
del = new QAction("del",0);
/*单击菜单项响应 getActionTriggered 槽函数进行处理*/
connect(play,SIGNAL(triggered()),this,SLOT(getActionTriggered()));
connect(repeated,SIGNAL(triggered()),this,SLOT(getActionTriggered()));
connect(del,SIGNAL(triggered()),this,SLOT(getActionTriggered()));
```

createCtxMenu 和 getActionTriggered 代码如下:

```
void QtMplayerWidget::createCtxMenu(const QPoint& pos )
{
    QMenu ctxMenu;
    ctxMenu.addAction(play);
    ctxMenu.addAction(repeated);
    ctxMenu.addAction(del);
    clickedItem = ui->listWidget->itemAt(pos);   //获取鼠标单击播放列表位置条目
    if(clickedItem)                              //如果鼠标单击位置存在条目
    {
        if(clickedItem->toolTip() == playingfile)//如果鼠标右键单击的是正在播放
                                                 //的条目
            play->setDisabled(true);//弹出的播放菜单项变灰为禁止操作状态
        else play->setEnabled(true);//否则可以播放该条目对应视频
        if(isRepeatedOne)                        //如果单曲循环已选中了
            repeated->setDisabled(true);         //单曲循环菜单项为禁止状态
        else repeated->setEnabled(true);
        ctxMenu.exec(QCursor::pos());
    }
}

void QtMplayerWidget::getActionTriggered()
{
    QAction * act = (QAction *)sender();
```

```cpp
if(act->text() == "play")                      //如果单击了播放菜单项
{
    isSwitch = true;                           //置切视频状态
    playingId = ui->listWidget->row(clickedItem);//更新当前播放条目 ID
    playingfile = ui->listWidget->item(playingId)->toolTip();//更新当前播放
                                               //视频文件信息
    ui->listWidget->item(playingId)->setIcon(QIcon(":/png/images/start.png"));
    on_pBtnPlay_clicked();                     //播放鼠标右键单击的条目
    initListItem();
}else if(act->text() == "repeated")            //单击单曲循环
{
    ui->pBtnMode->setIcon(QIcon(":/png/images/repeate-one.png"));
                                               //更新播放模式按钮图标
    ui->pBtnMode->setToolTip("repeated all");
    playerProcess.write("loop 1\n");           //一直重复播放该视频
    isRepeatedAll = false;                     //列表循环状态置 false
    isRepeatedOne = true;                      //单曲循环置 true
}else if(act->text() == "del")                 //单击了删除该播放条目菜单项
{
    int row = ui->listWidget->row(clickedItem);//取得单击的条目 ID
    if(row<playingId)//如果右键单击的条目在当前播放条目的上面
    {
        playingId--;                           //当前播放条目会上移 1 格
        ui->listWidget->item(playingId)->setIcon(QIcon(":/png/images/start.png"));
        goto DEL;
    }
    else if(row == playingId)                  //删除当前正在播放条目
    {
        if(ui->listWidget->count() == 1)       //如果播放列表就一个条目
        {
            playerProcess.terminate();         //终止播放器进程
            playerProcess.waitForFinished();   //等待 mplayer 进程退出
            isPlaying = false;
            goto DEL;
        }else
        {
            if(playingId == (ui->listWidget->count()-1))
                                               //如果当前播放是列表最后一个条目
                --playingId;                   //播放上一个条目
            else ++playingId;                  //否则播放下一个条目
            playingfile = ui->listWidget->item(playingId)->toolTip();
```

```
                ui->listWidget->item(playingId)->setIcon(QIcon(":/png/images/
                start.png"));
            }
        }else if(row>playingId)
        {
            ui -> listWidget -> item (playingId) -> setIcon ( QIcon ( ":/png/images/
            start.png"));
            goto DEL;
        }
        playingfile = ui->listWidget->item(playingId)->toolTip();
        isSwitch = true;
        on_pBtnPlay_clicked();
        DEL:
        ui->listWidget->takeItem(row);              //从播放列表移除该条目
        delete clickedItem;                         //销毁对象
        initListItem();
    }
}
```

当鼠标在播放列表之间移动的时候,我们让播放条目背景改变以便具有交互的感觉,同时当鼠标双击一个条目时就播放该条目,添加槽函数:

```
void getEnter(QListWidgetItem * item);
void getDoubleClicked(QListWidgetItem *);
```

在构造函数里面添加代码:

```
ui->listWidget->setMouseTracking(true);//鼠标经过 listWidget 不用单击就产生鼠标事件
/*关联鼠标光标进入 listWidget 一个条目发射的信号 itemEntered 到槽函数*/
connect(ui->listWidget,SIGNAL(itemEntered(QListWidgetItem * )),this,SLOT(getEnter
(QListWidgetItem * )));
/*关联鼠标双击一个条目发射的信号 itemDoubleClicked 到槽函数 getDoubleClicked */
connect(ui->listWidget,SIGNAL(itemDoubleClicked(QListWidgetItem * )),this,
      SLOT(getDoubleClicked(QListWidgetItem * )));
```

在 getEnter 里面改变条目背景,在 getDoubleClicked 实现鼠标双击播放,代码如下:

```
void QtMplayerWidget::getDoubleClicked(QListWidgetItem * item)
{
item->setIcon(QIcon(":/png/images/start.png"));
playingfile = item->toolTip();
isSwitch = true;
on_pBtnPlay_clicked();
```

```
playingId = ui->listWidget->currentRow();
initListItem();
}

void QtMplayerWidget::getEnter(QListWidgetItem * item)
{
    initListItem();
    item->setBackgroundColor(Qt::red);
}
```

代码编写到这里,主要和播放列表相关,有拖放、弹出菜单、变换背景。其他的功能按钮在下一节介绍。

## 3.2.3  播放、停止、暂停、快进、快退等功能按钮

播放器播放视频的时候,需要显示当前播放时长和总时长。在上节我们向 MPlayer 进程发送了指令,现在是时候把 MPlayer 进程发送给咱们的信息收回到 Qt 程序里面了。先添加一个槽函数"void readFromStdout();",关联哪个信号呢?看看向构造函数里面添加的代码:

```
/*定向 mplayer 进程的输出到标准输出(stdout)*/
playerProcess.setProcessChannelMode(QProcess::MergedChannels);
/*标准输出有数据可读,调用槽函数 readFromStdout 接收处理*/
connect(&playerProcess,SIGNAL(readyReadStandardOutput()),this,SLOT(readFromStdout()));
```

用 readFromStdout 解析 MPlayer 返回给我们的请求信息,主要得到播放总时长、当前播放时间和音量值,代码如下:

```
void QtMplayerWidget::readFromStdout()
{
        while(playerProcess.canReadLine())              //可以读取一行数据
        {
      int s = 0;
      int e = 0;
      QString str(playerProcess.readLine());            //读取一行数据到 str
      /*如果数据包含了 ANS_LENGTH,即返回了总时长信息*/
      if(str.startsWith("ANS_LENGTH = "))
      {
            str = str.trimmed();
            s = str.indexOf(" = ");
            e = str.indexOf(".");
            QString sec = str.mid(s+1,(e-s-1));         //获取总时长(以秒为单位)
            ui->pPlayerSlider->setMaximum(sec.toInt()); //设置播放进度条满值
            QTime totalTime((sec.toInt() / 3600) % 60, (sec.toInt() / 60) % 60, sec.
```

```
            toInt() % 60);
        QString total = totalTime.toString("hh:mm:ss");//把时长转为小时、分钟、秒格式
        ui->pLabelTotalTime->setText(total);       //显示播放总时长
    }
    if(str.startsWith("ANS_TIME_POSITION = "))        //如果是当前播放时间位置信息
    {
        str = str.trimmed();
        s = str.indexOf(" = ");
        e = str.indexOf(".");
        QString sec = str.mid(s + 1,(e - s - 1));
        int t = sec.toInt();
        ui->pPlayerSlider->setValue(t);           //设置播放进度条当前显示位置
        QTime curTime(((t) / 3600) % 60, ((t) / 60) % 60, (t) % 60);
        QString cur = curTime.toString("hh:mm:ss");
        ui->pLabelCurTime->setText(cur);          //显示当前播放时间位置信息
    }
    /* ANS_volume = 18.000000 */
    if(str.startsWith("ANS_volume = "))           //如果是音量信息
    {
        str = str.trimmed();
        s = str.indexOf(" = ");
        e = str.indexOf(".");
        QString sec = str.mid(s + 1,(e - s - 1));
        int t = sec.toInt();
        ui->pVolSlider->setValue(t);              //设置音量进度条显示位置
    }
}
```

根据当前播放的时间位置,程序更新了播放进度条(pPlayerSlider)。我们通过启动了定时器,会1秒1次发送请求当前播放时间位置的指令给 MPlayer 进程,用得到的时间位置更新 pPlayerSlider。有时需要拖动快进看前面的视频,有时需要拖回来看后面的视频部分。那就把这些功能代码加进来吧,通过用户拖动进度条的位置来更新视频的播放位置。添加槽函数"void updateSlider(int)"和"void updateSlider()",构造函数添加如下代码:

```
/* pPlayerSlider 滑动块移动发射的信号,sliderMoved 带的参数就是滑动块拖放的位置 */
connect(ui->pPlayerSlider,SIGNAL(sliderMoved(int)),this,SLOT(updateSlider(int)));
connect(&timer,SIGNAL(timeout()),this,SLOT(updateSlider()));
```

两个 updateSlider,一个 seek 视频,一个定时向 mplayer 进程发送指令,代码如下:

## 第3章　Qt 编程两件套：多进程和多线程

```cpp
void QtMplayerWidget::updateSlider(int pos)
{
    QString cmd = "seek " + QString::number(pos) + " 2\n";
    playerProcess.write(cmd.toLatin1().data());        //向 mplayer 发送 seek 指令
}
void QtMplayerWidget::updateSlider()
{
    playerProcess.write("get_time_pos\n");             //更新播放进度
}
```

音量调节，同样关联 sliderMoved 信号到定义的槽函数 updateVol，代码如下：

```cpp
connect(ui->pVolSlider,SIGNAL(sliderMoved(int)),this,SLOT(updateVol(int)));
```

另外我们还要在视频显示窗口的左上角显示音量调节的百分比，代码如下：

```cpp
void QtMplayerWidget::updateVol(int pos)
{
    QString cmd = "volume " + QString::number(pos) + " 1\n";
    playerProcess.write(cmd.toLatin1().data());
    cmd = "osd_show_text " + QString("Volume:") + QString::number(pos + 1) + "/" + "100\n";
    playerProcess.write(cmd.toLatin1().data()) ;//在视频窗口左上角显示音量调节信息
}
```

接下来一起看看停止按钮、上一首、下一首、倍速播放、慢速播放、模式切换、静音开关等按钮的槽函数，代码如下：

```cpp
void QtMplayerWidget::on_pBtnStop_clicked()
{
    playerProcess.write("stop\n");                     //停止播放视频
    isPlaying = false;
}
void QtMplayerWidget::on_pBtnDown_clicked()            //下一首
{
    if(playingId >= (ui->listWidget->count() - 1)) return;//已经播放到播放列表末尾了
    ui->pBtnDown->setToolTip("next");
    ui->listWidget->item(playingId)->setIcon(QIcon());
    ui->listWidget->item(playingId)->setBackground(Qt::green);
    QString cmd = "loadfile " + ui->listWidget->item(++playingId)->toolTip() + "\n";
                                                       //加载下一个条目
    ui->listWidget->setCurrentItem(ui->listWidget->item(playingId));
    ui->listWidget->item(playingId)->setIcon(QIcon(":/png/images/start.png"));
    qDebug()<<"write down cmd is"<<cmd<<"char is"<<cmd.toLatin1().data();
```

```cpp
    playerProcess.write(cmd.toLatin1().data());

    if(ui->pBtnPlay->toolTip() == "Play")
    {
        ui->pBtnPlay->setIcon(QIcon(":/png/images/pause.png"));
        ui->pBtnPlay->setToolTip("Pause");
    }
    if(isRepeatedOne)                                       //如果单曲循环模式开启
        playerProcess.write("loop 1\n");//
    playerProcess.write("get_time_length\n");
    timer.start(1000);
    playerProcess.write("get_property volume\n");

    isPlaying = true;
    playingfile = ui->listWidget->item(playingId)->toolTip();
}

void QtMplayerWidget::on_pBtnUp_clicked()                   //上一首
{
    if(playingId <= 0) return;
    ui->listWidget->item(playingId)->setIcon(QIcon());
    ui->listWidget->item(playingId)->setBackground(Qt::green);
    QString cmd = "loadfile " + ui->listWidget->item(--playingId)->toolTip() + "\n";
                                                            //加载上一个条目
    ui->listWidget->setCurrentItem(ui->listWidget->item(playingId));
    ui->listWidget->item(playingId)->setIcon(QIcon(":/png/images/start.png"));
    qDebug()<<"write down cmd is"<<cmd<<"char is"<<cmd.toLatin1().data();
    playerProcess.write(cmd.toLatin1().data());

    if(ui->pBtnPlay->toolTip() == "Play")
    {
        ui->pBtnPlay->setIcon(QIcon(":/png/images/pause.png"));
        ui->pBtnPlay->setToolTip("Pause");
    }
    if(isRepeatedOne)
        playerProcess.write("loop 1\n");
    playerProcess.write("get_time_length\n");
    timer.start(1000);
    playerProcess.write("get_property volume\n");
    isPlaying = true;
    playingfile = ui->listWidget->item(playingId)->toolTip();
}

void QtMplayerWidget::on_pBtnVol_clicked()                  //音量调节
```

```cpp
{
    static int i = 0;
    if(i == 0)
    {
        ui->pBtnVol->setIcon(QIcon(":/png/images/mute.png"));
        ui->pBtnVol->setToolTip("Unmute");
        i = 1;
        playerProcess.write("mute 1\n");            //打开静音
        return ;
    }
    if(i == 1)
    {
        ui->pBtnVol->setIcon(QIcon(":/png/images/vol.png"));
        ui->pBtnVol->setToolTip("Mute");
        i = 0;
        playerProcess.write("mute 0\n");            //取消静音
    }
}

void QtMplayerWidget::on_pBtnMode_clicked()         //播放模式切换
{
    static int i = 0;
    if(i == 0)
    {
        ui->pBtnMode->setIcon(QIcon(":/png/images/repeate-one.png"));
        ui->pBtnMode->setToolTip("repeated all");
        i = 1;
        playerProcess.write("loop 1\n");            //单曲循环
        isRepeatedAll = false;
        isRepeatedOne = true;
        return ;
    }
    if(i == 1)
    {
        ui->pBtnMode->setIcon(QIcon(":/png/images/repeate-all.png"));
        ui->pBtnMode->setToolTip("Unrepeated ");
        playerProcess.write("loop -1\n");           //取消单曲循环
        i = 2;
        isRepeatedAll = true;
        isRepeatedOne = false;
        return;
    }
}
```

```cpp
        if(i == 2)
        {
            ui->pBtnMode->setIcon(QIcon(":/png/images/repeate.png"));
            ui->pBtnMode->setToolTip("Repeated one or more ");
            playerProcess.write("loop -1\n");//no loop
            isRepeatedAll = false;
            isRepeatedOne = false;
            i = 0;
        }
}
void QtMplayerWidget::on_pBtnShowFull_clicked()          //全屏或正常显示播放窗口
{
    switchFullorNormal();
}

void QtMplayerWidget::on_pBtnFaster_clicked()            //倍速快播
{
    playerProcess.write("speed_mult 2\n");
}

void QtMplayerWidget::on_pBtnSlower_clicked()            //倍速慢播
{
    playerProcess.write("speed_mult 0.5\n");
}
```

当进程结束的时候,会发送信号,我们在构造函数里面加上连接,用我们定义的槽函数 getPlayerFinished 完成一些善后工作,也别忘记了把程序用到的变量在构造函数里面初始化一下。

```cpp
        isPlaying = false;
        playingfile = QString();
        isSwitch = false;
        playingId = 0;
        isRepeatedAll = false;
        isRepeatedOne = false;
        connect(&playerProcess,SIGNAL(finished(int,QProcess::ExitStatus)),this,
        SLOT(getPlayerFinished(int,QProcess::ExitStatus)));

void QtMplayerWidget::getPlayerFinished(int exitCode, QProcess::ExitStatus exitStatus)
{
    isPlaying = false;
    ui->pPlayerSlider->setValue(0);
    if(isRepeatedAll)                                    //如果设置播放模式为列表循环
```

## 第3章 Qt 编程两件套：多进程和多线程

```
    {
        playingId = (++playingId) % ui->listWidget->count();//循环播放列表视频
        playingfile = ui->listWidget->item(playingId)->toolTip();
        ui->listWidget->setCurrentRow(playingId);
        ui->listWidget->item(playingId)->setIcon(QIcon(":/png/images/start.png"));
        initListItem();
        QStringList args;
        args << "-slave";
        args << "-quiet";
        args << "-wid" << QString::number(ui->pPlayerWidget->winId());
        args<<playingfile;
        playerProcess.start("mplayer", args);//重新启动 mplayer 顺序播放列表视频
        isPlaying = true;
        isSwitch = false;
        playerProcess.write("get_time_length\n");
        timer.start(1000);
        playerProcess.write("get_property volume\n");
    }else
    {
        timer.stop();
    }
}
```

如果想要直接单击播放器的关闭按钮，我们最好还是捕获一下"void closeEvent(QCloseEvent *)"信号，结束 mplayer 进程。

```
void QtMplayerWidget::closeEvent(QCloseEvent *e)
{
    if(isPlaying)                           //如果正在播放,mplayer 进程正在运行
    {
        playerProcess.write("quit\n");      //写 quit 指令,让 mplayer 退出
        /*
        终止进程,这里也可以调用 kill(),kill 比较强势,发送 SIGKILL 信号给进程,
        进程收到后无条件退出。terminate()相对于 kill()友好了一点,发送 SIGTERM 信
        号给进程,进程可以捕获该信号做点善后工作或者忽略该信号
        */
        playerProcess.terminate();
        playerProcess.waitForFinished();    //等待进程结束
    }
    e->accept();
}
```

至此，我们的播放器编程完成了。接下来，将介绍 Qt 的线程编程。

## 3.3 让 Qt 的线程再 run 一会

早在 20 世纪 60 年代就提出来了线程技术,真正把该技术引入到操作系统里面则到了 80 年代中期了。由进程到线程的演化,带来了进程和线程之间说不清楚的关系,也带来了国内面试程序员必须问的一个技术点。当面试官问你进程和线程之间区别的时候,你是不是觉得他们糟蹋了设计者的初衷。我们这里不再赘述两者的概念和优劣,在网上可以搜索到各种说法,总之它们确实更好地支持了多处理的性能,提高了 CPU 的利用率。尤其线程还减小了操作系统上下文切换的开销,以至于当我们需要并发执行程序的时候,不自主地就会使用线程解决这个问题,当然随之也带来了程序结构不清晰,难于调试的弊端。可是习惯就好了,正是因为习惯了才觉得很合理很顺其自然。但是除了使用线程还应该考虑一下有没有替代方案,这个也是在开源社区反复被大家津津乐道的话题。有的时候除了使用线程没有更好的解决办法了,例如,当我们用 Qt 写的界面程序里面,有一个非常耗时的操作时,会发现这个操作会让我们的界面处于假死状态。该操作不完成,别的界面控件也无法及时响应用户的操作。这种情况,说小了是没有良好的用户体验,说大了是根本不懂编程。这个时候就得把这些耗时的操作、轮询硬件状态等可能阻塞主进程的操作都全部放到线程里面执行。用户体验是一切。

Qt 作为一个跨平台的 GUI 软件,我们编程时要考虑到 Windows、Linux 和 Mac 平台下多线程编程的差异。于是在 2000 年 9 月 22 日,引入了一个平台独立的线程类——QThread,后来在 Qt4.0 release 版默认支持多线程,用它可以让我们轻松地启动一个线程,也可以对启动的线程进行控制和状态监测。2010 年 6 月 17 日,Qt 的开发人员 Bradley T. Hughes 发布了一篇文章《You're doing it wrong…》,作者说的什么呢? 带着这个疑问我们一起走进 QThread 的世界。

### 3.3.1 QThread 让一切来得那么轻松

其实要在 Qt 界面程序里面启动一个线程,子类化 QThread,然后重写 run 函数就可以了。先创建个工程试验一下,在工作目录 useqthread 下,创建基于 QDialog 的工程 useqthread,类名为 UseQThreadDialog,为工程添加文件 thread.h 和 thread.cpp,在 thread.h 里面写如下代码:

```
#ifndef THREAD_H
#define THREAD_H
#include<QThread>

class Thread:public QThread
{
    Q_OBJECT
```

## 第3章 Qt编程两件套:多进程和多线程

```
public:
    Thread(){ }
protected:
    virtual void run();              //重写虚函数run
signals:
    void threadSig();                //定义我们的线程类的信号
public slots:
    void recSigFromDialog();         //接收UseQThreadDialog的对象的信号
};
#endif // THREAD_H
```

thread.cpp 代码如下:

```
#include"thread.h"
#include<QDebug>

void Thread::run()                   //启动新线程的入口函数
{
    while(1)                         //线程函数常见的死循环
    {
        qDebug()<<"run in thread id is"<<currentThreadId();//打印出新启动线程的ID
        emit threadSig();
        sleep(1);
    }
}
void Thread::recSigFromDialog()
{
    qDebug()<<"rec sig from dialog"<<"current thread id is"<<currentThreadId();
                            //打印出当前线程ID
}
```

从 QThread 继承的线程类准备好了,在 useqthreaddialog.ui 界面里面添加两个按钮,一个"start"来启动新线程,一个"stop"来终止线程。在 useqthreaddialog.h 中包括进来"#include "thread.h"",为类 UseQThreadDialog 定义一个线程对象"Thread td;";定义一个槽函数,用来接收线程类发送来的信号"void recSigFromThread();";定义信号"void sendSigToThread();",用来向线程发送信号;在 UseQThreadDialog 构造函数里面关联好信号和槽。

```
connect(&td,SIGNAL(threadSig()),this,SLOT(recSigFromThread()));
connect(this,SIGNAL(sendSigToThread()),&td,SLOT(recSigFromDialog()));

void UseQThreadDialog::on_pBtnStart_clicked()
{
```

```
    td.start();                        //调用 start 接口启动线程,会执行 run 函数
    qDebug()<<"td in thread id is"<<td.currentThreadId();//打印出 td 所在的线程 ID
}

void UseQThreadDialog::on_pBtnStop_clicked()
{
    td.terminate();                    //终止线程
    td.wait();                         //等待线程退出
}

void UseQThreadDialog::recSigFromThread()
{
    qDebug()<<"rec signal from thread";
    emit sendSigToThread();            //向 td 发送信号
}
```

程序编写完毕,编译工程,运行单击"start"按钮可以看到如下的输出。注意看,我们就是要从这个输出里面找问题。

```
td in thread id is 3077555984
run in thread id is 3056159600
rec signal from thread
rec sig from dialog thread id is 3077555984
```

发现端倪了吗？td 不在我们新创建的线程环境里面,它的线程 ID 是 3077555984,而新创建的线程 ID 是 3056159600。更严重的是从最后一行输出来看,线程类的槽函数也是在 td 所在的线程执行的,这样如果槽函数执行时间过长或者等待某满足条件而阻塞,整个界面还会陷入假死状态。那怎么着才可以让槽函数也在新线程里面跑而不影响主线程的运行呢？我们先看一个让 Qt 的开发人员 Bradley T. Hughes 没有想到的做法,在 Thread 类的构造函数里面加一条语句"moveToThread(this);",运行看一下输出。

```
td in thread id is 3077998352
run in thread id is 3056601968
rec signal from thread
```

Thread 类的槽函数不执行了,moveToThread 使用没有问题,它确实可以改变一个对象的线程依赖性。我们需要打开线程类的事件循环,在 run 函数 sleep 语句前加上"exec();",再运行看看输出：

```
td in thread id is 3078579984
run in thread id is 3057183600
rec signal from thread
rec sig from dialog thread id is 3057183600
```

看到了吧,这次新建的线程和槽函数都是在一个线程运行的,ID 都是 3057183600。那之前没有调 moveToThread 也没有执行 exec 时,槽函数为什么执行了?答案就在第 1 章讲的 connect 函数里,那里对此有解释,读者们可以进行回顾。

还记得 3.3 节开始的时候,那个"疑问"吗?我们刚觉得掌握了 QThread 的正确使用方法的时候(实际上能解决实际问题就 ok),Bradley T. Hughes 认为我们都 "wrong" 了。绕这么大一圈就是想说明,线程类的对象不是线程,它负责管理控制新创建的线程,应该依赖于另外一个线程而不是新创建的线程。让它们依赖于新创建的线程不是明智之举,最好的办法是什么呢,请参考这个网页地址(http://labs.qt.nokia.com/2010/06/17/youre-doing-it-wrong/)内容。另外当线程结束的时候会发送"void QThread::finished()[signal]"信号。通过前边的例子,可以发现 Qt 的信号和槽机制也可以用于线程间的通信,使用起来非常方便。

## 3.3.2 铁打的临界区,流水的锁机制

提起多线程编程,就得提到线程间的互斥与同步。互斥保证了临界区资源的线性访问,同步则保证了临界区资源的有序访问,同步已经实现了互斥,互斥是一种特殊的同步,两者的关系也很微妙。Qt 在这方面做的就很值得学习,提供了 QMutex、QReadWriteLock、QSemaphore 和 QWaitCondition 来为 Qt 线程间的互斥与同步保驾护航,还提供了人性化的 QMutexLocker、QReadLocker 和 QWriteLocker 来简化锁机制的使用,可谓是用心良苦。QMutex 可以提供一个互斥锁,调用 lock()加锁,unlock()解锁。加锁了切记要在适当的时候解锁,否则就可能出现死锁。为了避免这种情况,可以用 QMutexLocker 来加锁,当它消亡的时候会自动解锁,不用程序员操心了。简化代码的同时也省了心,一举两得。

我们用 QMutex 和 QMutexLocker 锻炼加解锁的使用,采用哪种办法,不言自明,代码如下:

```
QMutex mutex;
int critical_fun(unsigned char status)
{
  mutex.lock();                    //加锁
  int fd;
  if(status == 0x00)
  {
    mutex.unlock();
    return -1;
  }else if(status == 0x01)
  {
    fd = open("/dev/ttyS0",O_RDWR|O_NOCTTY);
    if(fd<0)
```

```
    {
        mutex.unlock();
    }
    /*省略其他操作语句*/
    }
    mutex.unlock();
    return ret;
}
int critical_fun(unsigned char status)           //QMutexLocker 版
{
    /*lock 作用域就在本函数内,函数结束,lock 销毁,自动解锁*/
    QMutexLocker lock(&mutex);
    int fd;
    if(status == 0x00)
    {
        return -1;
    }else if(status == 0x01)
    {
        fd = open("/dev/ttyS0",O_RDWR|O_NOCTTY);
        if(fd<0)
        {
        }
        /*省略其他操作语句*/
    }
    return ret;
}
```

有时候需要保护的临界区资源可能会有多个线程同时去读取,在写临界区资源的时候,为了避免出乱子,要互斥阻塞其他线程的读写操作,直到上一个线程写操作结束才释放了该锁。QReadWriteLock 是解决这类问题的首选,当然也要充分利用便利类 QReadLocker 和 QWriteLocker。

```
QReadWriteLock lock;
void ReaderThread::run()
{
    ...
    lock.lockForRead();//lockForRead()会阻塞当前线程,当有线程加写锁时
    read_file();
    lock.unlock();
    ...
}
```

```
void WriterThread::run()
{
    ...
    lock.lockForWrite();//lockForWrite()会阻塞当前线程,当有线程对该读写锁已经加锁时
    write_file();
    lock.unlock();
    ...
}
```
//上面的两个线程函数,等同于下面的写法
```
void ReaderThread::run()
{
    ...
    QReadLocker locker(&lock);
    read_file();
    ...
}

void WriterThread::run()
{
    ...
    QWriteLocker locker(&lock);
    write_file();
    ...
}
```

QSemaphore 提供对信号量的使用,一次可以请求多个资源,当资源不够的时候就会阻塞,一般使用模式如下:

```
QSemaphore sema(1024);//初始化信号量申请1 024个资源
sema.acquire(100);//请求100个资源,如果available()数量小于请求的数量就阻塞线程
...
sema.release(100);//使用完了释放信号量 available()个数将会+100
```

看最后一个 QWaitCondition,每次讲理论,在最后的时候都有种打开铁锁走蛟龙的感觉,因为终于快到下面的实战了。QWaitCondition 是 Qt 提供用来同步线程的,是线程之间允许等待或唤醒的条件变量。它准许一个线程告诉其他线程某种条件已经满足了,开始运行。调用 wait()线程阻塞等待条件满足,用 wakeAll()/wakeOne()来唤醒阻塞在该等待条件上的进程。它的使用样例如下:

```
QMutex mutex;
QWaitCondition cond;
int critical_fun(unsigned char status)
{
    mutex.lock();                    //加锁
```

```
    int fd;
    if(status == 0x00)
    {
        mutex.unlock();
        return -1;
    }else if(status == 0x01)
    {
OPEN_DEVICE:
    fd = open("/dev/ttyS0",O_RDWR|O_NOCTTY);
    if(fd<0)
    {
     cond.wait(&mutex); //设备打开失败,解锁 mutex,当前线程阻塞等待硬件设备就绪
     goto OPEN_DEVICE;   //醒来时,设备就绪,再次打开设备操作
     //mutex.unlock();
    }

    /*省略其他操作语句*/
    }
    mutex.unlock();
    return ret;
}
void device_ready()
{
    ...
    cond.wakeAll();              //设备就绪唤醒等待线程
}
```

wait 函数原型如下:

```
bool wait ( QMutex * mutex, unsigned long time = ULONG_MAX )
bool wait ( QReadWriteLock * readWriteLock, unsigned long time = ULONG_MAX )
```

参数 time 是超时时间,也就如同每天起床的闹钟一样。默认值 ULONG_MAX 指定永不超时,就等唤醒。唤醒的那些线程依然要遵循操作系统的任务调度机制。

## 3.4 为手机编写出短信收发、电话拨打界面程序

先看看我们的主界面和电话拨打短信发送子界面,如图 3.6~图 3.9 所示界面。
主界面(图 3.6)有两个图标按钮,一个单击进入电话拨打界面(图 3.7),一个单击进入收件箱界面(图 3.8)。在收件箱单击"New message"会弹出发送短信界面(图 3.9)。需要输入的地方当然是用我们前面做的那个输入法软键盘了,乔布斯说过的,生命中的点点滴滴串连起来了吧?

## 第 3 章　Qt 编程两件套：多进程和多线程

图 3.6　电话拨打短信收发主界面

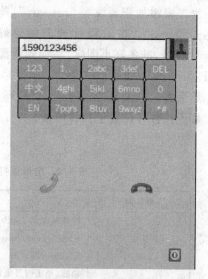

图 3.7　电话拨打界面

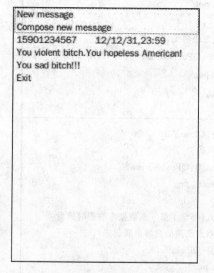

图 3.8　收件箱界面

图 3.9　发送短信界面

创建工作目录 smstel，创建基于 QDialog 的工程 qtsmstel，类名为 QtSmsTelDialog，主界面出来了。然后为工程添加"Qt 设计师界面类"，选择界面模板"Dialog without Buttons"，类名为 telDialog，重复创建类名 smsDialog 和 sendMesDialog 的 "Qt 设计师界面类"，调整 4 个界面大小统一为"240×320"，4 个类的构造函数里面都写上如下语句：

```
this->setWindowFlags(Qt::Widget|Qt::FramelessWindowHint);//widget可以变dialog,反之亦然
this->setGeometry(100,100,240,320);                      //设置显示坐标
```

为工程添加资源文件"res.qrc",前缀还是"/png"。在工程目录下创建好images目录,准备好小图标,添加到资源里面,如图3.10所示。

然后为这些界面按照表3.2所列,添加好子控件并设置子控件属性。

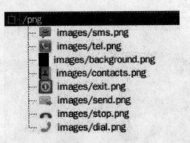

图3.10 资源列表

表3.2 电话拨打短信收发界面控件属性

| 界 面 | 控件及属性 |
| --- | --- |
| qtsmsteldialog.ui | 控件对象名1:pBtnTel,类:QPushButton<br>Icon:":/png/images/tel.png"<br>IconSize:32×32<br>功能:单击打开电话,拨打二级界面。<br>控件对象名2:pBtnSms,类:QPushButton<br>Icon:":/png/images/sms.png"<br>IconSize:32×32<br>功能:单击打开短信,收发二级界面。<br>控件对象名3:pBtnExit,类:QPushButton<br>Icon:":/png/images/exit.png"<br>IconSize:32×32<br>功能:单击关闭界面 |
| teldialog.ui | 控件对象名1:lineEdit,类:QLineEdit<br>功能:输入待拨打的电话号码。<br>控件对象名2:pushButton,类:QPushButton<br>Icon:":/png/images/contacts.png"<br>IconSize:32×32<br>功能:单击可以选择联系人(等学了第5章数据库编程时读者可以自行加入该功能,将点点滴滴的内容串联起来)。<br>控件对象名3:pBtnCall,类:QPushButton<br>Icon:":/png/images/dial.png"<br>IconSize:32×32<br>功能:单击拨打电话。<br>控件对象名4:pBtnStop,类:QPushButton<br>Icon:":/png/images/stop.png"<br>IconSize:32×32<br>功能:单击实现挂机功能。<br>控件对象名5:pBtnExit,类:QPushButton<br>Icon:":/png/images/exit.png"<br>IconSize:32×32<br>功能:单击关闭界面 |

续表 3.2

| 界面 | 控件及属性 |
|---|---|
| smsdialog.ui | 控件对象名 1:listWidget,类:QListWidget<br>功能:显示接收到的短信和创建新短信 |
| sendmesdialog.ui | 控件对象名 1:lineEdit,类:QLineEdit<br>功能:输入电话号码。<br>控件对象名 2:pushButton,类:QPushButton<br>Icon:":/png/images/contacts.png"<br>IconSize:32×32<br>功能:单击可以选择联系人。<br>控件对象名 3:pBtnSend,类:QPushButton<br>Icon:":/png/images/send.png"<br>IconSize:32×32<br>功能:单击发送短信。<br>控件对象名 4:textEdit,类:QTextEdit<br>功能:输入短信内容区域。<br>控件对象名 5:pBtnExit,类:QPushButton<br>Icon:":/png/images/exit.png"<br>IconSize:32×32<br>功能:单击关闭界面 |

所有界面的按钮全部勾选上"flat"属性,接下来是添加按钮功能的时候了,主界面头文件 qtsmsteldialog.h 内容如下:

```
#ifndef QTSMSTELDIALOG_H
#define QTSMSTELDIALOG_H
#include <QDialog>
#include "teldialog.h"              //电话拨打界面类头文件
#include "smsdialog.h"              //收件箱界面类头文件
namespace Ui {
    class QtSmsTelDialog;
}
class QtSmsTelDialog : public QDialog
{
    Q_OBJECT
public:
    explicit QtSmsTelDialog(QWidget *parent = 0);
    ~QtSmsTelDialog();
private slots:
    void on_pBtnTel_clicked();      //电话拨打按钮(pBtnTel)槽函数
    void on_pBtnSms_clicked();      //收件箱按钮(pBtnSms)槽函数
```

```cpp
private:
    Ui::QtSmsTelDialog *ui;
    telDialog * tel;                    //电话拨打界面类对象指针
    smsDialog * sms;                    //收件箱界面类对象指针
};
#endif // QTSMSTELDIALOG_H
```

类 QtSmsTelDialog 实现文件 qtsmsteldialog.cpp 代码如下：

```cpp
#include "qtsmsteldialog.h"
#include "ui_qtsmsteldialog.h"
#include <QListWidget>
QtSmsTelDialog::QtSmsTelDialog(QWidget *parent) :
    QDialog(parent),
    ui(new Ui::QtSmsTelDialog)
{
    ui->setupUi(this);
    tel = new telDialog;                //创建电话拨打界面对象
    sms = new smsDialog;                //创建收件箱界面对象
    this->setWindowFlags(Qt::Widget|Qt::FramelessWindowHint);
    this->setGeometry(100,100,240,320);
    connect(ui->pBtnExit,SIGNAL(clicked()),this,SLOT(close()));//关联退出按钮信号到槽
}
QtSmsTelDialog::~QtSmsTelDialog()
{
    delete tel;                         //销毁对象,释放空间
    delete sms;                         //销毁对象,释放空间
    delete ui;
}
void QtSmsTelDialog::on_pBtnTel_clicked()
{
    tel->show();                        //显示电话拨打界面
}
void QtSmsTelDialog::on_pBtnSms_clicked()
{
    sms->show();                        //显示收件箱界面
}
```

其他界面类的代码还要待串口和 AT 指令言明后才能写出。实际上，如果界面依赖的硬件环境对内存的使用有限制的话，或者以开销最小、效率最高作为目标，那么完全可以不用设计 4 个界面类，设计 1 个，然后把所有要用到的控件布局在这一个界面里面，当需要呈现出来不同的界面元素时把其他的控件元素隐藏。这不失为一种很好的方法。

## 3.4.1 启动线程监听串口这个老朋友

一晚,下班回家,一 Police 迎面巡逻而来。突然对我大喊:站住!
Police:串口通信用几个管脚就可以了?
我:3 个,收发地呗。
Police:你可以走了。
我感到很诧异。
我:为什么问这样的问题?
Police:深夜还在街上走,寒酸的样子,不是小偷就是搞嵌入式开发的。

由此足以看出来串口编程在嵌入式开发中的地位,要不怎么称它为老朋友呢?在很早很早以前的江湖,那个时候还没有无线鼠标,我们用的鼠标都是串口的。那个时候更没有 Mini USB 口,我们升级程序版本从来都是通过串口的。如今江湖变了,人心变了,世道变了,串口却基本上没有变化。不过,不变换个维度看就是最大的变,至少变的快到被其他快速接口拉开很大距离了。可是它却早已融入到了程序江湖的血液里面了,融入到了那些形形色色的嵌入式产品里了。串口编程包含了串口裸机程序开发(无 OS 支持),串口驱动程序开发(基于某一 OS)以及串口应用程序开发(基于某一 OS)。当初,笔者面对摩托罗拉半导体部(现为飞思卡尔)的 8 位单片机,开发裸机串口通信程序,那些整天给寄存器打交道的日子,那些状态寄存器,中断标志位,收发数据寄存器和控制寄存器至今让笔者念念难忘。后来基于 Linux 开发功能强悍的 MCU(arm 核或 mips 核等)的串口驱动程序,那些裸机下开发程序积累的底层知识,被 Linux 驱动开发模型串联起来,让人欲罢不能。再后来编写基于 Windows 或者 Linux 下的串口应用程序,又是别有一番滋味在心头,对串口编程是彻头彻尾地触过低(底层程序)也达过顶(上层应用)。相信这一回顾会引起很多读者的共鸣,勾起和串口这个老朋友打交道的甜美回忆。如今是这个串口情节,让我们再次拿起这个老朋友为我们的 Qt 界面程序冲锋前阵。为工程 qtsmstel 添加 C++源文件 qtserialio.cpp 和 C++头文件 qtserialio.h,一起来看看我们熟悉的程序吧,文件代码如下:

```
qtserialio.h                              //Linux下串口操作接口声明
#ifndef QTSERIALIO_H
#define QTSERIALIO_H
#include <stdint.h>
int open_uart(char * fname = "/dev/ttyS1");   //打开串口设备
int set_uart_speed(int fd, int speed = 9600); //设置串口通信波特率
/*设置串口通信数据位,停止位,校验位和流控信息*/
int set_uart_attr(int fd, int databits = 8, int stopbits = 1, char parity = 'n', char flow-control = 'n');
/*向串口写入数据*/
```

```cpp
int write_uart_timeout(int fd, const void * buf, uint32_t count, int timeout = 1000);
#endif //QTSERIALIO_H
```

```cpp
qtserialio.cpp                                      //Linux下串口操作接口实现文件
#include <termios.h>                                 //termios函数族头文件
#include <sys/stat.h>
#include <sys/fcntl.h>
#include <unistd.h>
#include <string.h>
#include <poll.h>
#include <stdint.h>
#include <errno.h>
#include <stdio.h>
#include <QMutex>

int   speed_table[] = { B115200, B57600, B38400, B19200, B9600, B4800, B2400};//波特率值
int   name_table[] = {115200, 57600, 38400,  19200,  9600,  4800,  2400};
                                                    //可读性好的波特率值
QMutex mutex;
int open_uart(char * fname)
{
    struct termios term_opt;                        //串口通信配置信息结构体定义
    int fd;
    fd = open(fname,O_RDWR|O_NOCTTY);               //打开串口设备
    if (fd ==-1) return-1;
    bzero(&term_opt, sizeof(struct termios));
    cfmakeraw(&term_opt);
    term_opt.c_cc[VTIME] = 0;                       //读取延时设置无延时
    term_opt.c_cc[VMIN] = 0;//最小读取字符数设置为0,即只要串口有数据就读取
    if (tcsetattr(fd,TCSANOW,&term_opt) != 0)       //配置立即生效
    {
        close(fd);
        return-1;
    }
    tcflush(fd, TCIOFLUSH);                         //刷新输入输出缓冲区,但是并不读写
    return fd;
}
int set_uart_speed(int fd, int speed)               //设置通信波特率
{
    int   i;
    int   ret;
    struct termios term_opt;
```

```c
        tcgetattr(fd, &term_opt);                        //获取之前串口配置信息
        for (i = 0;i<sizeof(speed_table)/sizeof(int);i++)
        {
            if (speed == name_table[i]) //name_table 和 speed_table 一一对应
            {
                tcflush(fd, TCIOFLUSH);
                cfsetispeed(&term_opt, speed_table[i]);//设置串口输出波特率
                cfsetospeed(&term_opt, speed_table[i]);//设置输入波特率
                ret = tcsetattr(fd, TCSANOW, &term_opt);
                if (ret != 0) return -1;
                tcflush(fd,TCIOFLUSH);
                break;
            }
        }
        return 0;
}
int set_uart_attr(int fd,int databits,int stopbits,char parity,char flowcontrol )
{
        struct termios term_opt;
        if (tcgetattr(fd, &term_opt) != 0) return -1;
        term_opt.c_cflag &= ~CSIZE;
        switch (databits)
        {
            case 5:
                term_opt.c_cflag |= CS5;           //5bits 数据位
                break;
            case 6:
                term_opt.c_cflag |= CS6;           //6bits 数据位
                break;
            case 7:
                term_opt.c_cflag |= CS7;           //7bits 数据位
                break;
            case 8:
                term_opt.c_cflag |= CS8;           //8bits 数据位
                break;
            default:
                return -1;
        }
        switch (parity)
        {
            case 'n':                               //无校验
                term_opt.c_cflag &= ~PARENB;
```

```c
            term_opt.c_iflag &= ~INPCK;
            break;
    case 'o':    //奇校验
            term_opt.c_cflag |= (PARODD | PARENB);  //输出输出奇校验
            term_opt.c_iflag |= INPCK;
            break;
    case 'e':    //偶校验
            term_opt.c_cflag |= PARENB;             //允许奇偶校验
            term_opt.c_cflag &= ~PARODD;            //清除奇校验标志位,输入输出偶校验
            term_opt.c_iflag |= INPCK;              //启用输入奇偶检测
            break;
    default:
            return -1;
}
switch (stopbits)
{
  case 1:
        term_opt.c_cflag &= ~CSTOPB;        //1 个停止位
        break;
  case 2:
        term_opt.c_cflag |= CSTOPB;         //2 个停止位
        break;
  default:
        return -1;
}
switch(flowcontrol)
{
case 'n':    //无流控
        term_opt.c_cflag &= ~CRTSCTS;                   //禁止硬流控
        term_opt.c_iflag &= ~(IXON | IXOFF | IXANY);    //禁止软流控
        break;
  case 's':                                             //软流控
        term_opt.c_iflag |= (IXON | IXOFF | IXANY);     //开启软流控
        term_opt.c_cflag &= ~CRTSCTS;
        break;
  case 'h':  //硬流控
        term_opt.c_cflag |= CRTSCTS;                    //启动硬件流控
        term_opt.c_iflag &= ~(IXON | IXOFF | IXANY);
        break;
default:
        return -1;
    }
```

```cpp
    if (tcsetattr(fd,TCSANOW,&term_opt) != 0) return -1;
    tcflush(fd,TCIOFLUSH);
    return 0;
}
int write_uart_timeout(int fd, const void * buf, uint32_t count, int timeout)
{
    QMutexLocker lock(&mutex);                          //加锁,防止竞争
    struct pollfd pfd;
    uint32_t io = 0;
    uint32_t r;
    pfd.fd = fd;
    pfd.events = POLLOUT | POLLHUP;                     //检测串口可写和挂起事件
    while (io != count)                                 //循环写入数据
    {
      r = poll(&pfd, 1, timeout);                       //监测串口文件描述符事件
      if (r ==-1 && errno == EINTR)                     //被信号中断,继续
        continue;
      if (r ==-1)                                       //poll 出错
      {
        perror("poll():");
        return -1;
      }
      if (r == 0)                                      //poll 超时
      {
        fprintf(stderr,"Timeout.");
        return -1;
      }
      if (pfd.revents & POLLHUP)                        //挂起事件
      {
        fprintf(stderr,"POLLHUP");
        return -1;
      }
      if (pfd.revents & POLLOUT)                        //可以向串口写入数据
      {
        r = write(fd, buf + io, count - io);            //向串口写入数据
        if (r ==-1 && errno == EINTR)                   //被信号中断,继续
          continue;
        if (r ==-1)                                     //写入失败
        {
          perror("write():");
          return -1;
        }
```

```
        io += r;
    }
}//end while
return io;
}
```

封装好了串口的操作接口,在 main.cpp 里面打开串口并初始化串口。在写 main.cpp 代码前,我们先把前面实现的那个输入法软键盘代码添加到工程,这样一来,在 main 函数里面把输入法也安装上了,main.cpp 的内容就完成了。找到工程 LinuxQtInputMethod,把文件 inputmethodctx.cpp、inputmethodctx.h、inputmethoddialog.cpp、inputmethoddialog.h、inputmethoddialog.ui 和 pyTable.db 复制到工程 qtsmstel 目录下,然后通过 Qt Creator 添加到工程里面。main.cpp 代码如下:

```cpp
#include <QtGui/QApplication>
#include "qtsmsteldialog.h"
#include "inputmethodctx.h"
#include "qtserialio.h"
#include <QDebug>

int uart_fd = 0;//串口文件描述符,由于在其他界面类要用,故定义为全局变量
int main(int argc, char *argv[])
{
    QApplication a(argc, argv);
    if(argc<2)//程序运行需要传递一个参数指定要打开的串口设备名
    {
        qDebug()<<"Usage:"<<argv[0]<<" /dev/ttyS0";//参数个数不对输出用法
        return -1;
    }
    uart_fd = open_uart(argv[1]);//打开传递过来的串口设备,把描述符保存在 uart_fd
    if(uart_fd<0) {qDebug("Failed to open dev");return -1;}
                            //设备打开失败,输入失败信息返回
    /*串口的初始化要根据外设的需求来设定,我们采用的 GSM 模块为西门子的 TC35T。
      它是西门子公司推出的一个便携即插即用解决方案,作为一个终端产品内置了 TC35
      无线模块,集成了标准 RS232 接口和 SIM 卡。可以用 AT 指令通过串口对它设置,可
      以应用在远程通信和现场监控等领域。通信波特率要求为 9 600,8 个数据位,1 个停
      止位,无奇偶校验,有硬件流控,故程序做如下的串口配置:
    */
    set_uart_speed(uart_fd,9600);
    set_uart_attr(uart_fd,8,1,'n','h');
    inputMethodCtx *iCtx = new inputMethodCtx;
    a.setInputContext(iCtx);        //安装输入法
    QtSmsTelDialog w;
```

```
        w.show();                      //显示主界面
        return a.exec();
}
```

串口打开了,输入法也准备好了。当串口有数据发送过来时,我们要启动一个线程,时刻监视着串口,一旦有数据发送来(比如 GSM 模块向我们发送过来的短信内容),就接收处理。故而为工程添加串口监听线程类 listenThread,读者最好是先看看下一节(3.4.2 AT 指令控制 GSM 模块工作)再回来写这些代码。相信非专业人员看了也能理解下面的程序,先去看下节 AT 指令的介绍。

listenthread.h //串口接收监听类 listenThread 头文件

```
#ifndef LISTENTHREAD_H
#define LISTENTHREAD_H
#include <QThread>
class listenThread:public QThread
{
    Q_OBJECT
protected:
    virtual void run();                //线程入口函数
signals:
    void sendMesContents(QString msg); //向外发送的带短信内容的信号
};
#endif // LISTENTHREAD_H
```

listenThread.cpp                       //串口接收监听类 listenThread 实现文件

```
#include "listenthread.h"
#include <poll.h>
#include <errno.h>.h>
#include <stdio.h>
#include "qtserialio.h"
extern int uart_fd;                    //声明程序用到的外部变量,也就是 main 函数
                                       //里面打开的串口设备文件描述符
void listenThread::run()
{
    struct pollfd pfd;
    size_t ret;
    char buf[1024];
    bzero(&pfd,sizeof(struct pollfd));
    pfd.fd = uart_fd;
    pfd.events = POLLIN;               //监测串口可读事件
    write_uart_timeout(uart_fd,"AT+CMGF = 1\r",strlen("AT+CMGF = 1\r"));
                                       //文本模式
```

```
        write_uart_timeout(uart_fd,"AT + CNMI = 2,1\r",strlen("AT + CNMI = 2,1\r"));
                                         //短信通知

        while(1)
        {
            memset(buf,0,1024);
            ret = poll(&pfd, 1 ,- 1);            //不超时监测串口事件
            if (ret ==- 1 && errno == EINTR)    continue;
            if(ret ==- 1) {perror("poll():");break;};
            if (pfd.revents & POLLIN)           //串口有数据可读
            {
              ret = read(uart_fd,buf,1024);   //读取数据
              buf[ret] = '\0';
              QString str(buf);
              str = str.trimmed();
              if(str.contains (" + CMTI"))    //如果是新消息提示数据
              {
                /*获取短信编号,读取短信内容*/
                int commapos = str.indexOf(",");// + CMTI : "SM", 1
                int len = str.length();
                QString readMsgCmd = "AT + CMGR = " + str.right(len - commapos - 1) + "\r";
                /*发送读取短信内容 AT 指令*/
                write_uart_timeout(uart_fd,readMsgCmd.toLatin1().data(),readMsgCmd.
                length(),1000);
              }else if(str.contains (" + CMGR:"))  //如果接收到短信内容
              {
                  emit sendMesContents(str);    //向外发送涵盖短信内容信号
              }
            }//end if
        }//end while
}
```

至此,串口可以收发自如的工作了。

## 3.4.2 AT 指令控制 GSM 模块工作

AT 是"Attention"的前两个字符,AT 后面往往跟着具体的指令字符串,指令字符串最后默认以回车(\r)做为结束标志。AT 指令用来控制 GSM 模块是拨号、挂机、发短信还是收短信等。我们来看看一些常用的指令,如表 3.3 所列。

# 第3章 Qt编程两件套:多进程和多线程

**表3.3 常用AT指定说明**

| 指令及功能 | 指令参数说明 | 指令执行后响应 |
|---|---|---|
| ATD[<n>][<mgsm>][;]<br>该指令通常用来建立语音数据或传真呼叫 | <n>:拨号字符串;<br><mgsm>:取值"1"使能CLIR(手机号码无法被呼叫);<br>取值"i"禁止CLIR(手机号码可以被呼叫)。<br><;>:只需要语音呼叫,GSM终端仍处于命令模式 | OK:语音呼叫成功;<br>BUSY:被叫方线路忙;<br>NO ANSWER:固定连接时间到后未检测到挂起信号;<br>NO CARRIER:呼叫建立失败或远端用户已释放 |
| ATH<n><br>断开连接挂机,有多个通话情况下,所有连接都释放 | <n>:取值"0",终端呼叫 | OK:之前对109线路是打开的,现在把它关闭 |
| AT+CMGF=[<mode>]<br>设置消息格式 | <mode>:取值"0",PDU格式;<br>取值"1",text格式 | OK |
| AT+CNMI=[<mode>][,<mt>][,<bm>][,<ds>][,<bfr>]<br>设置新消息提示 | <mode>:控制通知终端设备(以下简称为TE)的方式,取值"0",先将通知缓存起来,再按照<mt>的值进行发送;取值"1",在数据线空闲的情况下,通知TE,否则不通知;取值"2",数据线空闲时,直接通知TE,否则先将通知缓存起来,待数据线空闲在发送;取值"3",直接通知TE。<br><mt>:设置信息存储和通知TE的内容,取值"0",接收的短信内容存储到默认的内存位置,不通知TE;取值"1",接收的短信内容存储在默认内存位置,并通知TE;其他取值意义参考相关标注文档。<br><bm><ds><bfr>,一般设置为"0"值即可 | OK:指令设置成功<br>当我们向TE发送"AT+CNMI=2,1\r"时,如果有新消息到来,就会向TE发送如下的新消息提示:<br>"+CMTI:<mem>,<index>"<br><mem>指定消息存储的内存位置,如为"SM"指定为SIM卡。<index>新消息的访问索引,读取消息内容时会用到该索引 |
| AT+CMGR=<index><br>读取短消息内容 | <index>:读取短消息的访问索引值 | 消息格式为TEXT模式时会收到如下响应:<br>+CMGR:" REC UNREAD"," +8615901234567","12/12/31,23:59:59+00"<br>msg contents<br>OK |

•215•

续表 3.3

| 指令及功能 | 指令参数说明 | 指令执行后响应 |
|---|---|---|
| AT+CMGL [=<stat>] 该指令用来读取某种类型的存储的短消息 | <stat>取值如下,"/"前为 text mode 的取值,"/"后为 PDU mode 的值。<br>"REC UNREAD"/"0":接收未读消息,该值为默认值;<br>"REC READ"/"1":接收已读;<br>"STO UNSENT"/"2":存储未发送;<br>"STO SENT"/"3":存储已发送;<br>"ALL"/"4":所有消息 | Text mode<br>+CMGL:<index>,<stat>,<oa/da>,[<alpha>],[<scts>][,<tooa/toda>,<br><length>]<CR><LF><data><br>[<CR><LF><br>+CMGL:<br><index>,<stat>,<da/oa>,[<alpha>],[<scts>][,<tooa/toda>,<br><length>]<CR><LF><data><br>[...]] OK<br>具体含义请参考相关标准文档 |
| Text mode<br>AT+CMGS<br>=<telnum><br><CR>text is entered<br><ctrl-Z/ESC><br>发送短消息 | <telnum>:短信接收方电话号码。<br><CR>:回车符。<br>输入短信内容。<br>按"ctrl-Z"发送短信或按"ESC"取消发送 | Text mode 发送成功返回:<br>+CMGS:<mr>[,scts>] OK<br>失败返回:<br>+CMS ERROR:<err> |

当然了 AT 指令还有很多,我们不可能全部介绍了,常用到的读者要明白怎么使用,将来会用到的读者要会去查阅标准文档。现在我们只差 qtsmstel 工程的最后闭关代码了,在 teldialog.cpp 中,类 telDialog 构造函数里面加上退出按钮信号和 close()槽函数的关联,另外添加头文件"#include "qtserialio.h"",声明串口设备文件描述符"extern int uart_fd;"。在 sendmesdialog.cpp 里面也要这样做,后面就不重复了。在 teldialog.cpp 里面编写拨号和挂机按钮的槽函数代码,代码如下:

```
void telDialog::on_pBtnCall_clicked()
{
    QString callCmd = QString("ATD ") + ui->lineEdit->text() + ";\r";//组装拨打电话指令
    write_uart_timeout(uart_fd,callCmd.toLatin1().data(),callCmd.length());
}
void telDialog::on_pBtnStop_clicked()
{
    write_uart_timeout(uart_fd,"ATH \r",strlen("ATH \r"));      //发送挂机 AT 指令
}
```

在 sendmesdialog.cpp 里面编写发送短信按钮槽函数,代码如下:

```
void sendMesDialog::on_pBtnSend_clicked()
```

## 第3章 Qt 编程两件套：多进程和多线程

```cpp
{
    /*获取用户输入的手机号组装指令*/
    QString cmd = QString("AT+CMGS=") + ui->lineEdit->text() + "\r";
    write_uart_timeout(uart_fd,cmd.toLatin1().data(),cmd.length());
    cmd = ui->textEdit->toPlainText() + "\x1a";//获取用户输入的短信内容组装指令,
    "\x1a"就是"ctrl-z"
    write_uart_timeout(uart_fd,cmd.toLatin1().data(),cmd.length());
}
```

收件箱界面代码如下：

```cpp
smsdialog.h
#ifndef SMSDIALOG_H
#define SMSDIALOG_H
#include <QDialog>
#include <QListWidget>
#include <QMouseEvent>
#include "sendmesdialog.h"
namespace Ui {
    class smsDialog;
}
class smsDialog : public QDialog
{
    Q_OBJECT
public:
    explicit smsDialog(QWidget *parent = 0);
    ~smsDialog();
private:
    Ui::smsDialog *ui;
    QListWidgetItem *newMesItem;              //短信条目
    sendMesDialog *psendMesDialog;            //发送短信界面
private slots:
    void getItemClicked(QListWidgetItem * item);//单击短信条目
    void parseMesContents(QString);           //解析短信内容,插入到短信列表框
};
#endif // SMSDIALOG_H

smsdialog.cpp
#include "smsdialog.h"
#include "ui_smsdialog.h"
#include <QDebug>


smsDialog::smsDialog(QWidget *parent):
```

```cpp
    QDialog(parent),
    ui(new Ui::smsDialog)
{
    ui->setupUi(this);
    this->setWindowFlags(Qt::Widget|Qt::FramelessWindowHint);
    this->setGeometry(100,100,240,320);
    newMesItem = new QListWidgetItem("New message\nCompose new message");
    ui->listWidget->addItem(newMesItem);              //向短信列表框插入新建短信条目
    ui->listWidget->insertItem(ui->listWidget->count(),"Exit");//短信列表框最后
                                                              //添加退出条目
    connect(ui->listWidget,SIGNAL(itemClicked(QListWidgetItem *)),this,
            SLOT(getItemClicked(QListWidgetIte m *)));
    psendMesDialog = new sendMesDialog;
}
void smsDialog::getItemClicked(QListWidgetItem * item)
{
    if(item == newMesItem)                           //如果单击新建短信条目
        psendMesDialog->show();                      //弹出新建发送短信界面
    if(item->text() == "Exit")
        this->close();
}
/*
接收到的短信内容格式
+ CMGR: "REC UNREAD", " + 8615901234567","12/12/31,23:59:59 + 00"
msg contents
OK
*/
void smsDialog::parseMesContents(QString msg)        //解析短信内容
{
    int pos = msg.indexOf(" + 86");
    int endpos = 0;
    QString phone = msg.mid(pos + 3,11);             //解析出发送短信的手机号
    pos = msg.indexOf("/");
    QString time = msg.mid(pos - 2,14);              //获取短信发送日期
    pos = msg.indexOf("\r\n");
    endpos = msg.indexOf("\r\n",pos + 2);
    QString msgtext = msg.mid(pos + 2,endpos - pos - 2);//获取短信内容
    QString disstr = phone + QString("         ") + time + "\n" + msgtext;//组装短信显示条目文本
    ui->listWidget->insertItem(1,disstr);            //向插入新接收到的短信内容到收件箱
}
```

最后在主界面的头文件 qtsmsteldialog.h 中,括进来监听串口线程类的头文件

## 第 3 章 Qt 编程两件套：多进程和多线程

"#include "listenthread.h""。在类 QtSmsTelDialog 定义里面，声明数据成员"listenThread * thread;"。在类构造函数里面添加如下代码：

```
thread = new listenThread;            //创建线程类对象
thread->start();                      //启动线程监听串口事件
/*线程收到串口数据，解析为短信内容时，通过信号发送短信内容到收件箱显示 */
connect(thread,SIGNAL(sendMesContents(QString)),sms,SLOT(parseMesContents(QString)));
```

在类 QtSmsTelDialog 析构函数里面别忘记了关闭线程，释放线程对象资源。

```
if(thread->isRunning())
    {
        thread->terminate();
        thread->wait();
    }
    delete thread;
```

好了，接下来请读者购买一个西门子的 GSM 模块。买完设备，连接好串口，装上充好费的 SIM 卡，运行我们的程序。GSM 模块图照片如图 3.11 所示。请购买正版西门子模块，否则，程序跑不起来。

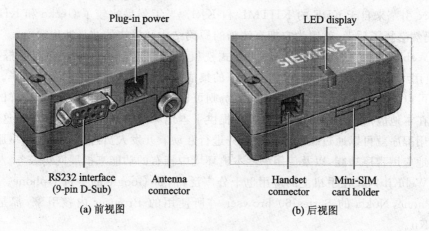

图 3.11 TC35T 模块视图

# 第4章

# Qt WebKit 高级编程技术

WebKit 是一个开源的浏览器引擎,与之相应的引擎有 Gecko(Mozilla Firefox 等使用的排版引擎)和 Trident(也称为 MSHTML,IE 使用的排版引擎)。同时 WebKit 也是苹果 Mac OS X 系统引擎框架版本的名称,主要用于 Safari、Dashboard、Mail 和其他一些 Mac OS X 程序。WebKit 所包含的 WebCore 排版引擎和 JSCore 引擎来自于 KDE 的 KHTML 和 KJS。当年苹果比较了 Gecko 和 KHTML 后,仍然选择了后者,就因为它拥有清晰的源码结构和极快的渲染速度。

Webkit 是以 LGPL(部分 BSD)方式授权,适合将 Webkit 集成到商业框架中。Qt 应用程序框架和 Webkit 浏览器引擎的集成为开发团队提供了两者的精华。设计人员可以使用熟悉的网络流程,编码人员则可以专心编写应用程序功能,这样的集成通过在本地应用程序中渲染网络内容,提供了本地和网络混合的用户体验。这样,本地应用程序就可以通过编程与网络服务进行互动。开发人员还可以通过网络服务扩展本地应用程序功能,以及使用一些本地环境中特有的功能来扩展网络服务。

WebKit 内核在手机上的应用也十分广泛,例如 Google 的手机 Gphone、Apple 的 iPhone、Nokia 的 Series 60 browser 等所使用的 Browser 内核引擎,都是基于 WebKit。

WebKit 从 Qt 4.4 开始被作为一个 Module 集成到 Qt 中。Qt 4.7 使 Qt WebKit 集成的稳定性和性能均得到更大的提升。QtWebKit 提供了一个 web 浏览器引擎使 World Wide Web 更容易集成到 Qt 应用中,使 web 页面能显示各种本地控件,通过 JavaScript 和本地对象交互。

要想在我们的工程中使用 QtWebkit module,别忘记了在工程文件(.pro)中加上"QT+=webkit",用来通知工程一声。

# 第 4 章　Qt WebKit 高级编程技术

## 4.1　第一次全景观看 Qt WebKit 的类结构图

一个好汉三个帮，既然是 QtWebkit，顾名思义就是 Qt 和 Webkit 两个好汉。我们从上到下细细打量这些支撑起整个 QtWebkit 架构的幕后英雄们，如图 4.1 所示。

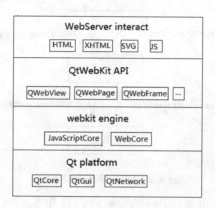

**图 4.1　QtWebkit 架构图**

程序员通过"QtWebKit API"这一层即可写出基于 Web 的 Internet 应用程序，从而让本地 Qt 应用程序可以方便地使用万维网上的内容，并且还可以与网页内容进行交互。表 4.1 是该层主要涉及到的类。

**表 4.1　QtWebKit 模块相关类库**

| 类　名 | 功　能 |
| --- | --- |
| QWebElement | 提供访问 QWebFrame 中的 DOM 元素的方法 |
| QWebFrame | 代表一个网页中的一个框架，一个网页至少包含一个主框架 |
| QWebHistory | 记录和 QWebPage 相关联的历史访问记录 |
| QWebHistoryInterface | 提供访问历史链接的接口 |
| QWebHistoryItem | 代表和 QWebPage 相关联的历史访问链接中的一个访问过的链接条目 |
| QWebInspector | 提供关于网页的信息，比如页面的 DOM，页面使用的 CSS，JS 脚本等 |
| QWebPage | 用来展现和编辑一个网页 |
| QWebPluginFactory | 是 QWebPage 的插件工厂，用于创建嵌入 web pages 的插件 |
| QWebSettings | 用来保存对 QWebPage 和 QWebFrame 的属性及设置的配置信息 |
| QWebView | 用来展现和编辑网页的窗体，用它来可视化一个 QWebPage |

这些类之间有着千丝万缕的联系，你中有我，我中有你，互相调用。这些主要类之间的关系，如图 4.2 所示。

从上到下，从下到上，都能够追根求源，顺藤摸瓜，上下级间保持了畅通的沟通渠

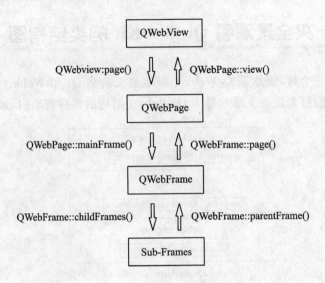

图 4.2 QtWebKit 类关系图

道。通过图 4.2 可以看出来，QWebView 可以打开多个网页，每个网页对应一个 QWebPage，每个 QWebPage 至少有一个 MainFrame 或者多个子框架，它们之间可以借助提供的接口互相找到对方。

## 4.2 QWebView 让我们实现开发浏览器的梦想

看看如图 4.3 所示的界面，用我们写的浏览器去访问经常访问的可是已经不能

图 4.3 基于 QtWebkit 实现的浏览器

## 第 4 章　Qt WebKit 高级编程技术

再自由访问的 Google 页面，这个熟悉的陌生人，是不是很亲切。在这个项目案例里面，我们尽量用最少的代码的来实现这个浏览器，就是想证明 QWebView 已经为我们做了很多，毫不客气的拿来用就是对它的最大尊敬了。没有什么比对主人精心准备的饕餮大餐表现出索然无味更让主人感觉到不安的事情了，那我们就享受 QWebView 为我们烹饪的大餐吧。

如图 4.3 所示，我们的浏览器也具备了浏览器应该有的基本功能，像前进、后退、历史记录、页面内容缩放、刷新、停止、进度显示和状态提示等功能。开始工作吧，创建工作目录 qtbrowser，启动 qtcreator 创建基于 QMainWindow 的工程 qtbrowser，类名为 QtBrowserMainWindow。用 QMainWindow 可以创建带菜单栏、工具栏、状态栏或停驻部件的用户界面程序，就和现在用 word2003 的界面框架一样。

为工程添加 Qt 资源文件 res.qrc，准备好界面用到的图标，如图 4.4 所示。

接下来进行界面布局，向 qtbrowsermainwindow.ui 里面拖放控件，控件信息如表 4.2 所列。

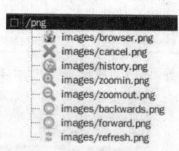

图 4.4　浏览器资源文件

表 4.2　浏览器实例控件信息列表

| 控件对象名/类名 | 功　能 | 属　性 |
|---|---|---|
| pBtnBackWards/QPushButton | 单击访问上一个网页 | sizePolicy:[Fixed,Fixed,0,0]<br>iconSize:32x32<br>flat:enable<br>上面 3 个属性工程涉及到的按钮都采取相同设置，后面不再提及<br>toolTip:backwards<br>icon:backwards.png |
| pBtnForWard/QPushButton | 前进 | toolTip:forward<br>icon:forward.png |
| pBtnHistory/QPushButton | 单击弹出历史浏览记录 | toolTip:history<br>icon:history.png |
| pBtnBrowserIcon/QPushButton | 显示网页对应的图标 | toolTip:browsericon<br>icon:browser.png |
| pLineEditUrl/QLineEdit | 用户输入网址区域 | 默认 |
| pBtnStop/QPushButton | 停止当前正在打开的网页 | toolTip:stop<br>icon:cancel.png |
| progressBar/QProgressBar | 显示网页打开的进度 | 默认 |

续表 4.2

| 控件对象名/类名 | 功 能 | 属 性 |
|---|---|---|
| pBtnZoomIn/QPushButton | 放大网页内容 | toolTip:zoomin<br>icon: zoomin.png |
| pBtnZoomOut/QPushButton | 缩小网页内容 | toolTip:zoomout<br>icon:zoomout.png |
| pBtnRefresh/QPushButton | 刷新网页 | toolTip:refresh<br>icon:refresh.png |
| webView/QWebView | 展现网页窗体 | url:http://www.google.com.hk |

界面控件布局如图 4.5 所示，整个窗体用"栅格布局"管理起来。

图 4.5　浏览器实例界面布局

接下来是见证奇迹的时刻，我们写的代码很少很精简，如下：

```
qtbrowsermainwindow.h
#ifndef QTBROWSERMAINWINDOW_H
#define QTBROWSERMAINWINDOW_H
#include <QMainWindow>
class QUrl;
namespace Ui {
    class QtBrowserMainWindow;
}
class QtBrowserMainWindow : public QMainWindow
{
    Q_OBJECT
```

# 第4章 Qt WebKit 高级编程技术

```cpp
public:
    explicit QtBrowserMainWindow(QWidget *parent = 0);
    ~QtBrowserMainWindow();
private:
    Ui::QtBrowserMainWindow *ui;
private slots:
    /*openUrl()关联 pLineEditUrl 的信号 returnPressed()
      当用户输入网址按回车键时打开网页*/
    void openUrl();
    /*on_开头的7个函数为各功能按钮的 clicked 信号关联的槽函数*/
    void on_pBtnBackWards_clicked();
    void on_pBtnForWard_clicked();
    void on_pBtnRefresh_clicked();
    void on_pBtnZoomIn_clicked();
    void on_pBtnZoomOut_clicked();
    void on_pBtnHistory_clicked();
    void on_pBtnStop_clicked();
    void upDateProgress(int);            //更新进度条显示进度
    void getIconChanged();               //设置网页显示的小图标
    void createCtxMenu(const QPoint&);   //创建鼠标在网页右键单击时弹出的菜单
    void getLinkClicked(const QUrl &url);//单击网页里面的链接时响应的槽函数
};
#endif // QTBROWSERMAINWINDOW_H
```

qtbrowsermainwindow.cpp

```cpp
#include "qtbrowsermainwindow.h"
#include "ui_qtbrowsermainwindow.h"
#include <QDebug>
#include <QWebHistory>
#include <QTextEdit>
#include <QWebFrame>
#include <QPlainTextEdit>
#include <QWebInspector>
QtBrowserMainWindow::QtBrowserMainWindow(QWidget *parent) :
    QMainWindow(parent),
    ui(new Ui::QtBrowserMainWindow)
{
    ui->setupUi(this);
    connect(ui->pLineEditUrl,SIGNAL(returnPressed()),this,SLOT(openUrl()));
    /*关联网页超链接单击信号,用来打开超级链接*/
    connect(ui->webView,SIGNAL(linkClicked(QUrl)),this,SLOT(getLinkClicked(QUrl)));
    /*关联网页元素加载进度信号,更新加载进度条*/
    connect(ui->webView,SIGNAL(loadProgress(int)),this,SLOT(upDateProgress(int)));
    /*关联网页加载结束信号,用来更新网站显示小图标*/
    connect(ui->webView,SIGNAL(loadFinished(bool)),this,SLOT(getIconChanged()));
    /*关联网页图标变化信号,用来更新网站显示小图标*/
```

```cpp
    connect(ui->webView,SIGNAL(iconChanged()),this,SLOT(getIconChanged()));
    /*设置单击超链接,发送 linkClicked 信号*/
    ui->webView->page()->setLinkDelegationPolicy(QWebPage::DelegateAllLinks);
    /*以下使能 JS、插件、导航功能和针对 web 开发人员的额外工具*/
    ui->webView->settings()->setAttribute(QWebSettings::JavascriptEnabled, true);
    ui->webView->settings()->setAttribute(QWebSettings::PluginsEnabled, true);
    ui->webView->settings()->setAttribute(QWebSettings::SpatialNavigationEnabled, true);
    ui->webView->settings()->setAttribute(QWebSettings::DeveloperExtrasEnabled, true);
    QWebSettings::setIconDatabasePath("./iconcache");  //设置网页图标资源存储路径
    /* 使能 customContextMenuRequested()信号 */
    ui->webView->setContextMenuPolicy(Qt::CustomContextMenu);
    /*关联 customContextMenuRequested 信号,以便弹出自定义上下文菜单*/
    connect(ui->webView,SIGNAL(customContextMenuRequested(const QPoint&)),this,
            SLOT(createCtxMenu(const QPoint&)));
}
void QtBrowserMainWindow::createCtxMenu(const QPoint &)//创建右键单击弹出菜单
{
    QMenu ctxMenu;
    ctxMenu.addAction("reload");              //重新加载页面
    ctxMenu.addAction("view source");         //查看网页源代码
    /*显示 web Inspector*/
    ctxMenu.addAction(ui->webView->pageAction(QWebPage::InspectElement));
    QAction *act = ctxMenu.exec(QCursor::pos());//在鼠标单击位置弹出菜单
    if(act)                                    //判断用户单击的菜单项
    {
        if(act->text() == "reload")           //如果单击了"reload"菜单
        {
            ui->webView->reload();            //重新加载网页
        }else if(act->text() == "view source")
        {
            /*创建窗体显示网页源代码*/
            QPlainTextEdit *src =
                new QPlainTextEdit(ui->webView->page()->mainFrame()->toHtml());
            src->setAttribute(Qt::WA_DeleteOnClose);//关闭窗体时,销毁对象,释放空间
            src->show();
        }
    }
}
void QtBrowserMainWindow::getIconChanged()          //设置网页显示小图标
{
    QPixmap pix = ui->webView->icon().pixmap(32,32); //获取图标,缩放成 32×32 的 pixmap
    pix = pix.scaled(32,32);                         //图像小于 32×32,做适当的拉伸
    QIcon icon = QIcon(pix);
    ui->pBtnBrowserIcon->setIcon(icon);              //设置浏览器显示网站小图标
    ui->pLineEditUrl->setText(ui->webView->url().toString());
```

## 第4章 Qt WebKit 高级编程技术

```cpp
    this->statusBar()->showMessage("Loaded");      //更新浏览器状态栏显示
}
void QtBrowserMainWindow::upDateProgress(int step)
{
    ui->progressBar->setValue(step);               //更新网页加载进度条
    this->statusBar()->showMessage("Loadeding...");//设置浏览器状态栏显示
}
void QtBrowserMainWindow::getLinkClicked(const QUrl &url)
{
    ui->webView->load(url);                        //打开超级链接网页
}
void QtBrowserMainWindow::openUrl()
{
    QString str = ui->pLineEditUrl->text();        //获取用户要打开的网页地址
    if(! str.contains("://")) str.prepend("://");//如果用户没有输入"://",则自动帮他添加
    QUrl url(str);
    if(url.scheme().isEmpty()) url.setScheme("http");//添加 url 协议头
    ui->webView->setUrl(url);                      //打开用户输入网址页面
}
void QtBrowserMainWindow::on_pBtnBackWards_clicked()
{
    ui->webView->back();                           //显示上一个打开过的网页
}
void QtBrowserMainWindow::on_pBtnForWard_clicked()
{
    ui->webView->forward();                        //显示下一个打开过的网页
}
void QtBrowserMainWindow::on_pBtnRefresh_clicked()    //刷新网页
{
    ui->webView->reload();
}
void QtBrowserMainWindow::on_pBtnZoomIn_clicked()     //页面放大
{
    ui->webView->setZoomFactor(ui->webView->zoomFactor() + 0.2);
}
void QtBrowserMainWindow::on_pBtnZoomOut_clicked()    //页面缩小
{
    ui->webView->setZoomFactor(ui->webView->zoomFactor() - 0.2);
}
void QtBrowserMainWindow::on_pBtnHistory_clicked()    //获取历史浏览记录
{
    QMenu menu;
    QAction *act = NULL;
    QWebHistory *history = ui->webView->history();  //获取访问过的历史浏览记录
    int historyCount = history->count();            //获取历史记录条目个数
```

```cpp
    for(int i = 0;i<historyCount;i++)
    {
        qDebug()<<"the url histroy is"<<history->itemAt(i).url();
        act = menu.addAction(history->itemAt(i).title());//用历史记录网页标题创建菜单项
        act->setData(history->itemAt(i).url());//把网页url地址设置为菜单项内部数据
    }
    act = menu.exec(QCursor::pos());                    //弹出历史记录
    if(act) ui->webView->load(act->data().toUrl());//如果用户单击了历史记录,则打开它
}
void QtBrowserMainWindow::on_pBtnStop_clicked()
{
    ui->webView->stop();                               //停止加载网页
}
```

代码添加结束后,运行程序,默认打开主页谷歌。在页面单击右键弹出的菜单,选择"view source",弹出窗体,显示页面的源代码,开发人员可以从其中获取需要的信息,如图4.6所示。

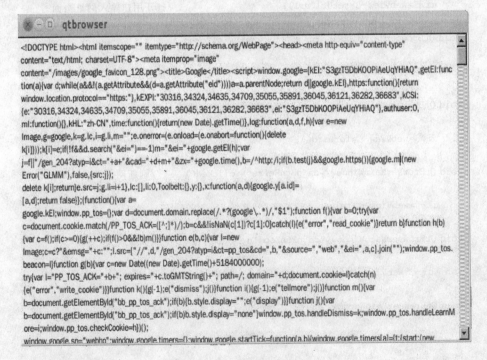

图4.6 查看网页源码窗体

如果需要更详细的信息,例如页面的CSS、JS脚本、资源文件、执行时间等调试信息,单击"Inspect"菜单,弹出如图4.7所示的信息界面。

暗藏在页面下的所有信息都呈现在眼前了,为了在浏览器这个舞台前呈现出简约而不失优雅的页面,台后得下多少的功夫啊!

# 第 4 章　Qt WebKit 高级编程技术

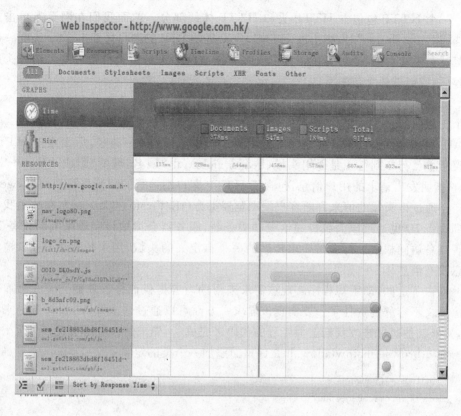

图 4.7　页面详细调试信息

## 4.3　编写有特定要求的网站 Web 客户端程序

随着 IPTV 的推广及机顶盒网络视频应用的普及，在电视上直接点播 Internet 上的视频服务也越来越成为一种消费需求。有市场就有利益，有利益就有公司热衷提供这样的服务来挣钱。比如国内某知名广电数字内容提供商，提供给开发人员的互联网电视接口方案里面就有这样的描述：

请求视频内容的设备 ID，用户标识等信息需要放置在 HTTP 请求头中传输。

GET 请求消息结构示例如下：

```
1    GET /URI HTTP/1.1\r\n
2    User-Agent:Mozilla/5.0(DEVICE-ID 00-01-02-03-04-05;Linux ) webkit\r\n
3    Accept:*.*\r\n
4    Host:URL\r\n
5    USER-ID:120909\r\n
6    \r\n
```

一个 HTTP 包包含 HTTP 头和 HTTP 体两部分。前面我们在网页上单击右键选择"view source"时,弹出的 HTML 代码是 HTTP 的消息体而 header 头呢一般浏览器是不让看的,通过抓包工具可以将其抓取到并进行分析。等改变了消息头的内容后,我们就抓个包看看。

如上面 GET 请求消息结构所示的那样,HTTP 包由一个起始行(行 1),0 个或多个头域(行 2～5),代表 HTTP 头结尾的空行(行 6)及可选的 HTTP 体组成。行 1,"GET"指明向 webServer 请求文件,URI 指明请求文件的路径,后面跟上 HTTP 协议版本。行 2 到行 4 是通用头域(header field),由"域名:域值"组成,"User-Agent"指明发出请求的用户信息,包含了 HTTP 客户端运行的浏览器类型信息,webServer 通过该头域的值来判断客户端浏览器类型(IE/Firefox/Chrome),在这里我们看到设备 ID 也通过该头域传递给视频服务器,服务器会读取该字段来判断设备 ID 是否具备访问权限。行 5 是要求传递的一个自定义的头域,用来传递用户 ID,请求消息没有消息体。

明白了这些,动手写程序实现该需求来帮助内容提供商挣钱就成为了一名雇佣程序员义不容辞的责任了。要实现该需求一方面可以通过修改 QtWebkit 源码来实现,另外就是通过修改我们上面工程的代码来完成了,先来修改应用实现。

在 qtbrowsermainwindow.h 文件里面添加一个类的定义:

```cpp
#include <QWebPage>
class QCustomWebPage:public QWebPage
{
public:
    QString userAgentStr;
    void addUserAgentForUrl(QString _userAgentStr )
    {
        userAgentStr = _userAgentStr;
    }
    QString customUserAgent() const
    {
        QString userstr = QString("mozilla/5.0 (qtembedded; n; linux; c;
                    " + userAgentStr + ")" + QString(" applewebkit/533.3 (khtml,
                    likegecko)QtBrowser safari/533.3"));
        return userstr;
    }
protected:
    QString userAgentForUrl(const QUrl &url) const
    {
        return customUserAgent();          //产生自定义 useragent
    }
};
```

# 第 4 章　Qt WebKit 高级编程技术

在类 QtBrowserMainWindow 里面添加一个数据成员：

private:
　　QCustomWebPage  * page;

在构造函数里面别忘记了给 page new 出来(page=new QCustomWebPage;)。
主要修改一下 openUrl 函数,当向 webServer 请求数据时传递我们要求的头信息。

```
void QtBrowserMainWindow::openUrl()
{
    QString str = ui->pLineEditUrl->text();
    if(! str.contains("://")) str.prepend("://");
    QUrl url(str);
    if(url.scheme().isEmpty()) url.setScheme("http");
    //ui->webView->setUrl(url);//屏蔽掉原先打开设置打开网页的方法 setUrl

    /*新添加的代码*/
    QNetworkRequest request(url);
    request.setRawHeader("USER-ID","120909");                    //添加自定义头域
    page->addUserAgentForUrl("DEVICE-ID 00-01-02-03-04-05");//添加 userAgent
    ui->webView->setPage(page);
    ui->webView->load(request);//请求页面
}
```

重新编译工程,在我们的浏览器(qtbrowser)里面输入百度网站地址(http://www.baidu.com),然后用 wireshark 工具抓包,分析这些数据包,就可以看到特有的向服务器提交的头信息了,如图 4.8 黑框内所示。

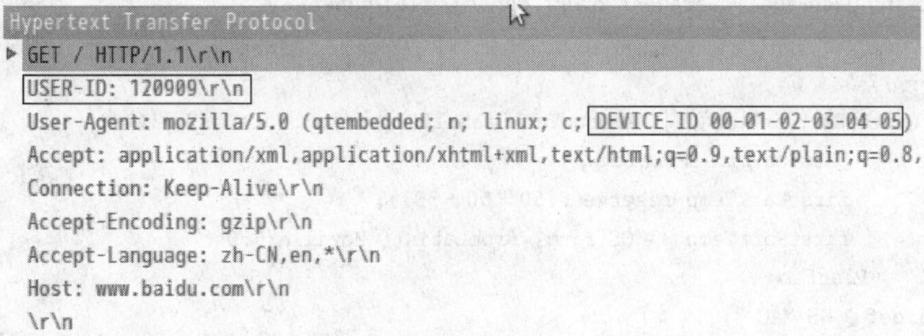

```
Hypertext Transfer Protocol
▶ GET / HTTP/1.1\r\n
  USER-ID: 120909\r\n
  User-Agent: mozilla/5.0 (qtembedded; n; linux; c; DEVICE-ID 00-01-02-03-04-05)
  Accept: application/xml,application/xhtml+xml,text/html;q=0.9,text/plain;q=0.8,
  Connection: Keep-Alive\r\n
  Accept-Encoding: gzip\r\n
  Accept-Language: zh-CN,en,*\r\n
  Host: www.baidu.com\r\n
  \r\n
```

图 4.8　自定义 HTTP 头信息

另外一种修改 HTTP 协议头信息的途径就需要下载 Qt 的源码包了。可以在 Qt 官方 ftp 地址上选择一个合适的版本下载下来(ftp://ftp.qt.nokia.com/qt/source/)。笔者下载的是 qt-everywhere-opensource-src-4.7.1.tar.gz,解压缩之后,定位到"src/3rdparty/webkit/WebKit/qt/Api"目录下,ls 看一下,会发现给咱

·231·

们打交道的那些 QWebView/QWebPage/QWebFrame 等实现源码都在这里放着呢，毫不客气地打开 qwebpage.cpp 找到 userAgentForUrl 的老窝，如下所示：

```
/*!
    This function is called when a user agent for HTTP requests is needed. You can reim-
    plement this function to dynamically return different user agents for different
    URLs, based on the \a url parameter.
    The default implementation returns the following value:
    "Mozilla/5.0 (%Platform%; %Security%; %Subplatform%; %Locale%)
    AppleWebKit/%WebKitVersion% (KHTML, like Gecko) %AppVersion
    Safari/%WebKitVersion%"
    On mobile platforms such as Symbian S60 and Maemo, "Mobile Safari" is used instead
    of "Safari".
    In this string the following values are replaced at run-time:
    \list
    \o %Platform% and %Subplatform% are expanded to the windowing system and the
       operation system.
    \o %Security% expands to U if SSL is enabled, otherwise N. SSL is enabled if
       QSslSocket::supportsSsl() returns true.
    \o %Locale% is replaced with QLocale::name(). The locale is determined from the
       view of the QWebPage. If no view is set on the QWebPage, then a default construc-
       ted QLocale is used instead.
    \o %WebKitVersion% is the version of WebKit the application was compiled against.
    \o %AppVersion% expands to
       QCoreApplication::applicationName()/QCoreApplication::applicationVersion()
       if they're set; otherwise defaulting to Qt and the current Qt version.
    \endlist
*/
QString QWebPage::userAgentForUrl(const QUrl&) const
{
    ...
    if (firstPart.isNull() || secondPart.isNull() || thirdPart.isNull()) {
        QString firstPartTemp;
        firstPartTemp.reserve((150 + 50 + 50));
        firstPartTemp += QString::fromLatin1("Mozilla/5.0 ("
    // Platform
#ifdef Q_WS_MAC
        "Macintosh"
#elif defined Q_WS_QWS
        "QtEmbedded"
#elif defined Q_WS_WIN
        "Windows"
#elif defined Q_WS_X11
        "X11"
```

```cpp
#elif defined Q_OS_SYMBIAN
        "Symbian"
#else
        "Unknown"
#endif
        " DEVICE-ID 00-01-02-03-04-05"      //添加设备ID信息
    );
    ...
}
```

注释说得很清楚了,在这里可以添加上要传递给视频服务器需要的设备ID。自定义的头域在哪里添加呢?茫茫代码海,准确地定位代码的位置不比在茫茫人海找个人容易多少。有多少程序员为了找到软件bug产生的位置而通宵达旦,结果说出来又有多少程序员会轻蔑地说原来在这里呀,这么简单。问题不在于怎么修改代码,而在于有没有能力去准确定位产生问题的代码位置。我们来看qwebframe.cpp的load接口,代码如下所示:

```cpp
/*!
    Loads a network request, \a req, into this frame, using the method specified in \a
    operation.
    \a body is optional and is only used for POST operations.
    \note The view remains the same until enough data has arrived to display the new content.
    \sa setUrl()
*/
void QWebFrame::load(const QNetworkRequest &req,
                    QNetworkAccessManager::Operation operation,
                    const QByteArray &body)
{
    if (d->parentFrame())
        d->page->d->insideOpenCall = true;
    QUrl url = ensureAbsoluteUrl(req.url());
    WebCore::ResourceRequest request(url);
    switch (operation) {
        case QNetworkAccessManager::HeadOperation:
            request.setHTTPMethod("HEAD");
            break;
        case QNetworkAccessManager::GetOperation:
            request.setHTTPMethod("GET");
            break;
        case QNetworkAccessManager::PutOperation:
            request.setHTTPMethod("PUT");
            break;
        case QNetworkAccessManager::PostOperation:
            request.setHTTPMethod("POST");
```

```
            break;
# if QT_VERSION >= 0x040600
        case QNetworkAccessManager::DeleteOperation:
            request.setHTTPMethod("DELETE");
            break;
case QNetworkAccessManager::UnknownOperation:
            // eh?
            break;
    }
    QList<QByteArray> httpHeaders = req.rawHeaderList();
    for (int i = 0; i < httpHeaders.size(); ++i) {
        const QByteArray &headerName = httpHeaders.at(i);
        request.addHTTPHeaderField(QString::fromLatin1(headerName), QString::fromL
           atin1(req.rawHeader(headerName)));
    }
    /*添加 HTTP 请求头域*/
    request.addHTTPHeaderField(QString::fromLatin1("USER-ID"),"120909");
    if (!body.isEmpty())
        request.setHTTPBody(WebCore::FormData::create(body.constData(), body.size()));
    d->frame->loader()->load(request, false);
    if (d->parentFrame())
        d->page->d->insideOpenCall = false;
}
```

这个函数涉及到了 HTTP 的请求方式,"GET"我们认识过了,"POST"向 webServer 发送数据让 webServer 处理,"HEAD"用来检查一个对象是否存在,"DELETE"从 webServer 删除一个文件,"PUT"向 webServer 发送数据并保存在 server 端。

当用户输入网址,开启网页请求的时候,就会调用 load 接口,该函数会根据请求的网页 URL 构造出"WebCore::ResourceRequest request(url);"对象来保持住 HTTP 请求的相关信息,当然包括请求的 HTTP 头信息了。ResourceRequest 类 addHTTPHeaderField 接口给我们一个在请求前添加头域的机会,上面代码注释处是我们添加的合适位置。有时候网页里面用"location.href=URI"来实现页面跳转,并不一定会调用上面的 load 接口,这个时候我们添加的头域就不起效了。送上去的数据 webServer 检测不到用户 ID 的值就会报用户 ID 非法的错误,让你无法访问它上面的视频数据。碰到这种情况就得深究其根源,修改 ResourceRequest 代码。"src/3rdparty/webkit/WebCore/platform/network/qt/ ResourceRequest.h"这文件里面是该类的定义和实现,在其构造函数里面添加要求的 HTTP 请求头域信息,如下:

```
ResourceRequest(const KURL& url) : ResourceRequestBase(url, UseProtocolCachePolicy)
{
```

```
if(httpHeaderField("USER-ID ").isEmpty())
{
  qDebug()<<"USER-ID IS EMPTY";
  addHTTPHeaderField("USER-ID ","120909");
}
else
{
  qDebug()<<"USER-ID IS"<<httpHeaderField("USER-ID ").latin1().data();
}
}
```

另外有些IPTV的数字内容提供商提供的视频服务器的页面会要求传递Cookie信息,上个页面的Cookie要传递到下个页面,或者添加设置自定义的Cookie信息。QtWebkit也可以帮我们搞定,有兴趣的读者可以下去研究一下。Qt源码修改结束后,可以用"make sub-webkit&&make sub-webkit-install_subtargets"指令来单独编译安装Qt WebKit module。

## 4.4 Qt WebKit Browser JavaScript 对象扩展技术

先看实际要解决的问题,以下为摘抄自某知名广电数字内容提供商的技术文档:

IPTV电视业务对象

XX_IPTV 对象

该对象主要用于音视频信息的设置和获取,包含 AV、Volume 子对象。

AV 对象

定义了音视频相关的属性和方法。

1. XX_IPTV.AV.play(mediaName)

播放给定的媒体文件(mediaName),成功返回 0,失败返回 -1。

2. XX_IPTV.AV.playerState

获取当前媒体播放的状体。

返回状态字符串值如下:

"playing"    正在播放音视频文件;

"pause"    暂停播放状态;

"stop"    播放停止。

3. XX_IPTV.AV.pause()

暂停正在播放的视频。

Volume 对象

声音相关的属性和方法。

1. XX_IPTV. Volume.volValue

当前音量值(0~100 之间),可读写来获取和设置音量。

2. XX_IPTV. Volume.decVolume(value)

降低音量,原音量减少 value 个值,成功返回 0,value 非法返回 −1。
…

看到上面的技术文档,你该如何编程实现,你的思路是什么?

Javascript 对象扩展?没错。

千万不要因为这超越了自己的知识结构而认为不是自己的事情。好的工程师有义务去适应不同的项目需求,并快速地掌握新的开发技术来实现项目代码。

JavaScript 是一种广泛应用于客户端网页开发的脚本语言,最常在 HTML 上使用,用来给 HTML 网页添加动态功能。然而 JavaScript 也被用于不同的接口上,如服务器。它最初由网景公司的 Brendan Eich 设计,是一种动态、弱类型、基于原型的语言,内置支持类型。Netscape 最初将其脚本语言命名为 LiveScript,后来 Netscape 在与 Sun 合作之后将其更名为 JavaScript。JavaScript 最初是受 Java 启发而开始设计的,目的之一就是"看上去像 Java",因此语法上有类似之处,一些名称和命名规范也源自 Java。

看一个简单的 javascript 网页源码。

```html
<html>
    <head>
    <title>JavaScript test</title>
        <script type="text/javascript">
            document.write("Hi,Feng Jie!");   //网页显示和凤姐打招呼内容
            window.alert("Get away from me!");//浏览器受不了凤姐了就弹出警告窗
        </script>
    </head>
    <body>
        just for test!
    </body>
</html>
```

document 对象。

每个载入浏览器的 HTML 文档都会成为 Document 对象。

Document 对象使我们可以在脚本中对 HTML 页面中的所有元素进行访问。

write() 方法在文档载入和解析的时候,它允许一个脚本向文档中插入动态生成的内容。

window 对象代表浏览器中打开的窗口,alert() 接口弹出一个带警告信息和确认按钮的警告框。它们都是 W3C 定义的标准对象,基本上 web browser 都支持这些内置对象,而前面技术文档列出的那些 XX_IPTV 对象,是专用的特有对象,标准浏览器并不支持,是需要浏览器进行集成的。为了满足特殊的需求,嵌入式里面的网页内容更专用一些,有些特殊功能的对象需要定义来满足实际的需求,这样修改浏览器的代码就无法避免了。

## 第 4 章　Qt WebKit 高级编程技术

例如我们把上面的那个网页代码改一下：

```html
<html>
    <head>
    <title>JavaScript test</title>
        <script type = "text/javascript">
            XX_IPTV.Volume.decVolume(9); //here called the XX_ IPTV object func
            alert("decrease volume!");
        </script>
    </head>
    <body>
        just for test!
    </body>
</html>
```

用 IE 打开这个网页文件，将会得到如图 4.9 所示的提示。

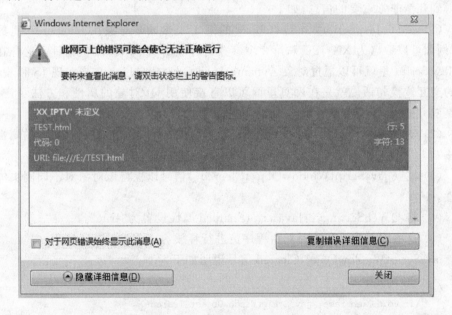

图 4.9　JS 对象未定义提示框

IE 当然是闭源系统，无法修改其源码，而 Qt WebKit 是开源项目，这就给了我们增加 JS 对象的机会，先认识在 qwebframe.cpp 文件里面的一个接口，如下：

```
/*!
    Make \a object available under \a name from within the frame's JavaScript
    context. The \a object will be inserted as a child of the frame's window
    object.
    Qt properties will be exposed as JavaScript properties and slots as
```

```
    JavaScript methods.
    If you want to ensure that your QObjects remain accessible after loading a
    new URL, you should add them in a slot connected to the
    javaScriptWindowObjectCleared() signal.
    If Javascript is not enabled for this page, then this method does nothing.
    The \a object will never be explicitly deleted by QtWebKit.
*/
void QWebFrame::addToJavaScriptWindowObject(const QString &name, QObject *object)
{
    addToJavaScriptWindowObject(name, object, QScriptEngine::QtOwnership);
}
```

函数很简单，但是注释很重要，向优秀的程序员致敬。有的程序员一直在抱怨公司同事写的代码没有注释无法维护，不想让别人产生同样的抱怨，那就按照这种编程风格吧。相信大家都比较喜欢看到注释比代码行数还多的程序。从这个函数注释可以得到几个非常重要的信息，如下：

（1）addToJavaScriptWindowObject 的第 1 个参数是对象在 JavaScript 里的名字，例如可以取名为 XX_IPTV；第 2 个参数是对应的 QObject 实例指针。这样在网页 JavaScript 里就可以通过对象名（name）访问 Qt 对象（object），来实现 JS 和 Qt 程序的交互。换句话说就是在网页里面可以直接使用 Qt 对象的属性和方法了，交互都是双方的，后面还可以看到 Qt 程序访问网页元素和方法。

（2）Qt 对象类里面用 Q_PROPERTY() 声明的属性和槽函数作为 JS 的属性和方法。

（3）捕获 javaScriptWindowObjectCleared() 信号以保持该对象对不同网页的可见性。

（4）将 QWebSettings::JavascriptEnabled 属性设置为"true"。

（5）这些对象在不用的时候由程序员进行释放。

javaScriptWindowObjectCleared 信号说明如下：

```
/*!
    \fn void QWebFrame::javaScriptWindowObjectCleared()
    This signal is emitted whenever the global window object of the JavaScript
    environment is cleared, e.g., before starting a new load.
    If you intend to add QObjects to a QWebFrame using
    addToJavaScriptWindowObject(), you should add them in a slot connected
    to this signal. This ensures that your objects remain accessible when
    loading new URLs.
*/
```

知道了这些，我们就开始准备 object 吧，实现上面技术文档要求的对象和方法。这些 object 的类定义实现文件分别起名为 qwebxxiptv.h/qwebxxiptv.cpp（IPTV 对

## 第 4 章　Qt WebKit 高级编程技术

象),qwebav.h/qwebav.cpp(AV 对象)。qwebvolume.h/qwebvolume.cpp(Volume 对象)。文件代码等会去写,先看一下我们定义的这些文件怎么融入到 Qt 源代码里面,编译到 QtWebKit lib module 去。我们进到 Qt 源码的"src/3rdparty/webkit/WebKit/qt/Api"目录下,里面有个 headers.pri 文件,pri(project include file)文件作用如下描述:

"Qt looks for the files listed in the .pri file in the same directory as the .pri file (not the .pro file), and any relative path will be resolved from that directory"。

我们的 3 个头文件知道放哪里了吧?打开 headers.pri,在文件后面添加我们头文件的搜索路径,代码如下:

```
WEBKIT_API_HEADERS = $ $ PWD/qwebframe.h \
                    $ $ PWD/qgraphicswebview.h \
                    …\           //省略部分
                    $ $ PWD/qwebkitversion.h \
                    $ $ PWD/qwebxxiptv.h   \
                    $ $ PWD/qwebav.h      \
                    $ $ PWD/qwebvolume.h
```

然后把实现文件加到"src/3rdparty/webkit/WebCore/ WebCore.pro"文件的相应位置,代码如下:

```
../WebKit/qt/Api/qwebframe.cpp \
…//省略
../WebKit/qt/Api/qwebxxiptv.cpp\
../WebKit/qt/Api/qwebav.cpp\
../WebKit/qt/Api/qwebvolume.cpp\
../WebKit/qt/Api/qwebkitversion.cpp
```

编译 WebKit 子模块时,先分别在 Api 和 WebCore 目录 run qmake 生成 Makefile,再去编译安装 WebKit 即可。至此没有了后顾之忧,写出的代码可以打进 Qt 内部。这些过程虽然不是主角,但绝对是黄金配角,没有它们的贡献下面马上要写的那些对象代码也难有用武之地。

● Qt App 与 Web Page 的亲密交互

在我还很年轻的时候,我认为我可以成为仗剑走天涯的大侠,结果呢,变成了就会滑动鼠标在天涯论坛潜水的忍者神龟。在我们编写音视频播放器的时候,并不知道有一天也可以把它变成一个网页播放器(如图 4.10 所示)。世事难料,选择了出发就注定了结果,选择了 QtWebkit,就定下了 Qt App 和网页的这段亲密交互的缘分,开启了这份缘分,就难免有结束的时刻,珍惜现在就应该细细地品味这些技术的实现。

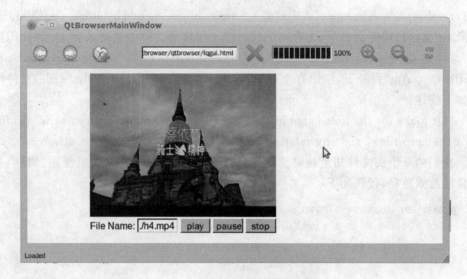

图 4.10 网页播放器实例界面

这个网页播放器的源码(lqgui.html)如下:

```html
<html>
    <head>
    <title>JavaScript-QtApp interaction </title>
    <object type = "application/x-qt-plugin" classid = "QWidget" id = "playerWin"
            width = "320" height = "240" hspace = "100" >
    </object>    //该标签先不用管,下节讲插件的时候再看也不迟
    <script type = "text/javascript">//嵌入 javascript
     function play()
     {
        var s =   document.getElementById("fileuri").value;
        XX_IPTV.AV.play(s);//调用对象 play 接口
     }
     function pause()
     {
        XX_IPTV.AV.pause();
     }
     function stop()
     {
        XX_IPTV.AV.stop();
     }
    </script>
    </head>
    <body>
    <br>    //换行
```

## 第 4 章　Qt WebKit 高级编程技术

```
             //空格
           
<label>File Name:</label>
<input name = "textfield" type = "text" value = "" id = "fileuri" style = "width:
    70px; height: 24px;"/>//网页文本框,输入需要播放的媒体文件路径
<input type = "button" name = "play" value = "play" id = "play" onclick = "play();"
    style = "width: 52px; height: 24px;" />//播放按钮,单击运行 play 函数播放视频
<input type = "button" name = "pause" value = "pause" id = "pause" onclick = "pause
    ();" style = "width: 52px; height: 24px;" />  //暂停按钮
<input type = "button" name = "stop" value = "stop" id = "stop" onclick = "stop();"
    style = "width: 52px; height: 24px;" />
</body>
</html>
```

从网页源码可以看出,JS 调用的那些接口是我们要实现的扩展对象代码。图 4.10 是运行 qtbrowser 工程时的界面截图,没有输入播放文件但是在网页文本框默认有个文件路径"./h4.mp4"。也没有单击"play"按钮,但是打开 lqgui.html 确实播放了视频。这些操作是谁帮助我们做的?一下子让我们解放的也太彻底了吧?网页也不用我们输入单击了,都自动化了不成?静下心来,看看 Qt 的应用程序里面是怎么操作网页元素的。大家怀着这些技术点去看我们的代码,当然着重要学会怎么扩展对象。具体对象功能在实际使用中会千差万别,有过硬的技术功底才是硬道理。

是时候给大家看看这些代码了,先看 qwebxxiptv.h/qwebxxiptv.cpp 文件,内容如下:

```cpp
#include <QtCore/qobject.h>
#include <QDebug>
#include "qwebav.h"
#include "qwebvolume.h"
class QWebIptv : public QObject
{
    Q_OBJECT
    Q_PROPERTY(QObject * AV READ getAVObj)    //声明 AV 属性,JS 里面可以调用
    Q_PROPERTY(QObject * volume READ getVolumeObj)
public:
    QWebIptv(QObject * parent = 0);
    virtual ~QWebIptv();
    QObject * getAVObj()    {   return avObj; }
    QObject * getVolumeObj() {   return volumeObj; }
    QWebAV * avObj;                      //XX_IPTV AV 子对象
    QWebVolume * volumeObj;              //Volume 子对象
};
```

```cpp
#include"qwebxxiptv.h"
QWebIptv::QWebIptv(QObject * parent):QObject(parent)
{
        avObj = new QWebAV();                        //创建对象
        volumeObj = new QWebVolume();
}
QWebIptv::~QWebIptv()
{
    if(avObj!=NULL)
    {
      delete avObj;
      avObj = NULL;
    }

    if(volumeObj!=NULL)
    {
      delete volumeObj;
      volumeObj = NULL;
    }
}
```

qwebav.h/qwebav.cpp 代码用到了 QProcess,现在应该不用怎么写注释就可以看懂了吧。

```cpp
#include <QtCore/qobject.h>
#include <QtCore/qstring.h>
#include <QDebug>
#include <QProcess>
class QWebAV : public QObject
{
    Q_OBJECT
    Q_PROPERTY(QString playerState READ getState)
    public:
        QWebAV(QObject * parent = 0);
        ~QWebAV();
    public slots:
        void play(QString filename);                        //播放视频
        QString getState() const  { return playerState; };  //获取播放状态
        void pause();                                       //暂停
        void stop();                                        //停止
    public:
        QString playerState;
        QProcess playerProcess;
        QProcess * getPlayerProcess() {return &playerProcess;}
```

# 第4章 Qt WebKit 高级编程技术

```cpp
};

#include "qwebav.h"
#include <QDebug>
#include <QStringList>

QWebAV::QWebAV(QObject *parent):QObject(parent)
{
    playerState = QString();
    playerProcess.setProcessChannelMode(QProcess::MergedChannels);
}

void QWebAV::play(QString filename)                    //播放
{
    qDebug()<<"the play called"<<filename;
    QStringList args;
    args << "-slave";
    args << "-quiet";
    args<<filename;
    playerProcess.start("mplayer", args);
    playerState = "playing";
}
void QWebAV::pause()
{
    playerProcess.write("pause\n");
    playerState = "pause";
}
void QWebAV::stop()
{
    playerProcess.write("stop\n");
    playerState = "stop";
}
QString QWebAV::getState() const
{
    return playerState;
}

QWebAV::~QWebAV()
{
    if(playerProcess.state() == QProcess::Running)
    {
        playerProcess.write("quit\n");
        playerProcess.terminate();
```

```
    playerProcess.waitForFinished();
    }
}
```

qwebvolume.h/qwebvolume.cpp 这个模块就不再写具体的功能了,不模仿别人,也不要重复自己,只给出代码的框架来。

```
#include <QtCore/qobject.h>
#include <QDebug>
#include "qwebvolume.h"
class QWebVolume : public QObject
{
    Q_OBJECT
    Q_PROPERTY(int volValue READ getVolValue WRITE setVolValue)
    public:
        QWebVolume(QObject * parent = 0);
        ~QWebVolume() {}
    public :
        int volValue;
    public slots:
        int getVolValue() const  { return volValue; }
        void setVolValue(int count);
        int decVolume(int count);
};
#include<qwebvolume.h>
QWebVolume::QWebVolume(QObject * parent):QObject(parent)
{
    volValue = 0;
}
void QWebVolume::setVolValue(int count)
{
    volValue = count;
    …    // 具体设置音量代码和 qtmplayer 工程里面代码相似
}
int  QWebVolume::decVolume(int count)
{
    if(count<0 || count>100) return -1;
    if(volValue - count<= 0) volValue = 0;
    else volValue -= count;
    …
    return 0;
}
```

代码就是这个结构,知道了 JavaScript 里面的对象的属性和方法怎么在 Qt 里面实现了吧。Qt 的槽机制和属性机制可以说为此付出了卓越的贡献。

## 第4章　Qt WebKit 高级编程技术

代码有了，代码也可以加入模块一起编译了，现在让代码为我们贡献力量吧。赶紧让我们的对象加入 QtWebkit 这个和谐的社会主义大家庭吧，也好早点为社会主义的建设添砖加瓦。首先在 qwebframe 头文件里面，加入"#include "qwebxxiptv.h","，在其类的构造函数里面加入：

```
private:
    QWebIptv * iptv;              //定义 iptv 对象
Public slots：
    void addJSAgain();
    void getLoadFinished(bool);
```

在类 QWebFrame 的构造函数(2个)添加代码，代码如下：

```
iptv = new QWebIptv();
/*在网页 JS 里面就可以通过名 XX_IPTV 访问 iptv 对象属性和槽函数*/
addToJavaScriptWindowObject("XX_IPTV",iptv);
connect(this,SIGNAL(loadFinished(bool)),this,SLOT(getLoadFinished(bool)));
connect(this,SIGNAL(javaScriptWindowObjectCleared()),this,SLOT(addJSAgain()));
```

类 QWebFrame 析构函数 delete 掉 iptv 对象。

```
void QWebFrame::getLoadFinished (bool isLoad)//网页加载完毕与网页元素交互
{
 if(url().toString().contains("lggui.html"))//是我们的网页,或者替换为供应商提供的网址
 {
 QWebElement dw = this->documentElement();
 QWebElement first = dw.findFirst("#fileuri");//查找网页元素文本框 ID 为"fileuri"
 if(! first.isNull())   // 找到该网页元素
 {
  if(first.hasAttribute("value"))        //具有 value 属性
  {
   first.setAttribute("value","./h4.mp4"); //? 设置网页文本框显示的默认歌曲路径
  }
  //this->evaluateJavaScript("document.getElementById('fileuri').value = 'aaa.mp4';");
                                //作用同上
 }
 this->evaluateJavaScript("document.getElementById('play').onclick();");
                                //软件单击"play"按钮
 //this->evaluateJavaScript("play();");//作用同上,执行 JS 函数 play(),播放 h4.mp4 视频
 }
}
void QWebFrame::addJSAgain()
{
  if(iptv == NULL)
```

```
        iptv = new QWebIptv();
    addToJavaScriptWindowObject("XX_IPTV",iptv);//保证 iptv 对象可以对其他页面持续有效
}
```

写好之后，重新编译 QtWebKit module。用我们写的浏览器打开（lqgui.html）看看这个神奇的效果吧。不过一般谁都不愿意没有事情就编译一下源代码，就如同谁也不愿意天天都装一遍操作系统一样，这个简单、机械、重复的毫无技术含量又费事费时的活我相信谁也不愿意干。那把这些对象的代码加入到应用程序里面吧。加入源码和加入应用各有各的好，各有各的坏。加入源码可以提供打包给第三方做开发，应用上感觉不到差异；加入到应用上则没有这个优点了，而它确可以带来灵活性。怎么取舍自己决定。一般嵌入式系统都是专用系统下的专用应用，直接编译进源码是个一劳永逸的好方法。把 qwebxxiptv.cpp/qwebxxiptv.h/qwebav.h/qwebav.cpp/qwebvolume.h/qwebvolume.cpp 这6个文件从源码 Api 目录下请到我们的工程 qtbrower 目录里面，然后通过 qtcreator 添加入工程。这次和加入源码不同的是不用改 QWebFrame 类，要改我们应用的类 QtBrowserMainWindow，把在 QWebFrame 类定义里面添加的代码，除了 getLoadFinished 槽函数，都原封不动地添加到 QtBrowserMainWindow 里面。QtBrowserMainWindow 构造函数里面要这样写了（不同于 QWebFrame 构造函数里面添加的语句了）：

```
    connect(ui->webView->page()->mainFrame(),SIGNAL(javaScriptWindowObjectCleared()),
        this,SLOT(addJSAgain()));
    iptv = new QWebIptv;
    QString htmlpath = "file://" + QApplication::applicationDirPath() + "/lqgui.html";
    ui->webView->load(QUrl(htmlpath));//直接访问 lqgui.html
```

在 qtbrower 工程里面把 loadFinished 信号关联到了函数 getIconChanged()，来设置网页的 icon 显示。故把我们在 QWebFrame 类写的槽函数 getLoadFinished 里面的操作网页元素的代码加入到该函数里面即可大功告成。不过要把代码里面的"this->"统一替换为"ui->webView->page()->mainFrame()->"。既然离开了 QWebFrame，那就需要通过 webView 间接接洽它，它照样为我们服务。

至此，重新编译一下工程，运行看看是不是播放了视频。我们运行了工程是可以播放视频，也可以暂停、停止播放，也可以输入一个新的视频文件的地址播放。但不能忍受的是，播放窗口它没有嵌入到网页。这个问题，我们在下节介绍。

## 4.5　Qt WebKit 插件扩展技术

烟花的绚烂不在于它的短暂，而在于它背后的黑夜；玫瑰的美丽不在于它的花朵，而在于它背后的人心；网页的魅力不在于它的信息，而在于它背后的技术。一个图文并茂，声视齐飞的网页内容也应该是 QtWebKit 追求的对象。就像女追男一样，

# 第 4 章  Qt WebKit 高级编程技术

Qt 很快就得手了,把它的嫁妆——那些标准控件及自定义的 Qt 界面一股脑的搬到了婆婆家,住进了网页内部,丰富了网页的窗体控件,也方便了我们对这些控件的把控(改变外观、定义功能)。这些正是使用了 Qt WebKit 的插件扩展技术。像嵌入 Qt 控件到网页,其 MIME 类型就固定死了(application/x-qt-plugin),另外一种插件扩展技术则不需固定 MIME 类型,可以是任意类型,这样就可以支持像 FLASH 这样非 Qt 对象的私有内容格式了。

## 4.5.1  用 Qt 对象丰富网页内容

看看在讲解 lqgui.html 网页文件时,那个没有解释的语句:

<object type="application/x-qt-plugin" classid="QWidget" id="playerWin" width="320" height="240" hspace="100"></object>

当 Qt WebKit 渲染网页,遇到"type="application/x-qt-plugin""的 HTML 标签<object>时,就会调用"QObject * QWebPage::createPlugin ( const QString & classid, const QUrl & url, const QStringList & paramNames, const QStringList & paramValues ) [virtual protected]"来插入该网页元素。createPlugin 是个虚函数,使用的时候需要在 QWebPage 子类重写该函数。参数 classid 对应创建对象的类名称,可以是 Qt 标准控件,也可以是 Qt 自定义的窗体类,网页里面指出的是"QWidget"窗体。如果想把之前在工程 qtmplayer 里面创建的播放器类 QtMplayerWidget 作为对象嵌入到网页,在网页里面就可以写"classid="QtMplayerWidget"",等于是直接向 Web 页面加入了一个 Qt 的应用。createPlugin 参数 url、paramNames 和 paramValues 可以更具体地设置一下对象的属性,在<object>标签里面就传递了这个 QWidget 对象的宽度(width)、高度(height)和对象周围水平方向的空白(hspace)。传递给 createPlugin 的 paramNames 记录了属性的名称,其内容是{"type","classid","id","width","height","hspace"};paramValues 记录了属性对应的值,其内容是{"application/x-qt-plugin","QWidget","playerWin","320","240","100"}。明白了这个接口,正好在修改 HTTP 头域时,在工程 qtbrowser 的 qtbrowsermainwindow.h 里面添加了一个 QWebPage 的子类 QCustomWebPage,现在正好用上,给其添加 createPlugin 的实现。

```
protected:
    QObject * createPlugin(const QString &classId, const QUrl&url, const QStringList
&paramNames, const QStringList &paramValues)
    {
        QWidget * pWidget = NULL;
        if (classId == "QWidget") // 解析网页<object>标签传递过来的信息
        {
            pWidget = new QWidget(view());
```

```
        emit sendWinId(QString::number(pWidget->winId()));//向外发射信号
    }
    /*
        下面注释的两句代码可以实现和上面创建 QWidget 相同的作用,只不过用 QUi-
    Loader 可以简化操作,但是只能创建标准的 Qt 控件类名,如"QPushButton"或者
    "QDialog"等。用 QUiLoader 避免了多个 if 分支,如果网页＜object＞标签传递
    classid="QPushButton",那还要在 createPlugin 接口判断 if(classid=="QPush-
    Button") new QPushButton,当有多个控件要创建时,就显得很麻烦,所幸用 QUi-
    loader 可以直接调用 createWidget(classId, view());统一完成。需要注意的是,
    如果 classid 传递过来的为自定义的 Qt 界面类,像上面写的"QtMplayerWidget"则
    必须解析该 classId,创建对象,不能用 QUiLoader 了。使用 loader 除了包含其头
    文件＜QUiLoader＞外,还需在工程文件(qtbrowser.pro)添加一行 CONFIG + ="
    uitools"
    */
    // QUiLoader loader;
    //widget = loader.createWidget(classId, view());
    for(int i = 0;i<paramNames.length();i++)//如果需要可以使用这些属性
    {
        qDebug()<<"The attribute is"<<paramNames.value(i)<<"The value is"
                <<paramValues.value(i);
    }
    return pWidget;
}
signals:
    void sendWinId(QString wid);//传递创建的网页对象的窗口 ID
```

接下来我们要把这个对象的窗口 ID 拿到 mplayer 作为参数。在 qwebxxiptv.h 中为类 QWebIptv 也定义一个信号"signals: void sendWinId(QString wid);"。在类 QWebAV 定义槽函数"void getWinId(QString _wid);",用来接收信号传递的值。在类 QtBrowserMainWindow 构造函数创建完 iptv 对象语句后面添加代码:

```
ui->webView->setPage(page);//设置 view 的 page,以便调用 createPlugin 接口创建网页插件
/*创建网页插件后,page 发送信号,关联 iptv 的信号也同时发送*/
connect(page,SIGNAL(sendWinId(QString)),iptv,SIGNAL(sendWinId(QString)));
```

在类 QWebIptv 构造函数中添加信号和槽关联:

```
connect(this,SIGNAL(sendWinId(QString)),avObj,SLOT(getWinId(QString)));
```

之所以经过 iptv 的信号去通知 avObj,而不是直接把 page 的信号关联到 avObj,就是不想在外暴露出 avObj。然后在 qwebav.cpp 里面添加代码:

```
void QWebAV::getWinId(QString _wid)
{
```

## 第 4 章  Qt WebKit 高级编程技术

```
    wid = _wid;  //wid 为类 QWebAV 的一个 QString 类型数据成员，用来记录传递来的窗口 ID
}
void QWebAV::play(QString filename)
{
    QStringList args;
    args << "-slave";
    args << "-quiet";
    args<<"-wid"<<wid;//修改 play 接口，加上 wid 参数
    args<<filename;
    playerProcess.start("mplayer", args);
    playerState = "playing";
}
```

经过这一番工作后，现在编译工程看看吧。Qt App 和网页是不是达到了完美统一的效果？

### 4.5.2 Flash 插件扩展技术

利用课间休息时间，偷偷地用我们的 qtbrowser 翻墙上个 sina，竟然发现 sina 主页没有烦人的弹出 Flash 广告了，原来本当显示 Flash 的地方现在白茫茫一片真干净，一点动静没有。古龙大侠也深有体会不是也说过这可怕的静，死一般的静，倒不如看看 Flash，即使是广告的也增加了网页的活性啊。

Flash 是 Adobe 100％私有的软件，是一种私有的内容格式。曾经我在道上混的大哥，伟大的开源斗士（Richard Stallman）在我家的茅草旁边屋语重心长地对我说，闭源不单单是开源精神的欠缺，更要命的是缺乏道德，使用专利软件是非常不道德的事情。我大哥此言果然非同凡响，有拍板砖的也有送鲜花的，还拉开了自由软件运动的大幕与开源软件运动分庭抗礼。

2010 年 4 月，苹果 CEO 乔布斯发表讨伐 Flash 檄文《Thoughts on Flash》引起了 Flash 技术和 HTML5 的全球大 PK。江湖大佬 Google、Facebook、Microsoft、Apple 明显力挺 HTML5，声称 HTML5 才是 Web 的未来。移动芯片厂商 ARM 也加入混战，指责 Adobe 懒惰，没能将 Flash 技术带到移动设备上来。Adobe 也不是一个人在战斗，Opera 从中间派的角度对 Flash 进行了中肯的终极宣判："当前的互联网内容很多都依靠 Flash，如果你删除了 Flash，那也就意味着大多数互联网内容你都无法观看，但是在 Opera 看来，未来的网络是属于开放 Web 标准的，而 Flash 并不是一种开放 Web 标准技术"。

尽管 Adobe 提供了 Mac、Windows 及 Linux 的 Flash Player，但对于特定的嵌入式系统，支持的就不那么完美了。如果要在我们的嵌入式设备上观看 Flash，摆在面前两条途径，第一条是和 Adobe 谈让他们提供我们平台的插件，第二条是自己编写 Flash Player，第一条路得估量一下自己的实力，Adobe 也会审视一下有没有和你谈

的价值;第二条路则是阳光大道。就如同笔者现在用的处理器是 MIPS32™ 4KEc™ CPU core,系统跑的是 Linux,在它上面通过 qtbrowser 观看 Flash 动画片是我们的目标。

### 1. 插件工厂 QWebPluginFactory 实例化

QWebPluginFactory 可以用来向网页嵌入私有数据类型的对象,比如向网页里面嵌入 Flash 代码如下:

```
<embed type="application/x-shockwave-flash" width="140" height="270" quality="High" src=" http://d3.sina.com.cn/litong/zhongshi_140270.swf " id=" 25258_swf ">
```

当 qtbrowser 打开含有此代码的网页时,发现 MIME type 为"application/x-shockwave-flash"便尝试去加载支持该内容类型的插件(.so 动态链接库文件),一般是搜索插件的位置"$HOME/.mozilla/plugins"或"/usr/lib/mozilla/plugins",浏览器找到合适的插件会自动加载该插件来解析内容并在网页对应位置显示出来。另外我们也可以通过"void QWebPage::setPluginFactory( QWebPluginFactory * factory )"来为 QWebPage 指定创建插件的插件工厂,qtbrowser 在指定的插件工厂搜索到合适的插件后就会调用插件程序来处理特定 mimeType 的文件。我们先来实现一个插件工厂,安装到 qtbrowser 里面来实现网页 Flash 的渲染。

创建工作目录 qtwebkitplugin,创建工程目录 pluginfactory 和 npapiplugin(后边用),进入工程目录 pluginfactory,这次不涉及到 UI 绘制就不启动 qtcreator 创建工程了,创建插件工厂类头文件(qtflashplugin.h)和实现文件(qtflashplugin.cpp),及工程文件(qtflashplugin.pro),编写代码如下:

```
qflashplugin.h
#ifndef QTFLASHPLUGIN_H
#define QTFLASHPLUGIN_H
#include <QtPlugin>  //Qt 创建插件相关头文件
#include <QDebug>
#include <QWebPluginFactory>
#include <QProcess>
#include <QWidget>
#include <QUrl>
/* 如果定义了调试宏 PRINT_DEBUG_MESSAGE,则打印输出调试语句,否则不输出 */
#ifdef PRINT_DEBUG_MESSAGE
  #define DEBUG(argv,args...) qDebug("Func:%s- Line:%d:"argv,_func_,_LINE_,##args)
#else
  #define DEBUG(argv,args...)
#endif
class QtFlashPlugin : public QWebPluginFactory           //从插件工厂类继承
{
```

# 第4章 Qt WebKit 高级编程技术

```
    Q_OBJECT
    public:
        ~QtFlashPlugin();
virtual QObject * create(const QString &,const QUrl &,
const QStringList & const QStringList &) const;                //创建插件接口
        virtual QList<QWebPluginFactory::Plugin> plugins()const;//该插件工厂支持的插件列表
    private:
        /*一个网页中可能会有多个的Flash,用pl记录每个播放Flash的进程*/
        mutable QList<QProcess *> pl;
    public slots:
        void getFinished(int exitCode, QProcess::ExitStatus exitStatus);
};
#endif // QTFLASHPLUGIN_H
qtflashplugin.cpp
#include "qtflashplugin.h"
QObject * QtFlashPlugin::create(const QString &mimeType, const QUrl &url,
            const QStringList &paramNames, const QStringList &paramValues) const
{
    QWidget * flashWidget = new QWidget;//创建网页中Flash位置显示的窗体
    QWidget * viewWidget = new QWidget(flashWidget);            //创建Flash数据播放的窗口
    flashWidget->setAttribute(Qt::WA_DeleteOnClose, true);   //关闭自动销毁对象
    viewWidget->setAttribute(Qt::WA_DeleteOnClose, true);
    QProcess * process = NULL;
    QStringList args;
    QString width = "none";
    QString height = "none";
    int index = -1;
    int pos = -1;
    index = paramNames.indexOf("width");//获取网页传递过来的Flash显示宽度参数
    if(index!=-1)
    {
        pos = paramValues.value(index).indexOf("px");         //如果有px单位,例如240px
        if(pos!=-1)
        {
            width = paramValues.value(index).remove(pos,2);//把单位去掉
            DEBUG("The px width is %s",width.toLatin1().data());
        }else width = paramValues.value(index);
    }
    index = paramNames.indexOf("height");              //获取Flash显示高度
    if(index!=-1)
    {
        pos = paramValues.value(index).indexOf("px");
```

```cpp
            if(pos!=-1)
            {
                height = paramValues.value(index).remove(pos,2);
                DEBUG("The px height is %s",height.toLatin1().data());
            }else height = paramValues.value(index);//Flash 窗口宽度存储在 height
    }
    args<<"-x"<<QString::number(viewWidget->winId());//指定 Flash 数据
                                                     //播放的窗口 ID
    if(width!="none")
    {
     flashWidget->setMinimumWidth(width.toInt());        //设置宽度
     viewWidget->setMinimumWidth(width.toInt());
     args<<"-j"<<width;
    }
    if(height!="none")                                   //设置高度
    {
     flashWidget->setMinimumHeight(height.toInt());
     viewWidget->setMinimumHeight(height.toInt());
     args<<"-k"<<height;
    }
    args<<url.toString();
    DEBUG("Starting pid %s",args.at(args.size()-1).toLatin1().data());
    process = new QProcess(flashWidget);
    connect(process,SIGNAL(finished(int,QProcess::ExitStatus)),this,
            SLOT(getFinished(int,QProcess::ExitStatus)));
    pl.append(process);//把当前播放 Flash 的进程对象存储在 pl 列表里
    /*启动 gnash flash player 播放网页 Flash 内容,关于 gnash 详见 4.5.3 小节*/
    process->start("qt4-gnash",args);
    return flashWidget;
}
QList<QWebPluginFactory::Plugin> QtFlashPlugin::plugins()const
{
    QWebPluginFactory::MimeType flashMimeType;
    flashMimeType.name = "application/x-shockwave-flash";    //插件支持的 MIME Type
    flashMimeType.description = "Embed Shockwave Flash";     //MIME Type 描述
    flashMimeType.fileExtensions.append("swf");              //文件扩展名
    QList<QWebPluginFactory::MimeType> mimeTypes;
    mimeTypes.append(flashMimeType);
    QWebPluginFactory::Plugin flashPlugin;
    flashPlugin.name = "QtFlashPlugin";                      //插件名
    flashPlugin.description = "A Qt-based Shockwave Flash Plugin";//插件描述
    flashPlugin.mimeTypes = mimeTypes;
```

```cpp
    QList<QWebPluginFactory::Plugin> plugins ;
    plugins.append(flashPlugin);
    return plugins;                                          //返回支持的插件列表
}
void QtFlashPlugin::getFinished(int exitCode,QProcess::ExitStatus exitStatus)
{
    DEBUG("Get one Flash player closed");
    QProcess *p = qobject_cast<QProcess *>(sender());
    if(pl.removeOne(p))//当一个Flash播放结束,从pl移除该Flash对应的进程对象
        DEBUG("Remove Succeed!");
}
QtFlashPlugin::~QtFlashPlugin()        //插件对象销毁或网页关闭时
{
    for (int i = 0; i < pl.size(); ++i)//遍历所有正在播放Flash的进程
    {
        if(pl[i]!=NULL)
        {
            /*先解除finished信号和getFinished的关联,防止后面kill进程时调用getFinished*/
            disconnect(pl[i],SIGNAL(finished(int,QProcess::ExitStatus)),this,
                    SLOT(getFinished (int,QProcess::ExitStatus)));
            pl[i]->kill();//网页关闭了,那些播放Flash的进程也要杀掉
            pl[i]->waitForFinished();                        //等待进程退出
            delete pl[i];                                    //释放对象
            pl[i] = NULL;
        }
    }
    DEBUG("Exit all Process!");
}
Q_EXPORT_PLUGIN2(QtFlashPlugin, QtFlashPlugin)//导出插件接口
qtflashplugin.pro                             //工程文件内容
TEMPLATE = lib                                #工程生成lib库文件
TARGET = qtflash                              #生成的库名为libqtflash.so
DEPENDPATH += .
INCLUDEPATH += .
QT += webkit                                  #QtWebkit模块
CONFIG += release plugin       #生成去除调试信息的插件库文件,debug指定加入调试信息
DEFINES += PRINT_DEBUG_MESSAGE                #定义调试宏
HEADERS += qtflashplugin.h
SOURCES += qtflashplugin.cpp
```

代码编写完,执行 qmake 生成 Makefile,make 之后,就会生成我们的插件 libqt-flash.so,接着在工程 qtbrowser 添加代码载入该插件,在 qtbrowsermainwindow.h

中括进来头文件 QWebPluginFactory,声明类 QtBrowserMainWindow 的一个数据成员 QWebPluginFactory *fact,在该类构造函数里面搜索插件,设置插件工厂,添加代码(在创建 page 对象之后)如下：

```
fact = NULL;
QString libPath = QString(qgetenv("QTWEBKIT_PLUGIN_PATH"));//获取插件搜索路径
if(libPath.isEmpty())//如果没有设置 QTWEBKIT_PLUGIN_PATH 环境变量
    libPath = QString(qgetenv("HOME")) + "/.mozilla/plugins";   //指定插件搜索路径
qDebug()<<"The lib path is"<<libPath;
QDir libDir(libPath);
QStringList libFilters;
libFilters<<"lib*.so";
foreach(QString libFile,libDir.entryList(libFilters))//遍历插件搜索路径,搜索插件
{
    libFile = libDir.filePath(libFile);
    QPluginLoader loader(libFile);                            //定义插件加载类对象
    QObject * obj = loader.instance();                        //获取对应的插件实例
    if(obj == 0) continue;
    fact = qobject_cast<QWebPluginFactory *>(obj);
    if(fact == 0)
    continue;
    if(fact->plugins().at(0).name == QString("QtFlashPlugin"))//找到合适的插件
    {
        page->setPluginFactory(fact);                         //安装插件工厂
        qDebug()<<"Load QtFlashPlugin Succeed!";
        break;                                                //结束搜索
    }
}
if(fact == NULL)
qDebug()<<"Failed to Load QtFlashPlugin,Please setenv 'QTWEBKIT_PLUGIN_PATH'";
```

在类 QtBrowserMainWindow 析构函数里面记着销毁 fact。添加语句"if(fact!=NULL) {delete fact;fact=NULL;}"后,重新编译工程,打开一个终端,进入到 qt-browser 执行程序所在目录,导入环境变量 QTWEBKIT_PLUGIN_PATH,指定为插件 libqtflash.so 所在的目录(export QTWEBKIT_PLUGIN_PATH=/home/lib-in/qtwebkitplugin/pluginfactory),接着执行"./qtbrowser"运行浏览器,访问 sina 那些 Flash 都出来了,整个页面又绚丽多彩起来了吧。有时候一个小小的转变就可以扭转局势打开局面,有时候一个小小的转变就可以满盘皆散前功尽弃。

### 2. 基于 NPAPI 标准的跨浏览器插件开发技术

每个成功的程序员背后都有一个免费做公测的她。你把 libqtflash.so 发给你的

# 第 4 章　Qt WebKit 高级编程技术

女友测试时并没有捆绑我们的 qtbrowser。她用 Ubuntu 下的 firefox 浏览器打开新浪，可想而知你会得到"去死吧，又骗我"的奖赏。为什么我们这个插件换个浏览器就罢工了呢？是不是我们的设计疏忽给它带来了先天性的缺陷？我们创建的这个是插件仓库，是需要在 qtbrowser 里面添加代码安装的，那能不能让 firefox 开发人员也在他们的浏览器里面写上我们的代码，这不就行了。我们还是翻翻插件技术的历史，插件英文名叫—plugin，它从诞生之日起就担负起了在不更改主应用程序的情况下来扩展应用功能的使命。套用到我们这里，说白了就是不用去向浏览器添加那些加载插件工厂的代码，我们的 libqtflash.so 照样可以被浏览器识别使用。听起来是不是比让你相信这个世界上确实有苍蝇可以叮无缝的蛋还难？哪里会有这样的苍蝇呢，其实浏览器端还是有代码的支持来和插件进行信息交互的。就好比浏览器叫声"天王盖地虎"，插件对上"宝塔镇河妖"，双方就接上头了。程序不会说话，那就用一套标准接口来约束浏览器和插件程序，双方通过这些标准接口来交互信息。有了规矩就有了方圆，那"规矩"谁定呢？从来规矩都是老大说了算。Netscape（网景）出了套标准 NPAPI，也就是"Netscape Plugin Application Programming Interface"的缩写，采用 NPAPI 接口开发的插件，就可以在 firefox、google Chrome、Safari、Opera、Konqueror 等当今主流浏览器上使用。知道了这些历史，我们的 libqtflash.so 就不能称为标准的插件了。改变自己从来都比改变世界容易实现多了，把我们的 libqtflash.so 打磨一下棱角，让它来适应 NPAPI 标准。

　　QtWebkit plugin 遵循 NPAPI 标准，支持该标准就需要在浏览器端实现一簇以"NPN_"开头的接口函数供插件调用；在插件端就需要提供一簇以"NPP_"开头的接口函数供浏览器调用；插件端还需要实现一簇以"NP_"开头的函数，用来让浏览器感知插件的信息。我们通过分析 QtWebkit 对 NPAPI 的支持代码来理一下浏览器和插件之间信息交互的过程，同时认识一下这些标准接口，之后再标准化 libqtflash.so 不迟。在 Qt 源码目录"src/3rdparty/webkit/WebCore/plugins/qt"下面，文件 PluginPackageQt.cpp 里面有插件被加载时调用的接口，代码如下：

```
bool PluginPackage::load()
{
    if (m_isLoaded) {        //确保插件被加载一次,初始化 m_isLoaded 为 false
        m_loadCount ++ ;
        return true;
    }
    m_module = new QLibrary((QString)m_path);//加载插件库文件 Linux下为.so 文件
    m_module->setLoadHints(QLibrary::ResolveAllSymbolsHint);
    if (!m_module->load()) {
        LOG(Plugins, "%s not loaded (%s)", m_path.utf8().data(),
            m_module->errorString().toLatin1().constData());
        return false;
```

}
m_isLoaded = true;//该插件成功加载之后置 m_isLoaded 为 true
…
NP_InitializeFuncPtr NP_Initialize;
NPError npErr;
/*
获得插件里面的 NP_Initialize 和 NP_Shutdown 接口地址,NP_Initialize 接口用来交换浏览器和插件彼此所需的对方的接口函数指针。浏览器端有 aNPNfuncs,插件端有 aNPPFuncs,调用 NP_Initialize 把 aNPNfuncs 传递到插件内部,而带回来插件端的函数指针存在 aNPPFuncs 里,双方互通有无,以后浏览器端想调用插件端接口函数通过 aNPPFuncs 指针就能访问到。其原型如下:
NPError NP_Initialize(NPNetscapeFuncs * aNPNFuncs, NPPluginFuncs * aNPPFuncs)
NP_Shutdown 在插件实例被销毁,浏览器关闭时调用该接口释放在 NP_Initialize 里面申请的资源,原型 void NP_Shutdown(void);
*/
NP_Initialize = (NP_InitializeFuncPtr)m_module->resolve("NP_Initialize");
m_NPP_Shutdown = (NPP_ShutdownProcPtr)m_module->resolve("NP_Shutdown");
if (! NP_Initialize || !m_NPP_Shutdown)
    goto abort;
/*
m_pluginFuncs(结构体 NPPluginFuncs 的对象)保存 plugin 端函数列表指针。NPPluginFuncs 结构体里面的域大部分都是函数指针,这些函数指针通过 NP_Initialize 调用 NP_GetEntryPoints(& m_pluginFuncs)来得到赋值。NP_GetEntryPoints 原型如下:
NPError NP_GetEntryPoints(NPPluginFuncs* pFuncs)。m_pluginFuncs 的每一个域都指向插件端的一个标准 API 接口函数地址,我们在写插件时来给出它的定义:
*/
memset(&m_pluginFuncs, 0, sizeof(m_pluginFuncs));
m_pluginFuncs.size = sizeof(m_pluginFuncs);
initializeBrowserFuncs();//初始化浏览器端 NPN 函数列表指针
/*
调用载入进来的插件端接口 NP_Initialize,把浏览器端 NPN 操作函数簇指针通过 m_browserFuncs 传递给插件端,插件端 NPP 操作函数簇通过 m_pluginFuncs 带回
*/
npErr = NP_Initialize(&m_browserFuncs, &m_pluginFuncs);
…
}

通过 load 接口,浏览器端和插件端彼此都掌握了对方的操作接口,然后就可以用这些操作接口交互数据通信了,接下来浏览器去获取插件支持的 MIMEType 和插件名及描述。

bool PluginPackage::fetchInfo()

# 第 4 章　Qt WebKit 高级编程技术

```
{
    if (!load())
        return false;
/*探测插件是否提供了 NP_GetValue 和 NP_GetMIMEDescription 接口,如果没有提供
  则返回*/
NPP_GetValueProcPtr gv = (NPP_GetValueProcPtr)m_module->resolve("NP_GetValue");
typedef char *(*NPP_GetMIMEDescriptionProcPtr)();
NPP_GetMIMEDescriptionProcPtr gm =
        (NPP_GetMIMEDescriptionProcPtr)m_module->resolve("NP_GetMIMEDescription");
if (!gm || !gv)
    return false;
char *buf = 0;
/*
NP_GetValue 原型如下:
NPError NP_GetValue(void *instance, NPPVariable variable, void *value);
instance 指向插件实例,variable 可以理解为一个命令码,定义了一些枚举常量。例
如,取值 NPPVpluginNameString 则用来向插件发送查询其名称的指令,插件名通过 val-
ue 带回; NP_GetMIMEDescription 用来返回插件支持的 MIMEType 列表。MIMEType 描述
字符串组成格式"MIMEType:an extensions list:a short description[;MIMEType2:an
extensions list:a short description]",[]中内容为插件支持多个 MIMEType 时的写
法,中间有";"来间隔两个 MIMEType 的信息。
*/
NPError err = gv(0, NPPVpluginNameString, (void *) &buf);//获取插件名保存在 buf 里
if (err!= NPERR_NO_ERROR)
    return false;
m_name = buf;                                          //插件名传递到 m_name
err = gv(0, NPPVpluginDescriptionString, (void *) &buf);//获取插件描述字符串
if (err != NPERR_NO_ERROR)
    return false;
m_description = buf;//插件描述字符串保存在 m_description
String s = gm();//调用 NP_GetMIMEDescription 获取插件支持的 MIMEType 列表
//更新浏览器支持的 MIMEType 类型
...
return true;
}
```

至此浏览器对插件的问询也就结束了,知道了插件的基本信息。

当浏览器渲染该插件支持的媒体类型数据时,就会通过 m_pluginFuncs 执行插件端提供的接口 NPP_New 来创建插件实例,继而调用 NPP_SetWindow 使插件感知网页窗口的创建、移动、调整大小和销毁过程。下面是两个接口的原型参数说明和对应浏览器端调用的代码分析:

```cpp
NPError NPP_New(NPMIMEType pluginType, NPP instance, uint16 mode, int16 argc,
                char *argn[],char *argv[], NPSavedData *saved);
NPError NPP_SetWindow(NPP instance, NPWindow *window);
bool PluginView::start()//"src/3rdparty/webkit/WebCore/plugins/ PluginView.cpp"
{
    ...
    NPError npErr;
    {
        /* m_plugin->pluginFuncs()返回指向 m_pluginFuncs 的指针,调用 newp 指向的函数
           接口 NPP_New,创建插件实例,传递 MIMEType。m_instance 里面包含了插件端和浏览
           器端的私有数据,后边写插件端代码是会定义它的原型。m_mode 指定插件显示模式
           是嵌入在 HTML 页面里还是显示在一个单独的页面里面,取值 NP_EMBED 意味着 web 开
           发人员指定了<embed>标签(就比如在上一节我们写的 HTML 嵌入 Flash 的代码一
           样)让我们的插件嵌入到浏览器页面内;取值 NP_FULL 则单独显示在一个窗口里。m_
           paramCount 对应<embed>标签指定的属性的个数,m_paramNames 是属性名,m_pa-
           ramValues 是属性值。通过这些属性要约束插件的属性,创建实例成功返回 NPERR_NO
           _ERROR,失败返回错误码:
        */
        npErr = m_plugin->pluginFuncs()->newp((NPMIMEType)m_mimeType.utf8().data(), m_
        instance, m_mode, m_paramCount, m_paramNames, m_paramValues, NULL);
    }
    if (npErr != NPERR_NO_ERROR) {
        m_status = PluginStatusCanNotLoadPlugin;
        PluginMainThreadScheduler::scheduler().unregisterPlugin(m_instance);
        return false;
    }
    ...
    m_status = PluginStatusLoadedSuccessfully;
    if (!platformStart())//创建平台相关的网页窗口信息,platformStart 代码如下
        m_status = PluginStatusCanNotLoadPlugin;
    if (m_status != PluginStatusLoadedSuccessfully)
        return false;
    return true;
}
bool PluginView::platformStart()//"src/3rdparty/webkit/WebCore/plugins/qt/PluginViewQt.cpp"
{
    if (m_plugin->pluginFuncs()->getvalue) {
        ...
        /*探测插件是否需要 XEmbed 协议支持,XEmbed 技术允许一个程序嵌入到另外一个程
          序的窗口中*/
        m_plugin->pluginFuncs()->getvalue(m_instance,
                          NPPVpluginNeedsXEmbed, &m_needsXEmbed);
```

## 第4章 Qt WebKit 高级编程技术

```
            setCallingPlugin(false);
            PluginView::setCurrentPluginView(0);
        }
        ...
        if (m_isWindowed) {//判断插件是有窗口(true)的还是无窗口(false)的
            /* NPWindowTypeWindow 指定 m_npWindow 的 window 域为一个平台相关的窗口 */
            m_npWindow.type = NPWindowTypeWindow;
            m_npWindow.window = (void *)platformPluginWidget()->winId();//获取窗口句柄
            m_npWindow.width = -1;//初始化窗口宽高
            m_npWindow.height = -1;
        } else {
            m_npWindow.type = NPWindowTypeDrawable;//指定无窗口插件在 drawable 区域绘制
            m_npWindow.window = 0; // Not used?
            m_npWindow.x = 0;
            m_npWindow.y = 0;
            m_npWindow.width = -1;
            m_npWindow.height = -1;
        }
        /* 检测浏览器兼容模式(也称怪异模式),有些插件(例如 DivX)会在第一次调用 NPP_
           SetWindow 时设置自己的大小,以后不会更改大小,用 PluginQuirkDeferFirstSetWin-
           dowCall 来指定该特性以便插件有合适大小是调用 SetWindow,我们写的 Flash 插件
           没有这个特性 */
        if (!(m_plugin->quirks().contains(PluginQuirkDeferFirstSetWindowCall))) {
            updatePluginWidget();//更新插件窗体信息
            setNPWindowIfNeeded();//看它的代码
        }
        return true;
    }
}
void PluginView::setNPWindowIfNeeded()
{
    ...
    // On Unix, only call plugin if it's full-page or windowed
    if (m_mode != NP_FULL && m_mode != NP_EMBED)//mode 意义不陌生了吧
        return;
    if (m_isWindowed) {
        m_npWindow.x = m_windowRect.x();//更新插件在网页中显示的 x 轴坐标
        m_npWindow.y = m_windowRect.y();//更新插件在网页中显示的 y 轴坐标
        m_npWindow.clipRect.left = m_clipRect.x();//更新插件矩形区域信息
        m_npWindow.clipRect.top = m_clipRect.y();
        m_npWindow.clipRect.right = m_clipRect.width();
        m_npWindow.clipRect.bottom = m_clipRect.height();
    } else {
```

```
            m_npWindow.x = 0;
            m_npWindow.y = 0;
            m_npWindow.clipRect.left = 0;
            m_npWindow.clipRect.top = 0;
            m_npWindow.clipRect.right = 0;
            m_npWindow.clipRect.bottom = 0;
        }
        //FLASH WORKAROUND: Only set initially. Multiple calls to
        // setNPWindow() cause the plugin to crash in windowed mode.
        if (!m_isWindowed || m_npWindow.width == -1 || m_npWindow.height == -1) {
            /* FLASH 窗口宽度和高度,初始化为浏览器端为插件准备的区域的宽度和高度 */
            m_npWindow.width = m_windowRect.width();
            m_npWindow.height = m_windowRect.height();
        }
        ...
        setCallingPlugin(true);
        /* 调用 NPP_SetWindow,传递插件可以绘制的窗口区域信息 m_npWindow   */
        m_plugin->pluginFuncs()->setwindow(m_instance, &m_npWindow);
        setCallingPlugin(false);
        PluginView::setCurrentPluginView(0);
    }
```

创建完毕插件实例,插件就可以为网页工作了。当网页关闭时,浏览器会调用"NPError NPP_Destroy(NPP instance, NPSavedData * * save);"删除插件实例,释放插件资源。当最后一个插件实例被删除时"void NP_Shutdown(void);"将会被调用来释放在 NP_Initialize 里面申请的资源。至此插件和浏览器的蜜月之行就结束了。一开始就注定了插件只是浏览器生命中的一个过客,当它处在生命最灿烂时很有可能接下来就会烟消云散。

明白了这些,咱们开始塑造一个插件让它和浏览器展开一场刻骨铭心的爱恋吧。还记得我们创建的工程目录 npapiplugin 吗?在里面创建文件 qtnpapiplugin.cpp、qtnpapiplugin.h 和 qtnpapiplugin.pro,一路走来我们一直以观众的身份观看了由著名导演 QtWebkit 为我们导的浏览器和插件之间的爱情故事,现在身份一变成导演了,那就仔仔细细写代码吧。先去 qtnpapiplugin.h 定义好 NPAPI 标准要求的接口和数据类型,这些接口和类型有很多,我们不一一定义,就定义好我们能用上的内容。详细的接口和结构说明读者可以参阅"https://developer.mozilla.org/en/Gecko_Plugin_API_Reference"文档的描述。

```
#ifndef QTNPAPIPLUGIN_H
#define QTNPAPIPLUGIN_H
/* 定义接口用到的数据类型,有些没有用到类型定义为(void*) */
typedef unsigned char NPBool;
```

# 第 4 章　Qt WebKit 高级编程技术

```c
typedef int16 NPError; typedef int16 NPReason;
typedef unsigned short uint16; typedef short int16;
typedef unsigned int uint32; typedef int int32;
typedef char * NPMIMEType;
typedef void * NPRegion;
typedef void * NPIdentifier;
typedef void * NPClass;
typedef void * NPObject;
typedef void * NPVariant;
typedef void * NPString;
typedef QEvent NPEvent;
typedef void * NPSavedData;
typedef void * NPByteRange;
typedef void * NPPrint;
typedef void * jref;
typedef void * JRIGlobalRef;
typedef void * JRIEnv;
#define NP_NORMAL      1
struct NPP_t
{
    void * pdata;          //存储插件私有数据区
    void * ndata;          //存储浏览器端私有数据区
};
typedef NPP_t * NPP;       //插件实例类型
struct NPRect{ uint16 top; uint16 left; uint16 bottom; uint16 right; };//插件矩形区域
enum NPWindowType {
    NPWindowTypeWindow = 1, //指定 NPWindow 结构体 window 域为窗口句柄
    NPWindowTypeDrawable       // 指定插件无窗口(windowless)
};
struct NPWindow                //存储插件绘制用的窗口信息
{
    void * window;             //窗口句柄
    uint32 x, y;               //x,y 轴坐标
    uint32 width, height;      //窗口最大宽度和高度
    NPRect clipRect;           //防止滚动屏幕时插件窗体占用状态栏、滚动条或
                               //其他网页元素位置而设的裁剪矩形区
    void * ws_info;            //存储平台相关的数据信息
    NPWindowType type;         //窗口类型(windowed or drawable)
};
enum NPPVariable {             //获取或设置插件信息用到的参数定义
    NPPVpluginNameString   = 1, //获取插件名
    NPPVpluginDescriptionString, //获取插件描述
```

```
    NPPVpluginWindowBool,              //获取或设置插件是否需要窗口
    NPPVpluginNeedsXEmbed = 14,        //后去插件是否需要 XEmbed 协议支持
};
enum NPNVariable {                     //NPN_GetValue 参数定义
    NPNVSupportsXEmbedBool = 14,       //获取浏览器端是否支持 XEmbed 协议
};
struct NPStream                        //浏览器和插件之间交互数据流的结构定义
{
    void * pdata;                      //插件私有数据
    void * ndata;                      //浏览器私有数据
    const char * url;                  //数据流 URL
    uint32 end;                        //数据流长度(字节大小)
    uint32 lastmodified;               //URL 指定的数据最后修改时间
    void * notifyData;//作为 NPN_GetURLNotify/NPN_PostURLNotify 参数或为 NULL
    const char * headers;              //HTTP 头信息
};
enum NPERRNO                           //错误码定义
{
    NPERR_NO_ERROR = 0,                //没有错误产生
    NPERR_GENERIC_ERROR,               //无具体错误代码
    NPERR_INVALID_INSTANCE_ERROR,      //窗体给插件接口的实例(instance)参数无效
    NPERR_INVALID_FUNCTABLE_ERROR,     //函数列表指针非法
    NPERR_OUT_OF_MEMORY_ERROR = 5,     //申请内存失败
    NPERR_INCOMPATIBLE_VERSION_ERROR = 8, //插件和浏览器版本不匹配
    NPERR_INVALID_PARAM                //参数无效
};
extern "C" {                           //插件端函数指针类型声明
typedef NPError ( * NPP_NewPtr)(NPMIMEType pluginType, NPP instance, uint16 mode,
            int16 argc, char * argn[], char * argv[], NPSavedData * saved);
typedef NPError   ( * NPP_DestroyPtr)(NPP instance, NPSavedData * * save);
typedef NPError   ( * NPP_SetWindowPtr)(NPP instance, NPWindow * window);
typedef NPError   ( * NPP_NewStreamPtr)(NPP instance, NPMIMEType type,
            NPStream * stream, NPBool seekable, uint16 * stype);
typedef NPError   ( * NPP_DestroyStreamPtr)(NPP instance, NPStream * stream,
            NPReason reason);
typedef void ( * NPP_StreamAsFilePtr)(NPP instance, NPStream * stream, const char * fname);
typedef int32 ( * NPP_WriteReadyPtr)(NPP instance, NPStream * stream);
typedef int32 ( * NPP_WritePtr)(NPP instance, NPStream * stream, int32 offset, int32 len,
            void * buffer);
typedef void ( * NPP_PrintPtr)(NPP instance, NPPrint * platformPrint);
typedef int16 ( * NPP_HandleEventPtr)(NPP instance, NPEvent * event);
typedef void ( * NPP_URLNotifyPtr)(NPP instance, const char * url, NPReason reason,
```

# 第 4 章　Qt WebKit 高级编程技术

```
    void * notifyData);
typedef NPError ( * NPP_GetValuePtr)(NPP instance, NPPVariable variable, void * value);
typedef NPError ( * NPP_SetValuePtr)(NPP instance, NPPVariable variable, void * value);
// table of functions implemented by the plugin
typedef struct {                        // 插件端函数列表
    uint16 size;                        //函数列表结构体大小
    uint16 version;                     //插件版本号,由主次版本号组成
    NPP_NewPtr newp;                    //NPP_New
    NPP_DestroyPtr destroy;             //NPP_Destroy
    NPP_SetWindowPtr setwindow;         //NPP_SetWindow
    NPP_NewStreamPtr newstream;         //NPP_NewStream
    NPP_DestroyStreamPtr destroystream;
    NPP_StreamAsFilePtr asfile;
    NPP_WriteReadyPtr writeready;       //NPP_WriteReady
    NPP_WritePtr write;
    NPP_PrintPtr print;
    NPP_HandleEventPtr event;
    NPP_URLNotifyPtr urlnotify;
    JRIGlobalRef javaClass;
    NPP_GetValuePtr getvalue;           //NPP_GetValue
    NPP_SetValuePtr setvalue;           //NPP_SetValue
}NPPluginFuncs;
}//end extern "C"
extern "C" {
/* 浏览器端函数指针类型声明 */
typedef NPError   ( * NPN_GetURLPtr)(NPP instance, const char * url, const char * window);
typedef NPError  ( * NPN_PostURLPtr)(NPP instance, const char * url, const char *
             window, uint32 len, const char * buf, NPBool file);
typedef NPError   ( * NPN_RequestReadPtr)(NPStream * stream, NPByteRange * rangeList);
typedef NPError   ( * NPN_NewStreamPtr)(NPP instance, NPMIMEType type,
             const char * window, NPStream * * stream);
typedef int32 ( * NPN_WritePtr)(NPP instance, NPStream * stream, int32 len, void * buffer);
typedef NPError ( * NPN_DestroyStreamPtr)(NPP instance, NPStream * stream,
             NPReason reason);
typedef void ( * NPN_StatusPtr)(NPP instance, const char * message);
typedef const char * ( * NPN_UserAgentPtr)(NPP instance);
typedef void * ( * NPN_MemAllocPtr)(uint32 size);
typedef void ( * NPN_MemFreePtr)(void * ptr);
typedef uint32 ( * NPN_MemFlushPtr)(uint32 size);
typedef void ( * NPN_ReloadPluginsPtr)(NPBool reloadPages);
typedef JRIEnv * ( * NPN_GetJavaEnvPtr)(void);
typedef jref ( * NPN_GetJavaPeerPtr)(NPP instance);
```

```c
typedef NPError    (*NPN_GetURLNotifyPtr)(NPP instance, const char* url,
                const char* window, void* notifyData);
typedef NPError (*NPN_PostURLNotifyPtr)(NPP instance, const char* url, const char*
                window,uint32 len, const char* buf, NPBool file, void* notifyData);
typedef NPError    (*NPN_GetValuePtr)(NPP instance, NPNVariable variable, void* ret_value);
typedef NPError (*NPN_SetValuePtr)(NPP instance, NPPVariable variable, void* ret_value);
typedef void (*NPN_InvalidateRectPtr)(NPP instance, NPRect* rect);
typedef void (*NPN_InvalidateRegionPtr)(NPP instance, NPRegion* region);
typedef void (*NPN_ForceRedrawPtr)(NPP instance);
typedef NPIdentifier (*NPN_GetStringIdentifierPtr)(const char* name);
typedef void (*NPN_GetStringIdentifiersPtr)(const char** names, int32 nameCount,
                NPIdentifier* identifiers);
typedef NPIdentifier (*NPN_GetIntIdentifierPtr)(int32 intid);
typedef bool (*NPN_IdentifierIsStringPtr)(NPIdentifier identifier);
typedef char* (*NPN_UTF8FromIdentifierPtr)(NPIdentifier identifier);
typedef int32 (*NPN_IntFromIdentifierPtr)(NPIdentifier identifier);
typedef NPObject* (*NPN_CreateObjectPtr)(NPP npp, NPClass* aClass);
typedef NPObject* (*NPN_RetainObjectPtr)(NPObject* obj);
typedef void (*NPN_ReleaseObjectPtr)(NPObject* obj);
typedef bool (*NPN_InvokePtr)(NPP npp, NPObject* obj, NPIdentifier methodName,
const NPVariant* args, int32 argCount, NPVariant* result);
typedef bool (*NPN_InvokeDefaultPtr)(NPP npp, NPObject* obj, const NPVariant* args,
                int32 argCount, NPVariant* result);
typedef bool (*NPN_EvaluatePtr)(NPP npp, NPObject* obj, NPString* script,NPVariant* result);
typedef bool (*NPN_GetPropertyPtr)(NPP npp, NPObject* obj, NPIdentifier proper-
                tyName,NPVariant* result);
typedef bool (*NPN_SetPropertyPtr)(NPP npp, NPObject* obj, NPIdentifier proper-
                tyName,const NPVariant* value);
typedef bool (*NPN_RemovePropertyPtr)(NPP npp, NPObject* obj, NPIdentifier propertyName);
typedef bool (*NPN_HasPropertyPtr)(NPP npp, NPObject* obj, NPIdentifier propertyName);
typedef bool (*NPN_HasMethodPtr)(NPP npp, NPObject* obj, NPIdentifier methodName);
typedef void (*NPN_ReleaseVariantValuePtr)(NPVariant* variant);
typedef void (*NPN_SetExceptionPtr)(NPObject* obj, const char* message);

typedef struct  {                            //浏览器端函数列表
    uint16 size;                             //函数列表结构体大小
    uint16 version;                          //浏览器端版本
    NPN_GetURLPtr geturl;                    //NPN_GetURL
    NPN_PostURLPtr posturl;                  //NPN_PostURL
    NPN_RequestReadPtr requestread;          //NPN_RequestRead
    NPN_NewStreamPtr newstream;              //NPN_NewStream
    NPN_WritePtr write;                      //NPN_Write
```

# 第4章　Qt WebKit 高级编程技术

```
NPN_DestroyStreamPtr destroystream;              //NPN_DestroyStream
NPN_StatusPtr status;                            //NPN_Status
NPN_UserAgentPtr uagent;                         //NPN_UserAgent
NPN_MemAllocPtr memalloc;                        //NPN_MemAlloc
NPN_MemFreePtr memfree;                          //NPN_MemFree
NPN_MemFlushPtr memflush;                        //NPN_MemFlush
NPN_ReloadPluginsPtr reloadplugins;              //NPN_ReloadPlugins
NPN_GetJavaEnvPtr getJavaEnv;                    //NPN_GetJavaEnv
NPN_GetJavaPeerPtr getJavaPeer;                  //NPN_GetJavaPeer
NPN_GetURLNotifyPtr geturlnotify;                //NPN_GetURLNotify
NPN_PostURLNotifyPtr posturlnotify;              //NPN_PostURLNotify
NPN_GetValuePtr getvalue;                        //NPN_GetValue
NPN_SetValuePtr setvalue;                        //NPN_SetValue
NPN_InvalidateRectPtr invalidaterect;            //NPN_InvalidateRect
NPN_InvalidateRegionPtr invalidateregion;        //NPN_InvalidateRegion
NPN_ForceRedrawPtr forceredraw;                  //NPN_ForceRedraw
NPN_GetStringIdentifierPtr getstringidentifier;  //NPN_GetStringIdentifier
NPN_GetStringIdentifiersPtr getstringidentifiers;//NPN_GetStringIdentifiers
NPN_GetIntIdentifierPtr getintidentifier;        //NPN_GetIntIdentifier
NPN_IdentifierIsStringPtr identifierisstring;    //NPN_IdentifierIsString
NPN_UTF8FromIdentifierPtr utf8fromidentifier;    //NPN_UTF8FromIdentifier
NPN_IntFromIdentifierPtr intfromidentifier;      //NPN_IntFromIdentifier
/*
```

我们介绍一下 NPN_CreateObject 这个接口，这涉及到了插件的一个重要功能——可以支持 scriptable 功能（插件和 JS 脚本交互）。这些功能属于 NPAPI 标准的扩展，学名为 npruntime。判断一个插件是否支持 scriptable 功能，可以通过 NPP_GetValue 来查询，如在 QtWebkit 的源码"src/3rdparty/webkit/WebCore/plugins/PluginView.cpp"里面的 bindingInstance() 函数中可以看到如下的查询语句：

```
NPObject * object = 0;
npErr = m_plugin->pluginFuncs()->getvalue(m_instance, NPPVpluginScriptableN-
                                          PObject,&object);
```

如果插件支持该功能，就会调用 NPN_CreateObject 创建 NPObject 对象并传递给浏览器 object 指针，这样浏览器就通过这个 object 和插件建立了连接。当界面 JS 脚本调用插件的方法时，浏览器通过调用 object 对象的 NPClass_HasProperty 接口来查询是否支持该方法，如果支持则会通过向 NPClass_Invoke 传递方法名、参数和参数的个数来执行该方法。当插件调用 JS 方法时，通过调用浏览器端列表函数 NPN_HasMethod/ NPN_Invoke 来实现对 JS 方法的调用，以此来实现交互。支持 scriptable 功能插件的 NPP_GetValue 接口模板如下：

```
extern "C" NPError NPP_GetValue(NPP instance, NPPVariable variable, void * value)
{
    switch (variable) {
    case NPPVpluginScriptableNPObject:
```

```cpp
        {
            NPObject * object = NPN_CreateObject(instance, new NPClass);
            *(NPObject **)value = object;
        }
        break;
    }
*/
    NPN_CreateObjectPtr createobject;              //NPN_CreateObject
    NPN_RetainObjectPtr retainobject;              //NPN_RetainObject
    NPN_ReleaseObjectPtr releaseobject;            //NPN_ReleaseObject
    NPN_InvokePtr invoke;                          //NPN_Invoke
    NPN_InvokeDefaultPtr  invokedefault;           //NPN_InvokeDefault
    NPN_EvaluatePtr evaluate;                      //NPN_Evaluate
    NPN_GetPropertyPtr getproperty;                //NPN_GetProperty
    NPN_SetPropertyPtr setproperty;                //NPN_SetProperty
    NPN_RemovePropertyPtr removeproperty;          //NPN_RemoveProperty
    NPN_HasPropertyPtr hasproperty;                //NPN_HasProperty
    NPN_HasMethodPtr hasmethod;                    //NPN_HasMethod
    NPN_ReleaseVariantValuePtr releasevariantvalue; //NPN_ReleaseVariantValue
    NPN_SetExceptionPtr setexception;              //NPN_SetException
}NPNetscapeFuncs;
}
/* 前面分析 PluginPackage::load()函数时,它里面调用的函数 initializeBrowserFuncs()
   就是用来填充浏览器端函数列表内容的 */
#endif // QTNPAPIPLUGIN_H
```

不知何时有些程序员们以程序就是算法加数据结构为支撑自己写的程序的理论依据,NPAPI 标准要求那么多的接口和结构显然是深刻领会和贯彻了该理论,接下来去写实现代码:

```cpp
qtnpapiplugin.cpp
#include <QtGui>
#include "qtnpapiplugin.h"
#include <QDebug>

struct QtPluginInstance                       //定义插件端用到的私有数据类型
{
    NPP npp;                                  //插件实例
    NPBool isCallSetWindow;                   //标识是否调用了 NPP_SetWindow 接口
    QString mimetype;                         //MIMEType
    QMap<QByteArray,QVariant> parameters;     //保存插件属性
    int32 x; int32 y; uint32 width; uint32 height;//插件窗口位置和大小
```

## 第 4 章　Qt WebKit 高级编程技术

```cpp
    QProcess process;                    //播放 FLASH 的进程
    short mode;                          //插件显示模式 NP_EMBED/NP_FULL
    void * window;                       //窗口句柄
};
static NPNetscapeFuncs * pBrowserFuncs = NULL;
/*
    插件入口函数 NP_ Initialize,nFuncs 就是前面在 load 函数里面浏览器端通过调用
    NP_Initialize(&m_browserFuncs, &m_pluginFuncs);传递过来的 m_browserFuncs.
*/
extern "C" NPError  NP_Initialize(NPNetscapeFuncs * nFuncs, NPPluginFuncs * pFuncs)
{
    if(! nFuncs)
        return NPERR_INVALID_FUNCTABLE_ERROR;
    pBrowserFuncs = nFuncs;// 保存浏览器端函数列表指针到 pBrowserFuncs
    NPBool isSupportsXEmbed = true;
    /* 获取浏览器端是否支持 XEmbedBool 协议,不支持返回退出 */
    NPError err = ( * pBrowserFuncs ->getvalue)(0,NPNVSupportsXEmbedBool,
                (void * )&isSupportsXEmbed);
    if (err != NPERR_NO_ERROR || ! isSupportsXEmbed)
    {
        qDebug()<<"No xEmbed support in this browser!";
        return NPERR_INCOMPATIBLE_VERSION_ERROR;
    } else qDebug()<<("xEmbed supported in this browser");
    return NP_GetEntryPoints(pFuncs);// 为 m_pluginFuncs 赋值,得到插件端函数列表
}
extern "C" NPError  NP_GetEntryPoints(NPPluginFuncs * pFuncs)
{
    if(!pFuncs)
        return NPERR_INVALID_FUNCTABLE_ERROR;
    if(!pFuncs ->size)
        pFuncs ->size = sizeof(NPPluginFuncs);
    else if (pFuncs ->size < sizeof(NPPluginFuncs))
        return NPERR_INVALID_FUNCTABLE_ERROR;
    pFuncs ->version      = (0 << 8) | 1;          //版本 1.0
    pFuncs ->newp         = NPP_New;
    pFuncs ->destroy      = NPP_Destroy;
    pFuncs ->setwindow    = NPP_SetWindow;
    pFuncs ->newstream    = NPP_NewStream;
    pFuncs ->writeready   = NPP_WriteReady;
    pFuncs ->getvalue     = NPP_GetValue;
    pFuncs ->setvalue     = NPP_SetValue;
    return NPERR_NO_ERROR;
```

```
}
extern "C" NPError NPP_New(NPMIMEType pluginType,NPP instance,uint16 mode,int16 argc,
                  char * argn[],char * argv[],NPSavedData * )
{
    if (! instance)
    return NPERR_INVALID_INSTANCE_ERROR;
    QtPluginInstance * PInsData = new QtPluginInstance;
    if (!PInsData)
    return NPERR_OUT_OF_MEMORY_ERROR;
    NPBool isWindow = true;
    /*创建插件实例时,指定插件有窗口,*/
    ( * pBrowserFuncs ->setvalue)(instance,NPPVpluginWindowBool,(void * )&isWindow);
    instance->pdata = PInsData;//插件端私有数据指向 PInsData,以备后用
    PInsData->npp = instance;
    PInsData->isCallSetWindow  = false;
    PInsData->mimetype = QString::fromLatin1(pluginType);    //保存 MIMEType
    PInsData->mode = mode;
    PInsData->window = 0;                                    //窗口句柄初始化为 0
    PInsData->x = PInsData->y = PInsData->width = PInsData->height = 0;
                                                             //初始化坐标和大小
    for (int i = 0; i < argc; i++)//保存网页标签传递过来的属性
    {
        QByteArray name = QByteArray(argn[i]).toLower();     //属性名
        PInsData->parameters[name] = QVariant(argv[i]);
    }
    return NPERR_NO_ERROR;
}
extern "C" NPError NPP_SetWindow(NPP instance, NPWindow * pWindow)
{
    if (! instance)
    return NPERR_INVALID_INSTANCE_ERROR;
    QtPluginInstance * PInsData = (QtPluginInstance * ) instance->pdata;
    if(!PInsData)
        return NPERR_OUT_OF_MEMORY_ERROR;
    if(!pWindow)
        return NPERR_GENERIC_ERROR;
    /*
    如果没有创建 Qt 应用程序指针,则创建应用实例,以保证插件在非 QtWebkit 浏览器(如
    mozilla firefox)上也可以正常的工作
    */
    if(! qApp)  (void)new QApplication(0, NULL);
    if(! PInsData->isCallSetWindow && pWindow->window)//网页窗口创建
```

# 第 4 章　Qt WebKit 高级编程技术

```cpp
{
    PInsData->window = pWindow->window;//保存窗口句柄,Qt Linux 平台也就是窗口 ID
    PInsData->x = pWindow->x;
    PInsData->y = pWindow->y;
    PInsData->width = pWindow->width;
    PInsData->height = pWindow->height;
    PInsData->isCallSetWindow = true;
    QString url = PInsData->parameters.value("src").toString();
    qDebug()<<"The src is"<<url;
    return NPERR_NO_ERROR;
}
if(PInsData->isCallSetWindow && ! pWindow->window)//窗口销毁
{
    PInsData->process.kill();              //终止正在播放 flash 的进程
    PInsData->process.waitForFinished();
    return NPERR_NO_ERROR;
}
if(PInsData->isCallSetWindow && aWindow->window)//窗口移动或大小改变
{
    PInsData->x = pWindow->x;
    PInsData->y = pWindow->y;
    PInsData->width = pWindow->width;
    PInsData->height = pWindow->height;
    return NPERR_NO_ERROR;
}
    return NPERR_NO_ERROR;
}
/* 获取到新的数据流需要播放 */
extern "C" NPError NPP_NewStream(NPP instance,NPMIMEType type,
                        NPStream * stream,NPBool seekable,uint16 * stype)
{
    if (! instance)
    return NPERR_INVALID_INSTANCE_ERROR;
    Q_UNUSED(type);                        //避免编译程序时编译器给出的警告信息
    Q_UNUSED(seekable);
    QtPluginInstance * PInsData = (QtPluginInstance * ) instance->pdata;
                                //取出插件私有数据
    if (! PInsData)
        return NPERR_NO_ERROR;
    QString url = QString(stream->url);    //取得数据流 URL
    if(url.endsWith(".swf"))
    {
```

```
        QStringList args;
        args<<"-x"<<QString::number((int)PInsData->window);//flash嵌入到网页窗口
        args<<"-j"<<QString::number(PInsData->width);
        args<<"-k"<<QString::number(PInsData->height);
        args<<"-X"<<QString::number(PInsData->x);        //x轴坐标
        args<<"-Y"<<QString::number(PInsData->y);        //y轴坐标
        args<<url;
        PInsData->process.start("qt4-gnash",args);       //播放flash
        qDebug()<<"Starting Pid:"<<QString::number(This->process.pid())<<"
        args: "<<args;
    }
    /*
        stype用来指定流传输模式,有以下几个取值:
        NP_NORMAL    默认模式,线性传输数据流,每次传输的最大字节数由NPP_WriteReady
                     指定。
        NP_ASFILEONLY  数据流保存为本地的一个cache文件。
        NP_ASFILE    下载文件,数据流保存在NPP_StreamAsFile的fname参数指定的路径。
        NP_SEEK      数据流可以被随机访问,随机访问的位置和长度可以由NPN_RequestRead的
                     参数指定,如果数据流不支持seekable,设置该模式会保存数据流到磁盘
                     cache。
    */
    *stype = NP_NORMAL;
    return NPERR_NO_ERROR;
}
/*数据流每次传输的最大字节数*/
extern "C" int32 NPP_WriteReady(NPP, NPStream *stream)
{
    if (stream->pdata)
        return 0x0FFFFFFF;//返回一个大的数值,让浏览器尽可能地每次多传递数据提升效率
    return 0;
}
extern "C" NPError NPP_GetValue(NPP instance, NPPVariable variable, void *value)
{
    if (!instance || !instance->pdata)
    return NPERR_INVALID_INSTANCE_ERROR;
    switch (variable) {
    case NPPVpluginNameString:
        *(const char **)value = "QtFlashPlugin";         //插件名
        break;
    case NPPVpluginDescriptionString:
        *(const char **)value = "Shockwave Flash Plugin"; //插件描述
        break;
```

```
    case NPPVpluginNeedsXEmbed://插件需要 XEmbed 支持
        *(int *)value = true;
        break;
    default:
        return NPERR_GENERIC_ERROR;
    }
    return NPERR_NO_ERROR;
}

extern "C" NPError NPP_SetValue(NPP instance, NPPVariable variable, void *value)
{
    Q_UNUSED(variable);
    Q_UNUSED(value);
    if (!instance || !instance->pdata)
    return NPERR_INVALID_INSTANCE_ERROR;
    return NPERR_NO_ERROR;
}
extern "C" char * NP_GetMIMEDescription(void)//返回插件的 MIMEType 描述
{
    return (char *)"application/x-shockwave-flash:swf:Shockwave Flash Plugin";
}

extern "C" NPError NP_GetValue(void *, NPPVariable aVariable, void *aValue)
{
    switch (aVariable) {
    case NPPVpluginNameString:
        *(const char **)value = "QtFlashPlugin";              //插件名
        break;
    case NPPVpluginDescriptionString:
        *(const char **)value = "Shockwave Flash Plugin";     //插件描述
        break;
    case NPPVpluginNeedsXEmbed:                               //插件需要 XEmbed 支持
        *(int *)value = true;
        break;
    default:
        return NPERR_INVALID_PARAM;
    }
    return NPERR_NO_ERROR;
}
extern "C" NPError NPP_Destroy(NPP instance, NPSavedData ** )//删除插件实例
{
    if (!instance || !instance->pdata)
```

```
        return NPERR_INVALID_INSTANCE_ERROR;
    QtPluginInstance * PInsData = (QtPluginInstance *) instance->pdata;
    if(PInsData->process.state()!=QProcess::NotRunning)    //如果进程在运行
    {
        PInsData->process.kill();                          //消除播放 flash 进程
        PInsData->process.waitForFinished();
    }
    delete PInsData;                                       //删除插件数据
    PInsData = NULL;
    instance->pdata = 0;
    return NPERR_NO_ERROR;
}
extern "C" void  NP_Shutdown()
{
    pBrowserFuncs = NULL;
    delete qApp;
}
```

工程文件 qtnpapiplugin.pro 会写了吧,再介绍一遍,下次跳过不进行介绍。

```
TEMPLATE = lib
TARGET = qtNPAPIflash
CONFIG += plugin
INCLUDEPATH     += .
DEPENDPATH      += .
SOURCES         += qtnpapiplugin.cpp
HEADERS         += qtnpapiplugin.h
```

编译工程,生成插件库 libqtNPAPIflash.so,将其复制到"/usr/lib/mozilla/plugins/"目录下。打开一个终端,执行 firefox http://www.sina.com.cn,看看我们的插件是不是可以被 firefox 浏览器正确载入了,接着看看 sina 页面的 flash 是不是出来了。这就是从这节一开始我们就期待的结果。

## 4.5.3 QtWebKit+Gnash+Gstreamer 的黄金组合

GNU Gnash 是一款开源的 Flash 播放器,它既可以作为一个 Flash 播放器界面软件独立运行,也可以以库的形式供其他应用程序使用。它师从 Thatcher Ulrich 的 GameSWF 项目,与公元 2005 年 12 月出师下山自立门户,号称 Gnash,开山祖师为从 GameSWF 项目叛逃人员 Rob Savoye。遵循 GPL 协议,在 Rob 的英明领导下,各路豪杰不断的从四面八方涌入到 Gnash 的麾下,造就了 Gnash 今天的辉煌。在攻打浏览器插件一役,赢的是盆满贯满,迅速成为支持 Mozilla、Firefox、Opera 等江湖大佬的得力插件。在支持的操作系统领域,Gnash 也不仅仅满足于在 Ubuntu、Fedora

# 第4章 Qt WebKit 高级编程技术

和 Debian 上,更是被移植并成功的运行在了 Solaris、Beos、OS/2 等系统上。即使是在嵌入式的硬件平台上,Gnash 也有不俗的表现,尤其是成功的为 Sharp PDA 和 Nokia Internet Tablets(770/800/810)保驾护航。另外在嵌入式处理器 ARM、MIPS 上,Gnash 的表现也可圈可点。

在 Ubuntu 上安装 Gnash 相对就比较简单了。通过 apt 包管理器可以自动安装好依赖(apt-get install gnash)。安装完毕后会库文件会放置在"/usr/lib/gnash"目录下,在"/usr/bin"目录下生成执行文件(gnash/gtki-gnash/qt4-gnash)。通过执行"gnash [option]... [URL]"来播放 SWF 文件。常用的 option 选项,"-x"指定 flash 显示的窗体 ID,"-j"指定窗口宽度,"-k"指定窗口高度,"-X"指定窗口的 x 轴坐标,"-Y"指定窗口显示的 y 轴坐标。例如,我们在终端输入"gnash-j 320-k 240 -X 100-Y 100 /test.swf",便可以在屏幕坐标(100,100)处显示 FLASH 播放窗口,窗口大小为(320×240),"-x"选项一般在做插件时使用。

但是如果想让 Gnash 用在 MIPS Linux 上面,就要涉及要交叉编译了。可以通过 FTP 地址 ftp://ftp.gnu.org/pub/gnu/gnash/0.8.10/获取到 Gnash 当前的最新版本 gnash-0.8.10.tar.gz。源码下载之后,解压缩进入工程目录执行"gnash-0.8.10#./configure-help",看它的编译选项。依赖库相当多,主要涉及到 3 大编译选项:第 1 个就是指定一个图形库(opengl/cairo/agg/openvg)用来渲染 SWF 文件;第 2 指定 GUI 库(gtk/qt4)来显示播放界面;第 3 就是指定一个后端的音视频解码器(gst/ffmpeg)。经过细心的挑选,本着 KISS(keep is simple stupid)原则,我们对 gnash 的编译配置如下:

```
./configure --prefix=/usr/local/embedded/gnash   --host=mipsel-linux
            --enable-media=gst   --enable-renderer=cairo --enable-gui=qt4
            --with-gstreamer-incl=/usr/local/embedded/gstreamer/include/gstre-
            amer-0.11
            --with-gstreamer-lib=/usr/local/embedded/gstreamer/lib/
            --with-qt4-incl=/usr/local/embedded/qt/include/ --with-qt4-lib
            =/usr/local/embedded/qt /lib
            --with-cairo-incl=/usr/local/embedded/cairo/include/cairo
            --with-cairo-lib=/usr/local/embedded/cairo /lib/
            --with-boost-incl=/usr/local/embedded/boost/include/ --with-boost
            -lib=/usr/local/embedded/boost/lib/
```

—prefix 指定安装路径(默认 gnash 安装在/usr/local 目录下);--host 指定交叉编译 gnash 运行的平台为 mipsel-linux;--enable-media 指定为 gst,即用 Gstreamer 作为音视频的解码器。这里我们有必要对 Gstreamer 有个了解,它可是 gnash 工作起来的幕后功臣。作为一个开源的构建流媒体应用的编程框架,得益于俄勒冈研究生学院有关视频管道的创意加上对 DirectShow 设计思想的模仿,它采用了基于插件和管道(pipeline)的体系结构,框架中的所有功能模块都被设计成可以插拔的组件,需要的时候就可以方便地安装到任意一个管道上。正是由于它的插件在设计的时候都统一通过管道机制进行数据交换,才使得通过 Gstreame 框架编写出任意类型的流媒体应用成为一种可能。为了达到简化音视频应用开发的目标,我们可以方便地利用现有的插件像搭积木一样组装出一个 pipeline(如图 4.11 所示),实现功能完善的多媒体应用程序(音视频播放、视频编辑、音频混音等)。这一切都要感谢 Erik Walthinsen,没有他在 1999 年启动 Gstreamer,谁也不会想到在 Linux 的世界(不局限于 Linux)有这么完美的多媒体框架。在这个框架下不得不提到一个元件(element)的概念,pipeline(管道)正是由这些元件组成的。图 4.11 所示的"filesouce"就是一个元件,它用来读取媒体文件,把数据流送到"container-parser"做媒体格式解析。解析后的数据流再流向"video decoder"或"audio decoder"做音视频的解码,最后送到"video sink"或"audio sink"去消耗数据(音视频播放)。数据流就是在管道(pipeline)内从一个元件流向另外一个元件,他们的处理都不需要过多地干预。需要做的就是从 Gstreamer 支持的那些插件里面选择出来适合你的,因为元件正是封装在了插件里面。如果确实没有合适的就需要自己去开发插件了,所幸开发这些插件有大量的样例和模板供你参考,插件的接口也显得是那么的有章可循,让人觉得开发出来一个 Gstreamer 的插件不再是一件难事。我们可以去"http://gstreamer.freedesktop.org/src/"看看它支持的插件,也可以下载它们的源码。

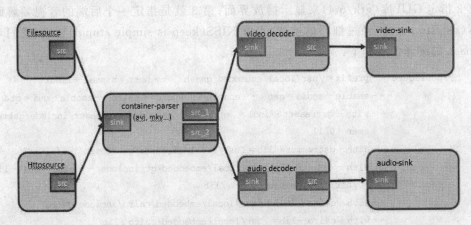

图 4.11　Gstreamer 管道

通过上面的 Web 地址,Gstreamer 的那点事儿都全部彻底地摆在你面前了。你可以看到"gst-plugins-good"、"gst-plugins-bad"和"gst-plugins-ugly"这些插件,也可以看到"gstreamer"正在那里等你 access。这些插件以 good(好的)、bad(坏的)和 ugly(丑恶)来命名足以看得出来制作者已经不仅仅把它们当做插件了,甚至还拟人化地让这些插件听起来就好像身边的小动物一样有生命、有长处、有短处。早在 1966 年,意大利西部片宗师 Sergio Leone,这个对电影艺术有着不懈追求的大师推出了《The Good, the Bad and the Ugly》,中文片名《黄金三镖客》。这部注定载入

## 第 4 章　Qt WebKit 高级编程技术

电影史册的大片,也没有想到它的片名会成为 Gstreamer 插件包的命名,着实让程序员们津津乐道。下载一个 Gstreamer 最新源码和插件,避免不了也要进行一番编译配置了。交叉编译记着指定"--host=mips-linux",各种依赖包各种编译。我这里写了一个脚本来完成依赖包源码包和插件包的编译,限于篇幅的关系不在此介绍,有兴趣的读者可以来信索要。再次回到 gnash 的编译配置选项"--enable-gui=qt4"指定了界面库用 qt4,我们给出 qt4 交叉编译的配置选项,在解压后的 Qt 源码包执行"./configure-embedded-help"其实就可以看到交叉编译选项的详细配置了。我们的主要配置如下:

./configure - prefix = /usr/local/embedded/qt - opensource - embedded mips - xplatform qws/linux - mips - g++ - confirm - license - shared - qt - kbd - tty - big - endian - qt - gfx - directfb - plugin - gfx - directfb - no - qt3support - svg - webkit - no - javascript - jit - no - script - no - scripttools - system - libpng - qt - libmng - qt - libjpeg

"-embedded mips"指定目标平台处理器为 mips 架构;"-xplatform "指定目标平台 linux-mips;在 Qt 源码"mkspecs/qws/linux-mips-g++"目录下有 qmake.conf 文件,需要编辑这个文件指定交叉编译工具链;configure 运行时会和用户交互遵循开源版的 license;用"-confirm-license"选择"yes";"-shared"指定生成 Qt 的动态链接库;"-qt-kbd-tty"支持 tty 驱动的 keyboard;"-big-endian"指定为大顶端模式(数据高字节存储在内存低地址,低字节存在内存高地址),目标平台处理器设置为大端格式则 Qt 也应该按照大端格式编译;"-qt-gfx-directfb"和"-plugin-gfx-directfb"指定 QtGui 采用 DirectFB 作为图形驱动,利用 DirectFB 提供的图形加速机制来加速 Qt 界面的绘制。要支持 DirectFB 就需要在 qmake.conf 文件里面加上 DirectFB 的头文件和库文件的链接路径,代码如下:

QT_CFLAGS_DIRECTFB = -I/usr/local/embedded/directfb/include/directfb
QT_LIBS_DIRECTFB = -L/usr/local/embedded/directfb/lib -ldirect -ldirectfb -lfusion

当我们进展到这里的时候,你会体会到交叉编译源码包的不宜,我们是从 Gnash 的编译出发的,它需要 Qt 我们才来到这里看 Qt 的交叉编译。接着又发现为了让 Qt 界面在特定的硬件平台运行有个很好的表现不得不采用优秀的 DirectFB 来加速,DirectFB 就是为嵌入式系统设计的,它的目标是用最小的资源开销来实现最大的硬件加速性能,关于 DirectFB 的交叉编译就不列出它的编译配置了。编译完 Qt 的嵌入式 mips 版之后,就可以去"/usr/local/embedded/qt/bin"目录下找到工具 qmake,用它来重新生成我们在前面写的那些 Qt 工程的 Makefile。重新编译工程,你会发现不经意间已经把生成的执行文件或库由原来的 X86 改嫁给 MIPS 了。接着退回到 gnash 的配置,"--with-gstreamer-incl"来指定安装的 gstreamer 的头文件路径,后边的都大致相仿了,指定依赖库的头文件和库文件路径。终于要结束这个 configure 配置了,说它是由一个 gnash 的交叉编译引起的疯狂一点也不过,更要命的是在你去交叉编译的时候还会发现在不同的 Linux 发行版上还要经历各种依赖包的版本匹配问题,不过大致的编译配置选项都和上面列出的差不多。学会"./configure --help",看看帮助比接下来简单的执行"make&&make install"安装包要重要得多。

经过漫长的编译过程，如果运气很差的话会有一两个编译错误需要你去 fix 一下。我们一直积累的经验保证了我们的顺利编译，结束后在"/usr/local/embedded/gnash"目录下就看到我们的成果，这些嵌入式 mips 版本的 gnash 库和工具（qt4 - gnash）分别落坐在了 lib 和 bin 目录下了。接下来就可以把它们请到笔者的 mips 板上，通过 HDMI 接口，在电视屏幕上通过 QtWebkit 看 flash 了。无疑这个结果可以让人兴奋和充满成熟感，但是也不要忘记谢幕时那一串串幕后工作人员的名单"gnash - qt - gstreamer - directfb - boost…"，让我们为这些优秀的开源软件鼓掌吧。

# 第 5 章
# Qt 数据库编程和 XML 解析

　　正如平常那么多的午后一样,小吴和同事吃过午饭后回到了实验室。实验室里面到处都充斥着开发板运行的吱吱声响。年岁大点的程序员习惯把这声响当成午后的催眠曲眯眼打盹养神,那些年轻的程序员趁着午休时间赶紧偷菜玩开心。就在这时,小吴突然扭头对正在调试程序的我说"我决定离职了,整天给机器打交道太没有意思了,我要去和人打交道"。就是在今天,想起这句话,我依然还是觉得那么震撼。程序员通病就是相比和人打交道更善于和机器打交道。程序员很难和人交流,但是遇到看对眼的,就会掏心掏肺的,这些特性很不适合当今的社会。当时我很理解现在应该称呼老吴的想法,那时我们正在一起做一个基于 zigbee 无线智能车位管理系统,我指导他负责上位机程序的开发。那些车位信息的存储检索使他不得不天天和 SQL SERVER 打交道,时间长了让他感觉到了厌烦。今天看来,开发程序和数据库打交道如同人每天需要呼吸空气一样早应该习惯了,稍微上点规模的应用程序基本都会用到数据库来进行程序运行时数据的存储、查询、更新和删除操作。如今的老吴已经成功地摆脱了数据库的纠结,成为了一家贸易公司负责西北片区的经理。而曾经的开源数据库 MySQL 也随着 Oracle 在 2009 年对 SUN 的收购开始慢慢地向收费数据库转型,并且大有跟着物价水平不断提价的趋势。这个以海豚(sakila)为标志的可爱的 MySQL 曾经以小巧、高速和低成本的特点成为中小企业首选的数据库方案。尤其是在搭建动态网站上,提起 LAMP(Linux+Apache+MySQL+Per/PHP/Python)的靓丽组合,就如同提起 2002 年世界杯巴西球队的 3R 组合一样,无不以之为整体解决方案。曾经的 3R 组合早已辉煌不再,没有想到的是,这只可爱的海豚(sakila)也被圈养在海洋公园做有偿表演了。还好在嵌入式领域,SQLite 这个轻量级的开源数据库为我们撑起了另外一片天,造化弄人,开一扇门关一扇门这个上帝法则一直在重复着它的威力。有一天当你听到 LASP(M 换成 SQLite)组合时也不要大惊小怪,除了平静地欣然接受以外,不要有任何的抱怨,毕竟在巨大利益面前换作你也会这么做,不是吗?

随着数据库技术发展,不管是 Oracle、IBM 和 Microsoft 这些巨头的数据库产品,还是那些开源的轻量级数据库产品都要遵循标准的数据库查询语言 SQL(Structured Query Language 结构化查询语言)。虽然他们各自的产品会对 SQL 规范做扩展,但是基本的 SQL 语句还是统一的。在这点上给足了 ANSI(美国国家标准学会)在 1989 年推出的"ANSI SQL 89"标准的面子,ISO(国际标准化组织)也采用了该标准,后来在 1992 年发布了 SQL-92 升级版,现在 SQL 国际标准仍然在不断发展中(SQL3 标准)。伴随着 XML 技术的发展,数据库和 XML 的结合又成为数据库技术发展的一个趋势。XML(Extensible Markup Language 可扩展标记语言)是 W3C 创建的一种标准语言规范,相比于 HTML 具备更好的描述能力和可扩展性。我们每天都习惯于通过互联网接收或发送来自世界各地的最新的信息,在信息交互的过程中由于这些信息有着不同的数据格式,一定程度上影响了信息使用的效率,也带来了不便。XML 文档内容和结构的分离的特性以及 XML 具备统一的标准语法和可根据用户需要扩展新的语言,这些使 XML 技术得到了广泛的关注和应用。例如在金融行业广泛使用的 XBRL(eXtensible Business Reporting Language 可扩展商业报告语言)就是基于 XML 语言的,流行的 RSS(Really Simple Syndication 简易资讯聚合)阅读器也是基于 XML,在 web 服务广泛使用的 SOAP(Simple Object Access Protocol 简单对象访问协议)协议之所以能够做到不限制平台和技术框架就是利用了 XML 的跨平台性实现的,另外 XML 在移动电信交通行业都有广泛的应用。

正是由于数据库和 XML 技术的重要性,Qt 集成了 QtSql 用来和数据库打交道,集成 Qt XML 模块用来对 XML 的解析。我们需要做的就是在 Qt 工程文件添加"QT+=sql xml",来让 Qt 工程使用这两个模块带来的便捷操作接口。同时我们开始认识两个模块。

## 5.1 回顾 SQL 语句

通过"apt-get install mysql-server-5.1"安装 MySQL,安装中会弹出如图 5.1 所示的菜单,设置数据库默认用户"root"的密码,我们设定为"lqgui"。安装结束后,通过它的终端监视器来练习 SQL 语句是个不错的选择。

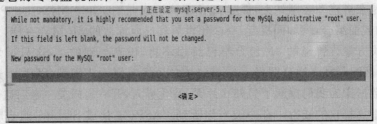

图 5.1 设置 MySQL root 用户密码

# 第5章 Qt 数据库编程和 XML 解析

安装完毕后,在终端执行"ps ef|grep mysqld",可以看到 MySQL 服务器端在运行,如下所示:

```
root@libin:~/sql# ps-ef|grep mysqld
mysql    14775       1    0 05:18 ?           00:00:09 /usr/sbin/mysqld
root     27813 11287    0 13:48 pts/2         00:00:00 grep —color=auto mysqld
```

这个时候就可以通过 mysql 这个 MySQL 提供的命令行工具登录数据库进行操作了,如下所示:

```
root@libin:~/sql# mysql-u root-p
Enter password:
Welcome to the MySQL monitor.  Commands end with ; or \g.
Your MySQL connection id is 52
Server version: 5.1.58-1ubuntu1 (Ubuntu)

Copyright (c) 2000, 2010, Oracle and/or its affiliates. All rights reserved.
This software comes with ABSOLUTELY NO WARRANTY. This is free software,
and you are welcome to modify and redistribute it under the GPL v2 license

Type 'help;' or '\h' for help. Type '\c' to clear the current input statement.

mysql>
```

得到一个命令提示符,就可以执行 SQL 语句了。通过执行"show databases;"(注意每条指令之后要以;结尾)显示数据库。MySQL 安装完会有一个叫 mysql 的数据库,root 用户名和密码就存储在这个数据库里面。我们创建一个新的数据库执行"create database mydb;",其中"mydb"称为数据库的识别符,也就是数据库名,最大长度 64 个字节,不能包含字符'/'、'\'或'.';"use mydb;"打开 mydb 数据库。接下来一口气,把建表、插入数据、检索数据、更新数据、删除数据、备份数据库、删除表、删除数据库这一系列常用的操作一次性地演练一遍。

```
mysql> use mydb;   #打开 mydb 数据库,"mysql 用#做注释"
Database changed
#创建表 attend_record,用来记录考勤信息,主键 id,int 类型,显示宽度为 4,记录刷卡的
#门禁卡卡号,name 字符类型,最大 20 个字符,记录卡号对应的员工姓名,idate,data 类
#型,记录刷卡的日期,MySQL 用 date 类型表示日期,格式为"YYYY-MM-DD",支持的
#范围是从"1000-01-01"到"9999-12-31"。
#itime,time 类型,记录刷卡的时间,time 也为 MySql 的关键字,用来表示时间,格式为
#"HH:MM:SS"。
mysql> create table attend_record(id int(4) primary key,name char(20),idate date,
itime time);
Query OK, 0 rows affected (0.06 sec)
#插入一条记录,3月5号学雷锋做好事,让苏三(susan)投了一个"压哨球",差 0.01 秒就
```

＃迟到了,该公司九点半上班,运气来了喝凉水都不塞牙。
```
mysql> insert into attend_record values('0583','susan','2012-03-05','09:29:59');
Query OK, 1 row affected (0.00 sec)
mysql> show tables;  ＃显示 mydb 数据库的表
+------------------+
| Tables_in_mydb   |
+------------------+
| attend_record    |
+------------------+
1 row in set (0.00 sec)

mysql> describe attend_record;  ＃显示 attend_record 的描述,可以查询表的表项和类型
+-------+----------+------+-----+---------+-------+
| Field | Type     | Null | Key | Default | Extra |
+-------+----------+------+-----+---------+-------+
| id    | int(4)   | NO   | PRI | NULL    |       |
| name  | char(20) | YES  |     | NULL    |       |
| idate | date     | YES  |     | NULL    |       |
| itime | time     | YES  |     | NULL    |       |
+-------+----------+------+-----+---------+-------+
4 rows in set (0.00 sec)

mysql> select * from attend_record;  ＃检索表内容
+-----+-------+------------+----------+
| id  | name  | idate      | itime    |
+-----+-------+------------+----------+
| 583 | susan | 2012-03-05 | 09:29:59 |   ＃检索出来一条刚加入的记录
+-----+-------+------------+----------+
1 row in set (0.00 sec)
```
＃鉴于作为公司中层干部的 susan 并没有带头学雷锋,只是口头上说学雷锋在行动,决定修
＃改她的出勤记录为那天的真实记录,你还真相信 0.01 的运气啊!
```
mysql> update attend_record set itime='09:31:00' where name='susan';
Query OK, 1 row affected (0.06 sec)
Rows matched: 1  Changed: 1  Warnings: 0

mysql> select itime from attend_record;  ＃检索表的 itime 项内容
+----------+
| itime    |
+----------+
| 09:31:00 |     ＃显示为修改后的新值
+----------+
1 row in set (0.00 sec)
```

# 第 5 章  Qt 数据库编程和 XML 解析

```
mysql> delete from attend_record where name = 'susan';  #从表中有条件地删除一项
Query OK, 1 row affected (0.00 sec)
mysql> drop table attend_record;    #删除 attend_record 表
Query OK, 0 rows affected (0.01 sec)
mysql> drop database mydb;  #删除数据库
Query OK, 0 rows affected (0.00 sec)
mysql> quit   #退出
Bye
```

通过上面的指令的操作，最起码掌握了 SQL 基本的操作语句"create/insert/select/update/delete"。不幸的是我们还没有将 mydb 进行备份呢。它就被无情地删除了。程序员的思维是逻辑性很强的，不妨假设 mydb 还在，则可以通过"mysqldump-u root-p mydb>back_mydb"把 mydb 备份到 back_mydb 里，需要恢复时可以通过"mysql-u root-p mydb<back_mydb"来把数据库恢复到先前的备份。

## 5.2  数据库离嵌入式越来越近

当下嵌入式设备功能是越来越强大，硬件处理器能力不断提升，主频不断提升，内存不断加大，让用户渐渐感觉嵌入式产品和 PC 产品的差距越来越小了。例如现在流行的双核智能手机和 Android 平板在使用上和 PC 几乎没有差距，嵌入式产品上的应用程序也越来越多样化和复杂化，这样把 PC 桌面系统上比较成熟的数据库技术引入到嵌入式领域来处理管理日渐复杂庞大的数据，就显得很有必要了。各种嵌入式数据库也就应运而生了。轻便、小巧、高效、稳定、免安装、直接嵌入到应用程序是嵌入式数据库的共同特点。伴随着微电子技术的不断发展和云计算技术的成熟，不久的将来，无论身处何处，只要需要，就可以通过嵌入式设备获取到所需的信息。这一天的慢慢临近，让我们对嵌入式数据库的未来充满了更多的期待。

### 5.2.1  Qt 的数据库引擎

简单地写一段代码就可以测试出目前环境下可以用的 Qt 数据库驱动，代码如下：

```cpp
#include <QtSql>
#include <QDebug>
int main()
{
    QStringList d = QSqlDatabase::drivers();
    foreach(QString str,d)
    {
        qDebug()<<" available database driver:"<<str;
```

}
　　return;
}

当然要编译上述代码,在生成工程文件时不要忘记添加"QT+=sql"语句,笔者运行这段代码的结果是:

root@libin:~/qtsql# ./qtsql
available database driver: "QSQLITE"
available database driver: "QMYSQL3"
available database driver: "QMYSQL"

看到的结果可能和你的不一样,来到 Qt 的安装目录,先找到 Qt 的数据库驱动插件,目录路径"/opt/QtSDK/Desktop/Qt/474/gcc/plugins/sqldrivers"。进入这个目录看一下是不是有个 libqsqlite.so 文件,这个就是 Qt 支持的 SQLite 数据库的驱动插件,也就是说现在我们就可以用 Qt 数据库模块写程序操作 SQLite 数据库了。要想操作 MySQL,当然需要安装一下它的驱动,可以是源码包编译安装,去下载 MySQL 的源码;也可以通过"apt-get download libqt4-sql-mysql"下载 mysql 的 Qt 驱动插件(libqt4-sql-mysql_4.7.4-0ubuntu8_i386.deb),然后执行"dpkg-deb-x libqt4-sql-mysql_4.7.4-0ubuntu8_i386.deb ",把 deb 包解压缩到当前目录,生成目录"usr/lib/i386-linux-gnu/qt4/plugins/sqldrivers",里面就有我们需要的插件"libqsqlmysql.so",把它复制到"/opt/QtSDK/Desktop/Qt/474/gcc/plugins/sqldrivers"下即可。这时再运行上面的程序,结果就和我的一样了。我们现在也可以写程序访问 MySql 数据库了。其实 Qt 支持的数据库类型不单这两种,还有如表 5.1 所列的那些数据库引擎。实际使用时可以根据自己的需要做适当的选择,基本上选择范围也跑不出 IBM/Oracle/Microsoft 的数据库产品,Qt 都给支持上了。不过最好还是选择开源的吧,实惠。

表 5.1　Qt 支持的数据库引擎

| Driver Type | Description |
| --- | --- |
| QDB2 | IBM DB2 |
| QIBASE | Borland InterBase Driver |
| QOCI | Oracle Call Interface Driver |
| QODBC | ODBC Driver (includes Microsoft SQL Server) |
| QPSQL | PostgreSQL Driver |
| QTDS | Sybase Adaptive Server |

Qt SQL module 提供了几个类供我们使用,其中 QSqlDatabase 代表一个数据库连接实例,连接成功就可以利用 QSqlQuery 来操作数据库执行 SQL 语句。有时觉得构造个 SQL 语句也是件麻烦的事,Qt 为我们这样的懒人也考虑到了,专门打造了

# 第 5 章  Qt 数据库编程和 XML 解析

几个更上层的类 QSqlQueryModel、QSqlTableModel 和 QSqlRelationalTableModel 来供我们操作数据库,同时可以借助 QListView 或 QTableView 来显示数据库内容,这 3 个 SQL Model 类更是给我们带来了很大的便捷。QSqlQueryModel 提供了一个只读的数据模型,QSqlTableModel 则可以支持对单一表格的读写操作,其子类 QSqlRelationalTableModel 还可以提供对外键的支持,在后面用到这些类时我们再介绍它们。

## 5.2.2  MySQL 在 Qt 中的使用

创建工作目录 qtsql,创建子目录 usemysql 和 usesqlite,进入 usemysql 创建工程文件 qtmysql.cpp,编写代码如下:

```
#include <QApplication>
#include <QtSql>  //Qt sql module 头文件
#include <QTableView>
/* 执行 SQL 语句 */
bool exec_sql(QSqlQuery *qry,QString query)
{
    bool isok = qry->exec(query);
    if(!isok)//SQL 语句执行失败打印出失败信息
        qDebug()<<"Failed to exec:"<<query<<" The reason is:"<<qry->lastError().text();
    return isok;
}

int main(int argc, char *argv[])
{
    QApplication app(argc, argv);
    /* 激活 QMYSQL 数据库驱动程序 */
    QSqlDatabase db = QSqlDatabase::addDatabase("QMYSQL");
    /* 初始化连接信息 */
    db.setHostName("localhost");            //连接主机名
    db.setUserName("root");                 //用户名
    db.setPassword("lqgui");                //密码
    /* 设置连接选项,使用 SSL 加密协议,允许在函数名后使用空格,使所有的函数名成为保留字 */
    db.setConnectOptions("CLIENT_SSL=1;CLIENT_IGNORE_SPACE=1");
    db.setPort(3306);                       //连接端口
    if(!db.open())                          //打开连接
    {
        qDebug()<<"Failed to open DB"<<db.lastError().text();
        return -1;
```

```cpp
}
QSqlQuery query(db);                                    //使用 QSqlQuery 执行 SQL 语句
exec_sql(&query,"create database mydb");                //创建数据库 mydb
exec_sql(&query,"use mydb");
exec_sql(&query,"drop table attend_record");
exec_sql(&query,"create table "                         //创建表
        "attend_record(id int,name char(20),idate date,itime time)");
exec_sql(&query,"insert into "                          //插入数据
        "attend_record values(1001,'susan','2012-03-08','18:30:59')");
exec_sql(&query,"insert into "
        "attend_record values(1002,'aobama','2012-03-08','19:20:21')");

/*批量插入数据*/
/*在 prepare 函数用占位符(?)代替具体的数据,之后在绑定操作里赋值*/
query.prepare("insert into attend_record values(?,?,?,?)");
QVariantList ids;
ids<<1003<<1004;
query.addBindValue(ids);                                //按顺序为 id 赋值
QVariantList names;
names<<"pujing"<<"fengjie";
query.addBindValue(names);                              //为 name 赋值
QVariantList dates;
dates<<"2012-03-08"<<"2012-03-08";
query.addBindValue(dates);                              //为 idate 赋值
QVariantList times;
times<<"09:19:19"<<"09:19:45";
query.addBindValue(times);                              //为 itime 赋值
/*进行批处理操作,前面的操作才真正被执行,出错打印错误信息*/
if(!query.execBatch()) qDebug()<<"Failed to execBatch:"<<query.lastError();

QSqlQueryModel mode;//创建操作数据库 mydb 只读数据模型
mode.setQuery("select * from attend_record");           //设置查询条件
/*设置数据视图水平表头标题*/
mode.setHeaderData(0,Qt::Horizontal,QObject::tr("Access Card#"));//第 1 列显示 id
mode.setHeaderData(1,Qt::Horizontal,QObject::tr("Full Name"));//第 2 列显示 name
mode.setHeaderData(2,Qt::Horizontal,QObject::tr("Access Date"));//第 3 列显示 idate
mode.setHeaderData(3,Qt::Horizontal,QObject::tr("Access Time"));//第 4 列显示 itime

/*获取查询结果的行数,即插入表 attend_record 里面数据记录的个数*/
int count = mode.rowCount();
/*直接通过 QSqlQueryModel 来访问数据库元素*/
for(int i = 0;i<count;i++)
```

## 第5章 Qt 数据库编程和 XML 解析

```cpp
{
    QString name;
    int id;
    QDate date;
    QTime time;
    /* QSqlRecord 封装了一个数据记录,record 函数得到一条查询到的数据记录 */
    QSqlRecord record = mode.record(i);
    int rc = record.count();                    //获取记录里面属性的个数
    for(int n = 0;n<rc;n++)
    {
        switch(record.field(n).type())//判断属性数据类型,做相应的类型转换
        {
        case QVariant::String:                  //QString 类型
            /* 把表 attend_record 里面存储的 name 值转存在 name */
            name = record.value(n).toString();
            break;
        case QVariant::Int:
            id = record.value(n).toInt();       //id 值转整型,存在 id 中
            break;
        case QVariant::Date:
            date = record.value(n).toDate();    //idate 值
            break;
        case QVariant::Time:
            time = record.value(n).toTime();    //itime 值
            break;
        default:
            break;
        }
    }
    /* 操作检索到的表数据,我们这里只是简单地输出了数据内容 */
    qDebug()<<"Card ID:"<<id<<"Name:"<<name
        <<"Date:"<<date.toString("yyyy-MM-dd")<<"Time:"<<time.toString("hh:mm:ss");
}
/* 用 QTableView 提供数据库视图 */
QTableView view;
view.setModel(&mode);
view.show();

return app.exec();
}
```

运行"qmake-project"生成工程文件 usemysql.pro,编辑工程文件添加。

"QT+=sql",生成 Makefile 编译运行,就可以看到成果了,如图 5.2 所示。

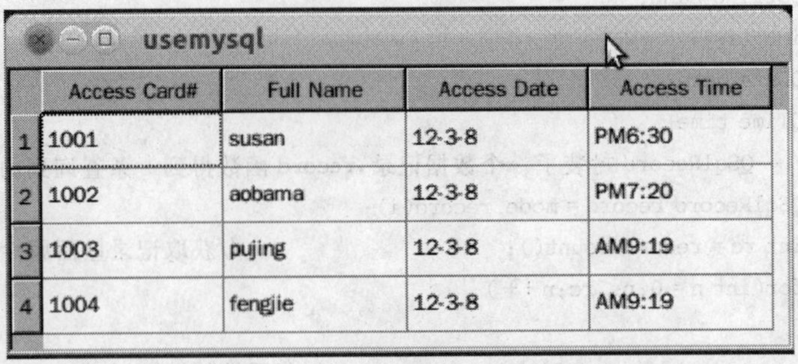

图 5.2 MySQL 数据库使用实例

对 MySQL 数据库的操作过程基本都涵盖到这个项目里面了。怎么执行 SQL 语句,怎么查询数据库内容,怎么显示数据库内容,读者应该也有了清晰的认识了。也可以查询一下类 QSqlField 和 QSqlRecord 的更详细描述。另外,QSqlQueryModel 仅仅是提供了一个只读的数据模型,通过这个模型在视图里面还无法直接修改数据库内容。这也是我们在 SQLite 使用中要解决的问题。

## 5.2.3 SQLite 在 Qt 中的使用

要不是在前面对 SQLite 做了简单的出场介绍,现在也就不能直接开始写代码了。就算你对它还不是很了解,网上铺天盖地对它的介绍绝对可以弥补对它了解的不足,在这里就不再赘述了。在这个项目实例里面,我们有意用 QSqlTableModel 和 QSqlRelationalTableModel 这两个数据模型,以免和工程 usemysql 重复。通过 QSqlTableModel 来实现对数据库内容的修改,这并没有通过 SQL 语句,仅仅是通过图形视图的操作来完成的。简单地说就是直接通过图形界面单击需要修改的数据内容,就可以修改并写回存储到数据库了。通过 QSqlRelationalTableModel 来实现对数据库表外键的支持。在这里有必要强调一下主键和外键的概念,虽然这属于数据库基础知识。我们一般把主键作为一条数据记录的唯一标识,通过主键就可以确定是这条记录而不是别的。在设计数据库时,往往根据需要设计不同的表,如果这些表之间要沟通数据,则用外键来关联这些需要同步数据的表。比如在这个 usesqlite 工程里面设计的表,关系如表 5.2 所列。

attend_record 表和 status_record/type_record 表通过外键关联了起来,表 attend_record 字段 Status 是表 status_record 的主键,是 Status 成为 attend_record 表外键的一个条件。现在通过对外键的感性认识可以升华到理性定义了吧,一个表 T1 的一个字段 Fn 是另外一个表 T2 的主键,则称 Fn 为表 T1 的外键,Fn 架起了表 T1 和 T2 之间关联的桥梁。明白了这些我们进到目录 usesqlite,创建工程文件 qtsqlite.cpp,编写如下代码:

第5章 Qt数据库编程和XML解析

表5.2 SQLite表内容及关系

| 表名：<br>attend_record<br>作用：<br>存储门禁考勤记录 | 字段 | Id<br>integer primary key | Name<br>varchar(20) | Status<br>Int | Type<br>int |
|---|---|---|---|---|---|
| | 作用 | 主键，记录标号自动递增，不能为NULL和重复 | 员工姓名 | 外键，关联表status_record是表status_record主键 | 外键，关联表type_record,是表type_record主键 |
| 表名：<br>status_record<br>作用：<br>存储卡号和进门状态记录 | 字段 | Id<br>integer primary key | Cardid<br>int | Status<br>Varchar(10) | |
| | 作用 | 主键，记录标号自动递增，不能为NULL和重复 | 记录门禁卡卡号 | 进入为"IN"出去为"OUT" | |
| 表名：<br>type_record<br>作用：<br>存储异常类型记录 | 字段 | Id<br>(integer primary key) | Type<br>(varchar(20)) | | |
| | 作用 | 主键，记录标号自动递增，不能为NULL和重复 | 异常类型迟到为"Be Late"，早退为"Leave early" | | |

```
#include <QApplication>
#include <QtSql>
#include <QTableView>
bool exec_sql(QSqlQuery * qry,QString query)
{
    bool isok = qry->exec(query);
    if(!isok)
    qDebug()<<"Failed to exec:"<<query<<" The reason is:"<<qry->lastError().text();
    return isok;
}
int main(int argc, char * argv[])
{
    QApplication app(argc, argv);
    /* 激活QSQLITE数据库驱动 */
    QSqlDatabase db = QSqlDatabase::addDatabase("QSQLITE");
    db.setDatabaseName("mydb");           //设置数据库名称
    if(!db.open())
```

```cpp
{
    qDebug()<<"Failed to open DB:"<<db.lastError().text();
    return false;
}
QSqlQuery query(db); //执行相关 SQL 语句
exec_sql(&query,"create table "              //创建 attend_record 表
        "attend_record(id integer primary key,name varchar(20),status int,type int)");
exec_sql(&query,"insert into attend_record(name,status,type) "
        "values('susan',1,2)");
exec_sql(&query,"insert into attend_record(name,status,type) "
        "values('aobama',2,1)");
exec_sql(&query,"create table status_record(id integer primary key,cardid int,
        status varchar(10))");              //创建 status_record 表
/*插入卡号 1001,出门记录*/
exec_sql(&query,"insert into status_record(cardid,status) values(1001,'OUT')");
exec_sql(&query,"insert into status_record(cardid,status) values(1002,'IN')");
/*创建 type_record 表*/
exec_sql(&query,"create table type_record(id integer primary key,type varchar(20))");
exec_sql(&query,"insert into type_record(type) values('Be Late')");//插入一条迟到记录
exec_sql(&query,"insert into type_record(type) values('Leave early')");
/* use QSqlRelationalTableModel   */
QSqlRelationalTableModel mode;
mode.setTable("attend_record");
/*将 attend_record 表的第 2 个属性(status)设为 status_record 表的 id 属性的外键,
    并将其显示为 status_record 表的 cardid 属性的值*/
mode.setRelation(2,QSqlRelation("status_record","id","cardid"));
/*将 attend_record 表的第 3 个属性(type)设为 type_record 表的 id 属性的外键,并将
    其显示为 type_record 表的 type 属性的值*/
mode.setRelation(3,QSqlRelation("type_record","id","type"));
/* QSqlTableModel::OnFieldChange    属性变化时写入数据库。
   QSqlTableModel::OnRowChange      用户切换表的行时修改写入数据库。
   QSqlTableModel::OnManualSubmit   对数据库表的修改会缓冲起来,直到用户通过
                                    submitAll()手动提交或通过 revertAll()撤销修改。
*/
mode.setEditStrategy(QSqlTableModel::OnFieldChange);//属性变化时写入数据库
mode.setHeaderData(0,Qt::Horizontal, QObject::tr("Access ID#"));
mode.setHeaderData(1,Qt::Horizontal, QObject::tr("Full Name"));
mode.setHeaderData(2,Qt::Horizontal, QObject::tr("Access Card#"));
mode.setHeaderData(3,Qt::Horizontal, QObject::tr("Late Type"));
mode.select();


/* use QSqlTableModel */
```

## 第5章 Qt 数据库编程和 XML 解析

```
QSqlTableModel mode2;
mode2.setTable("attend_record");
mode2.setEditStrategy(QSqlTableModel::OnFieldChange);
mode2.setHeaderData(0,Qt::Horizontal,QObject::tr("Access ID#"));
mode2.setHeaderData(1,Qt::Horizontal,QObject::tr("Full Name"));
mode2.setHeaderData(2,Qt::Horizontal,QObject::tr("Access Status"));
mode2.setHeaderData(3,Qt::Horizontal,QObject::tr("Late Type"));
mode2.select();

QTableView view;
view.setModel(&mode);
/*更改表 attend_record 的 status 和 type 属性时,在 status_record 和 type_record 表
    中选择已经存在的状态和类型,而不是随意地更改,用 QSqlRelationalDelegate 委托
    类来实现这个功能。
*/
view.setItemDelegate(new QSqlRelationalDelegate(&view));
view.setGeometry(100,100,450,200);
view.show();

QTableView view2;
view2.setModel(&mode2);
view2.setGeometry(100 + view.width(),100,450,200);
view2.show();

return app.exec();
}
```

编译工程,运行看看结果吧。通过实际的效果去感受 QSqlRelationalTableModel 和 QTableView 带来的便捷和惊喜吧,如图 5.3 所示。

图 5.3　SQLite 应用实例

通过外键关联可以把表 status_record 和 type_record 的数据拿来为 attend_record 表所用,鼠标双击表项还可以选择修改该属性值。从表的显示和修改并不能感觉到 SQL 语句的存在。向 Qt SQL module 致敬,为了表示最崇高的敬意,无外乎就是用它来解决我们实际工作中的问题,欲知后事如何……

## 5.3 嵌入式门禁系统界面设计

工卡同时也是一个门禁卡,就是靠它才可以出入公司不同楼层的玻璃门。我们常见的一些非接触式 IC 卡,如北京市政交通一卡通,校园一卡通等都属于 Mifare one 卡,也称 M1 卡。这些卡一般采用两种芯片,MF1 IC S70(北京公交卡)和 MF1 IC S50。这两种芯片的主要区别是 EEPROM 的大小不同,前者为 4K 字节,后者为 1K 字节。非接触 IC 卡也有一套国际标准 ISO/IEC14443,目前包含 ISO/IEC 14443-1 物理特性、ISO/IEC 14443-2 射频能量和信号接口、ISO/IEC14443-3 初始化和防冲突、ISO/IEC14443-4 传输协议 4 部分,其中包含两大类:Type A 和 Type B。目前市场上使用量最大的卡都符合这些标准,咱们的二代身份证就属于 Type B 卡,前面说的北京公交卡属于 Type A。Type A 是以飞利浦(现在称为 NXP,中文叫恩智浦)、西门子公司为代表;Type B 是以摩托罗拉、意法半导体公司为代表。另外还有一些未列入标准的射频技术,如以索尼为代表的 FELICA(香港的公交卡),以色列的 OTI,上海华虹 SHC 等等。Type A 标准实际上是由飞利浦 Mifare 而来的,Mifare one(M1)卡只符合标准的前 3 部分,其他的部分属于独有的。全部兼容的一般就属于 CPU 卡,如 Mifare PRO。Type B 属于逻辑加密卡,要想读到这些卡的信息,需要得到密钥认证,现在市场上的身份证阅读器都有公安部授权的 SAM(安全认证)模块。知道了这些关于卡的基本知识后,我们看看一般门禁控制系统的框图,如图 5.4 所示。

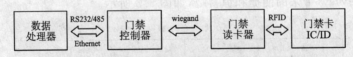

图 5.4 门禁控制系统框图

数据处理器通过网口、串口或者其他接口和门禁控制器交互数据。门禁控制器可以控制多门的开关,像市场上流行的 4 门、8 门、16 门等门禁控制器。控制器和门禁读卡器之间物理距离可能很长,双方之间常采用韦根(Wiegand)协议通信。韦根接口数据输出由两根线组成,分别称为 DATA0/DATA1;数据以 '0'、'1' 二进制形式通过这两根线传输。

### 5.3.1 和 Wiegand 协议过招

我们先来看一个支持韦根协议接口的门禁控制系统的设计,采用 CPLD(Com-

## 第 5 章　Qt 数据库编程和 XML 解析

plex Programmable Logic Device)技术设计 2 门门禁控制器,采用 ARM9(S3C2410)处理器作为数据处理器,门禁控制器接口说明如下:

韦根读卡器接口,DATA0、DATA1 占用 CPLD 2 个 I/O,为 Wiegand(0,1);

4 个按键输入,占用 CPLD 4 个 I/O,为 KeyIN;

2 个门状态反馈输入,占用 CPLD 2 个 I/O,为 DoorSta;

2 个继电器控制输出,占用 CPLD 2 个 I/O,为 ConOut1 和 ConOut2;

1 个中断请求输出,占用 CPLD　1 个 I/O,为 INTR;

1 个片选输入　占用 CPLD　1 个 I/O,为 CS;

4 个地址线,占用 CPLD　5 个 I/O,为 Addr(0,3);

16 个数据线,占用 CPLD　16 个 I/O,为 Data(0,15);

1 个读信号,占用 CPLD　1 个 I/O,为 RD;

1 个写信号,占用 CPLD　1 个 I/O,为 WR;

1 个复位信号,占用 CPLD　1 个 I/O,为 RESET。

框图如图 5.5 所示。

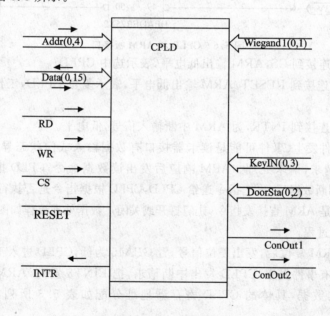

图 5.5　CPLD 框图

图 5.6 为 CPLD 和 ARM 板接口信号示意图。

连接描述如下:

ARM—数据线 DATA0～DATA15 连接到 CPLD Data(0,15);

地址线—ADDR0～ADDR3 连接到 CPLD Addr(0,3);

nOE—连接到 RD,变低表示开始读;

nWE—连接到 WR,变低表示开始写;

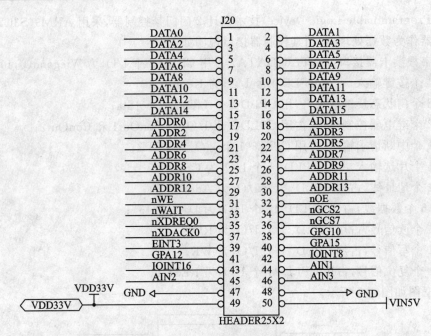

图 5.6 CPLD 和 ARM 板接口

nGCS2—连接到 CS，ARM 输出低电平，表示选中 CPLD；

GPA15—连接到 RESET，ARM 输出低电平，表示复位 CPLD，工作状态一直保持低电平；

EINT3—连接到 INTR，为 ARM 中断输入信号，低电平。

如果有事件发生（事件可能是读卡器接口有数据输入或门状态异常），CPLD 向 ARM 发中断请求，请求处理。ARM 响应后发出读数据命令，CPLD 把数据传送给 ARM，ARM 判断数据后，再把指令送给 CPLD，CPLD 根据指令是否执行开关门操作。还有一种状况是 ARM 直接发指令，让门打开或关闭。数据处理流程如图 5.7 所示。

系统工作过程：

(1) 在 ARM 复位后，发出复位信号，置 GPA15 为低，CPLD 进入工作状态。

(2) 如果有事件发生，CPLD 发出中断请求，把 EINT3 置高，ARM 响应中断后读 CPLD 中的数据，具体的 CPLD 寄存器地址分配如表 5.3 所列，数据宽度为 16 bit。

表 5.3 CPLD 寄存器地址分配

| Addr[3:0] | 寄存器名 | Access Mode | 描述 |
| --- | --- | --- | --- |
| 0000 | 数据寄存器 1 | Readonly | 数据高字节 |
| 0010 | 数据寄存器 2 | Readonly | 数据低字节 |
| 0100 | 状态寄存器 | Readonly | 见表 5.4 描述 |
| 0110 | 控制寄存器 | Writeonly | 见表 5.4 描述 |

# 第 5 章　Qt 数据库编程和 XML 解析

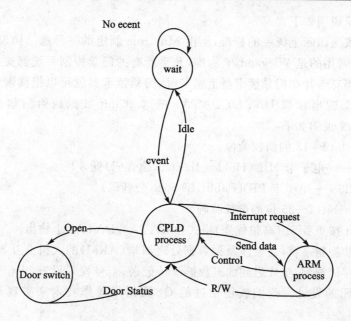

图 5.7　门禁控制系统数据处理流程图

状态寄存器的详细描述如表 5.4 所列。

表 5.4　状态寄存器描述

| Bit15 | Bit14 | Bit13 | Bit12 | Bit11 | Bit10 | Bit9 | Bit8 |
|---|---|---|---|---|---|---|---|
| Reserved | Reserved | Reserved | Reserved | Reserved | Reserved | Reserved | Reserved |
| Bit7 | Bit6 | Bit5 | Bit4 | Bit3 | Bit2 | Bit1 | Bit0 |
| Reserved | Reserved | Reserved | Reserved | Reserved | Reserved | DS2 | DS1 |
| DS1：1#door status | | | （0＝正常　1＝异常） | | | | |
| DS2：2#door status | | | （0＝正常　1＝异常） | | | | |

控制寄存器的详细描述如表 5.5 所列。

表 5.5　控制寄存器描述

| Bit15 | Bit14 | Bit13 | Bit12 | Bit11 | Bit10 | Bit9 | Bit8 |
|---|---|---|---|---|---|---|---|
| Reserved | Reserved | Reserved | Reserved | Reserved | Reserved | Reserved | Reserved |
| Bit7 | Bit6 | Bit5 | Bit4 | Bit3 | Bit2 | Bit1 | Bit0 |
| Reserved | Reserved | Reserved | Reserved | Reserved | DCO | DO2 | DO1 |
| DO1——1#door control | | 0＝关 | | 1＝开 | | | |
| DO2——2#door control | | 0＝关 | | 1＝开 | | | |
| DCO——数据传输状态 | | 0＝失败 | | 1＝成功 | | | |

韦根协议说明如下：

韦根协议是国际上统一的标准，是由 Motorola 制定的一种通信协议，支持很多数据格式，最常用的是 Wiegand 26 标准，几乎所有的门禁控制系统都支持该标准的数据格式。当有卡片在门禁读卡器上刷卡时，门禁读卡器就可以把读取到的卡信息通过韦根数据输出接口 DATA0/DATA1 把这 26 bit 数据送给门禁控制器。这 26 bit 数据含义说明如下：

Bit1——bit2～13 的偶校验位。

Bit2～9——电子卡 HID(Hidden ID code 隐含码)低 8 bit。

Bit10～25——电子卡 PID(Public ID code 公开码)。

Bit26——bit14～25 位的奇校验码。

这 26 bit 按照 MSB(高位优先)格式在 DATA0/DATA1 上输出。

整个门禁控制系统，还会涉及到数据处理器端(ARM)的人机交互界面设计，包括刷卡记录存储查询，生成迟到加班数据统计记录，卡号权限设置，卡信息添加检索删除等子界面的设计。我们就用学过的 Qt 数据库操作技术来实现其子界面的设计。

## 5.3.2　添加、删除、检索门禁卡卡号

还是在 qtsql 目录下面创建工作目录 cardinfomanage，启动 Qt Creator 创建基于 QDialog 的工程 cardInfoManage，类名为 cardInfoManageDialog。依然是先看我们做出的最终效果，这个是门禁系统卡信息管理子系统的界面设计，分别有 3 个界面，如图 5.8～图 5.10 所示。

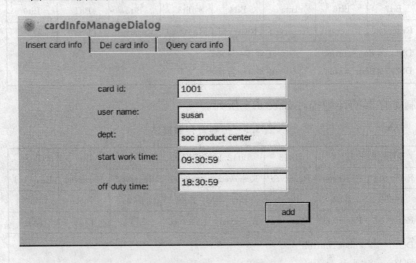

图 5.8　卡信息录入界面

当有新的员工加入公司时，可以通过卡信息录入界面(图 5.8)为新员工录入考

# 第 5 章　Qt 数据库编程和 XML 解析

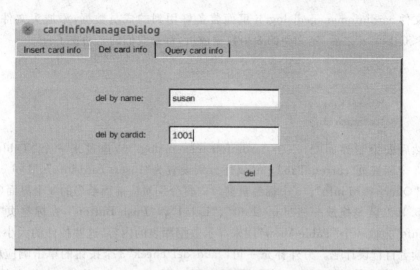

图 5.9　卡信息删除界面

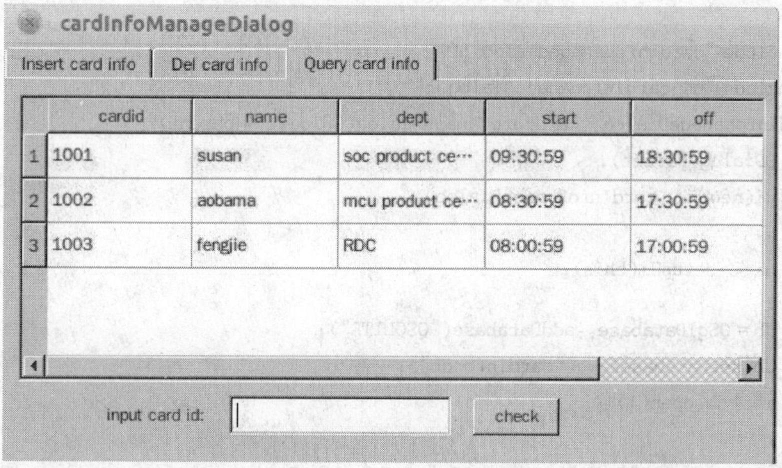

图 5.10　卡信息查询界面

勤卡信息，记录新员工卡号、名字、部门以及选择的上下班时间。很多公司都是弹性工作制，有几个时段的上下班时间供选择，记录下员工选择的上下班时间以便根据刷卡时间和记录的上下班时间比对来确定员工是迟到了还是早退了。以前水库式的用人观都被河流式的用人观替代了，所以有新员工进来就有人出去，当员工离职时，可以通过卡信息删除界面（图 5.9）输入用户名或者卡号来删除卡信息。当需要通过卡号查看具体卡信息时，可以通过卡信息查询界面（图 5.10）来查看所有卡信息或者根据输入的卡号查询特定卡号对应的卡信息，如果员工申请修改下班时间也通过该界面修改对应的信息。知道了这些界面的功能，那接下来就是我们完成任务的时候了。第一步别忘记了在工程文件 cardInfoManage.pro 里面加入一行"QT+=sql"，然后

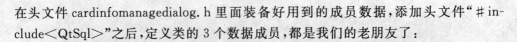

在头文件 cardinfomanagedialog.h 里面装备好用到的成员数据,添加头文件"#include<QtSql>"之后,定义类的3个数据成员,都是我们的老朋友了:

```
private:
QSqlTableModel * mode;
QSqlQuery * query;
QSqlDatabase db;
```

然后去绘制界面吧,双击 cardinfomanagedialog.ui,拖过来一个"Table Widget",3个标签页"currentTabText"属性分别设置为"Insert card info"、"Del card info"和"Query card info"。3个标签页窗口内容分别对应前面给出的3个界面(图 5.8~图 5.10),就是拖放一些"Line Edit"、"Label"和"Push Button",在标签页"Query card info"拖放一个"Table View"用来显示数据库表的内容,这些控件的大小位置和名称读者自行设计吧。另外补充一句,"add/del/check"3 个按钮的单击响应槽函数别忘记关联好了,界面搞定之后,我们来到 cardinfomanagedialog.cpp 文件,代码如下:

```
#include "cardinfomanagedialog.h"
#include "ui_cardinfomanagedialog.h"
cardInfoManageDialog::cardInfoManageDialog(QWidget * parent) :
    QDialog(parent),
    ui(new Ui::cardInfoManageDialog)
{
    ui->setupUi(this);

    db = QSqlDatabase::addDatabase("QSQLITE");
    db.setDatabaseName("cardinfo_db");
    if(!db.open())
    {
    qDebug()<<"Failed to open DB:"<<db.lastError().text();
    }
    query = new QSqlQuery(db);
    /*判断表 cardinfo_record 是否存在*/
    bool isok = query->exec("select name from sqlite_master where name = 'cardinfo_record'");
    if(query->first()) //如果存在
    {
            QString tname = query->value(0).toString();
            qDebug()<<"table exist, name is"<<tname;
    }else   //如果不存在则创建表
    {
        qDebug()<<"table not exist,create cardinfo_record table";
        isok = query->exec("create table cardinfo_record(cardid int,name varchar(20),
```

# 第5章 Qt 数据库编程和 XML 解析

```cpp
                             dept varchar(50),start varchar(10),off varchar(10))");
        if(!isok)qDebug()<<query->lastError().text();
    }
    mode = new QSqlTableModel(this,db);
    mode->setTable("cardinfo_record");
    mode->select();
    ui->tableView->setModel(mode);
}

void cardInfoManageDialog::on_pBtnAdd_clicked() //"add"按钮槽函数,向表插入数据
{
    /*获取卡号,名字,部门,上下班时间信息*/
    QString cardid = ui->pLineEditID->text();
    QString name = ui->pLineEditName->text();
    QString dept = ui->pLineEditDept->text();
    QString start = ui->pLineEditStart->text();
    QString off = ui->pLineEditOff->text();
    /*构造执行的sql语句*/
    QString sqlcmd = QString("insert into cardinfo_record
                     values(") + cardid + ",\'" + name + "\',\'" + dept + "\',\'"
                     + start + "\',\'" + off + "\')";
    /*判断数据库驱动是否支持事务操作*/
    if(db.driver()->hasFeature(QSqlDriver::Transactions))
    {
        if(db.transaction())//启动事务
        {
            query->exec(sqlcmd);//执行sql语句
            if(!db.commit()) //向数据库提交事务操作,成功返回true,失败返回false
            {
                qDebug()<<db.lastError().text();
                if(!db.rollback())// 失败回滚
                    qDebug()<<db.lastError().text();
            }
            qDebug()<<sqlcmd;
        }
    }
}

void cardInfoManageDialog::on_pBtnDel_clicked()//"del"按钮槽函数,删除一条数据记录
{
    QString cardid = ui->pDelId->text();//获取待删除的卡号
    QString name = ui->pDelName->text();//获取待删除的用户名
    /*以下根据卡号或用户名分别构造执行的sql语句*/
```

```cpp
        QString sqlcmd = QString("delete from cardinfo_record where ");
        if(!name.isEmpty()&&!cardid.isEmpty())
            sqlcmd += "cardid = " + cardid + " and name = \"" + name + "\"";
        if(!name.isEmpty()&&cardid.isEmpty())
            sqlcmd += "name = \"" + name + "\"";
        if(name.isEmpty()&&!cardid.isEmpty())
            sqlcmd += "cardid = " + cardid;

        if(db.driver()->hasFeature(QSqlDriver::Transactions))
        {
            if(db.transaction())
            {
                query->exec(sqlcmd);
                if(!db.commit())
                {
                    qDebug()<<db.lastError().text();
                    if(!db.rollback())
                        qDebug()<<db.lastError().text();
                }
                qDebug()<<sqlcmd;
            }
        }
}
void cardInfoManageDialog::on_pBtnCheck_clicked()//"check"按钮槽函数,用来显示表内容
{
    QString cardid = ui->pQueryId->text();//获取待检索信息的卡号
    QString filter = QString("cardid = ") + cardid;//构造查询条件
    if(!cardid.isEmpty())
        mode->setFilter(filter);//如果卡号非空,设置查询过滤器,省去了where关键字
    else mode->setFilter(QString());//如果用户没有输入卡号,则查询表中的所有数据信息
    if(!mode->select())//用过滤器更新数据视图内容
        qDebug()<<mode->lastError().text();
}
cardInfoManageDialog::~cardInfoManageDialog()
{
    delete ui;
    delete query;
    delete mode;
}
```

至此我们的数据库之旅就宣告结束了,挥一挥衣袖我们迈入本书的最后一个知识点。

## 5.4 Qt XML 解析

伴随着 DLNA(Digital Living Network Alliance,数字生活网路联盟)技术的发展,家庭多媒体互联已经成为现实。只要愿意,你可以轻松地通过 DLNA 技术把手机里面的视频和照片共享到其他设备(电脑、智能电视等)上显示观看,真正实现了三屏融合。我们来看一个用 DLNA 技术实现的 DMR(Digital Media Render 数字媒体渲染器)软件的配置 XML 文件 dmr_config.xml。DMR 设备可以用来播放其他联网设备发送过来的视频,它在启动时需要读入配置的设备名、设备显示图标、IP 地址和指定的播放器信息,这些信息都存储在了 dmr_config.xml 里面,内容如下:

```
<? xml version = "1.0" encoding = "UTF-8"? >
<dmr_info version = "1.0">
  <device_name>SmartDongle</device_name>
  <device_ip family = "IPV4">192.168.0.1</device_ip>
  <player_name data = "gstreamer"/>
  <device_icon uri = "/dlna/dmr/linux_dmr.jpg"/>
</dmr_info>
```

在 Qt 中我们可以选择 DOM、SAX 或 QXmlStreamReader/QXmlStreamWriter 方式对 dmr_config.xml 进行解析。DOM(Document Object Model)和 SAX(Simple API for XML)是当前最主要的 XML API,QtXml 模块提供了对这两种 XML 解析器接口的支持,可以实现对 XML 文档的读写操作。DOM 是 W3C 的标准模型,它将 XML 文档结构信息以树型的方式在内存中构建,然后通过 DOM 接口对这个树结构进行操作。整个待解析的 XML 文档先必须一次性地读取到内存中,无疑当 XML 文档很大时,DOM 会要求更大的内存(XML 文档大小的 5~10 倍),在内存中构建树时也显得缓慢。相比于 DOM,SAX 则不需要把 XML 文档一次性全部读取到内存中。它是一种轻量级快速的 XML 解析器,基于事件驱动的机制,可以让程序读取 XML 数据流的同时解析数据流,其内存占用和 XML 文档大小没有关系。由于 SAX 没有结构信息,因此无法提供遍历功能。另外还有一个,它自称为未来的 XML 处理器 VTD-XML(The Future of XML Processing),全称"Virtual Token Descriptor for eXtensible Markup Language"。它的处理速度是 SAX 最高速度的 1.5~2.0 倍,内存占用是原 XML 文档的 1.3~1.5 倍,性能不错但并不流行。有兴趣的读者可以访问"http://vtd-xml.sourceforge.net/"去了解它的更多信息。QXmlStreamReader 和 QXmlStreamWriter 则是 Qt 提供的快速读写 XML 文档的便捷类,提供了很多简单易用的接口,这些接口可用来实现对 XML 的解析。

### 5.4.1 Qt XML DOM 接口使用

创建工作目录 qtxml,进入 qtxml 创建工程目录 useqtxmldom、useqtxmlsax 和

useqtxmlstream。我们通过实例来掌握 Qt XML DOM 接口的使用,先进入 use-qtxmldom 创建工程文件 qtxmldom.cpp。通过这个工程我们使用 DOM 接口创建 dmr_config.xml 文件。然后解析该文件,另外还要学会修改 XML 文件节点内容,最后保存修改后的 XML 文件。麻雀虽小,五脏俱全,这个工程给我们提供了从 XML 文件的创建、遍历解析、修改到存储的一条龙全方位服务,那赶紧看看它长得什么样吧。qtxmldom.cpp 代码如下:

```cpp
#include <QtXml>                                       //QtXml 模块头文件

int main(int argc, char * * argv)
{
    /* 创建 drm_config.xml 文件 */
    QDomDocument docwrite;                             //XML DOM 文档对象
    QDomProcessingInstruction ins;                     //处理 XML 指令
    QFile file("dmr_config.xml");                      //创建 XML 文件对象
    /* 以读写文本模式打开文件 */
    if(!file.open(QIODevice::ReadWrite|QIODevice::Text|QIODevice::Truncate))
    {
        qDebug()<<"Failed to open file";
        return -1;
    }
    /* 添加 XML 文件头类型声明 */
    ins = docwrite.createProcessingInstruction("xml","version=\"1.0\" encoding=\"UIF-8\"");
    docwrite.appendChild(ins);
    QDomElement ele = docwrite.createElement("dmr_info"); //创建根元素
    ele.setAttribute("version","1");                    //设置属性
    docwrite.appendChild(ele);                          //添加根元素
    QDomElement childele = docwrite.createElement("device_name");//创建根元素子元素
    /* 创建 device_name 文本节点 */
    QDomText childtext = docwrite.createTextNode("SmartDongle");
    childele.appendChild(childtext);// SmartDongle 添加为 device_name 子元素
    ele.appendChild(childele);// device_name 添加为 dmr_info 子元素

    childele = docwrite.createElement("device_ip");
    childtext = docwrite.createTextNode("192.168.0.1");
    childele.appendChild(childtext);
    childele.setAttribute("family","IPV4");             //device_ip 属性设置
    ele.appendChild(childele);

    childele = docwrite.createElement("player_name");
    childele.setAttribute("name","gstreamer");//player_name 只有属性,没有文本
    ele.appendChild(childele);
```

```
childele = docwrite.createElement("device_icon");
childele.setAttribute("uri","/dlna/dmr/linux_dmr.jpg");
ele.appendChild(childele);                              //至此

QTextStream ts(&file);                                  //关联读写文本流
/*存储 XML 文档,至此 dmr_config.xml 文件内容创建好了,很繁琐但不难。
  注意好这些节点的父子关系,save 将数据从 docwrite 保存到文件 dmr_config.xml 里
  面,2 为子元素前缩进的字符数
*/
docwrite.save(ts,2);
file.close();

/*接下来我们再次打开 dmr_config.xml 文件,对它进行遍历解析和修改元素值操作*/
QDomDocument docread;
if(!file.open(QIODevice::ReadWrite|QIODevice::Text))
{
  qDebug()<<"Failed to open xml file";
  return -1;
}


if (!docread.setContent(&file))                         //设置 XML 文档内容
{
    file.close();
    return -1;
}
QDomElement eleread = docread.documentElement();//得到文档对象的根元素(dmr_info)
QDomNode rnode = eleread.firstChild();//获取 dmr_info 第一个孩子节点(device_name)

while(!rnode.isNull())                                  //遍历所有子元素
{
    QDomElement subele = rnode.toElement();//节点转换为元素节点便于操作
    if(!subele.isNull())
    {
        if(!subele.text().isEmpty())                    //节点文本非空
            qDebug()<<subele.tagName()<<":"<<subele.text();//输出节点标签和
                                                        //文本内容
        QDomNamedNodeMap map = subele.attributes();     //获取节点对应的所有属性

        if(!map.isEmpty())                              //属性列表非空
        {
            if(subele.tagName() == "device_ip")         //如果是 device_ip 节点
            {
                subele.setAttribute("family","IPV6");//修改属性 family 的值为 IPv6
```

```
    /*如果有孩子节点,修改第一个孩子节点(也就是 device_ip 显示的 IP 地
      址文本)值为新的 IPv6 的地址 */
    if(subele.hasChildNodes())
    subele.firstChild().setNodeValue("abcd:cdef:8888:0124:8004:ab43:
    4321:0820");
    for(int i = 0;i<map.count();i++)//遍历所有的属性,输出它们的名和值
    {
        qDebug()<<subele.tagName()<<"attribute "<<map.item(i).node-
            Name()<<" = "<<map.item(i).nodeValue();
    }
   }
  }
  rnode = rnode.nextSibling();//遍历 DOM 树下一个节点
 }
 file.resize(0);                //先清空原始 XML 文件内容
 QTextStream newts(&file);
 docread.save(newts,2);//把新修改了节点内容的 XML 文档存储到 dmr_config.xml 文件
 file.close();
}
```

代码编写完毕,运行"qmake - project"生成工程文件 useqtxmldom.pro 之后,别忘记了在它里面添加一句"QT + = xml"来支持 QtXml module。运行看看结果吧,内容如下:

```
root@libin:~/qtxml/useqtxmldom# ./useqtxmldom
"device_name" : "SmartDongle"              //遍历到的节点和他们的文本内容
"device_ip" : "192.168.0.1"                //修改 IP 地址前的 IPv4 地址
"device_ip" attribute   "family" = "IPV6"   //可以看到 family 属性修改为了 IPv6
"player_name" attribute   "name" = "gstreamer"  //遍历到的属性名和值
"device_icon" attribute   "uri" = "/dlna/dmr/linux_dmr.jpg"
root@libin:~/qtxml/useqtxmldom# ls     //程序结束运行可以看到生成的 dmr_config.xml
dmr_config.xml  Makefile  qtxmldom.cpp  qtxmldom.o  useqtxmldom  useqtxmldom.pro
root@libin:~/qtxml/useqtxmldom#
```

别着急用 vim 工具打开 dmr_config.xml 文件看 IP 地址是不是已经改成了我们修改的那个 IPv6 的地址,接下来咱们换 Qt XML SAX 接口来解析生成的 dmr_config.xml。

## 5.4.2 Qt XML SAX 接口使用

SAX 是基于事件驱动的 XML API,什么意思呢？我们举个例子,比如用 SAX 接口解析下面的 XML 元素:

## 第 5 章　Qt 数据库编程和 XML 解析

```
<device_name>SmartDongle</device_name>
```

当解析器解析到元素起始标签"<device_name>"时就会产生一个事件(A start tag occurs),事件通知用户有新节点读入了。当解析到"SmartDongle"时会通知用户发现文本(Character data is found)事件,同样读到元素结束标签"</device_name>"时会产生读到标签尾(An end tag is parsed)事件,我们要做的就是建立好这些事件的事件处理器,实现 XML 文件的解析。在 Qt 里面我们可以继承类 QXmlDefaultHandler 来实现对这些事件的处理,然后通过 QXmlSimpleReader 实现对 XML 文件的解析。

进入 useqtxmlsax 目录,创建工程文件 qtxmlsax.cpp。通过实例来了解一下这些接口类的使用,qtxmlsax.cpp 主要实现对 dmr_config.xml 文件的解析,代码如下:

```cpp
#include <QtXml>

class QtSaxXmlHandler : public QXmlDefaultHandler   //定义我们的事件处理器类
{
    public:
        /*重写读取到元素起始标签事件处理函数*/
        bool startElement(const QString &namespaceURI, const QString &localName,
            const QString &qName, const QXmlAttributes &atts)
        {
            Q_UNUSED(namespaceURI);
            Q_UNUSED(localName);

            nodetext.clear();//存储 XML 元素文本内容清空
            static int isDmrInfo = false;
            /*判断第一个元素起始标签是否是 dmr_info,我们只解析存储 DMR 配置信息
                的 XML 文件,qName 指向解析到的有效的起始标签名*/
            if(!isDmrInfo && qName!="dmr_info")//出错返回
            {
                qDebug()<<"XML File Format error!";
                return false;
            }
            isDmrInfo = true;//XML 文件内容信息正确,置 isDmrInfo 为 true
            if(atts.count()>0)//如果解析的元素含有属性信息
            {
                /*依次取出元素所有的属性名和对应的值*/
                for(int i = 0;i<atts.count();i++)
                {
                    qDebug()<<qName<<"attribute:"<<atts.qName(i)<<" = "
                        <<atts.value(i);
```

```cpp
            }
        }
        return true;
    }
    /*读取到字符数据(即元素起始和结束标签之间的文本内容)调用的事件处理函数*/
    bool characters(const QString &str)
    {
        nodetext += str;//将读取到的元素的文本节点内容(str)存储到 nodetext
        return true;
    }
    /*解析到元素标签尾时调用的事件处理函数*/
    bool endElement(const QString &namespaceURI, const QString &localName,
            const QString &qName)
    {
        Q_UNUSED(namespaceURI);
        Q_UNUSED(localName);

        /*在读取到 XML 元素结束标签时,如果元素有文本节点*/
        if(!nodetext.isEmpty())
        {
            if(qName!="dmr_info")//过滤掉 dmr_info 结束标签
            qDebug()<<qName<<"text:"<<nodetext;//输出元素标签和对应的
                                                //文本内容
        }
        return true;
    }


    /*解析过程出现致命错误时调用该函数获取详细的错误信息*/
    bool fatalError(const QXmlParseException &exception)
    {
        /* 打印出产生错误的行、列号及错误信息*/
        qDebug()<<"XML error:"<<exception.lineNumber()
                <<"-"<<exception.columnNumber()<<":"<<exception.message();
        return false;
    }
private:
    QString nodetext;                          //存储读取到的文本节点内容
};

int main(int argc,char * * argv)
{
    QXmlSimpleReader reader;                   //创建解析器
```

## 第 5 章　Qt 数据库编程和 XML 解析

```
QtSaxXmlHandler handler;                          //创建事件处理对象
/*为解析器安装内容事件处理器,当解析器端有事件产生时,
    相应的会调用类 QtSaxXmlHandler 实现的 startElement/characters/endElement 事
    件处理函数*/
reader.setContentHandler(&handler);
reader.setErrorHandler(&handler);//安装错误处理器,有错误会调用 fatalError 接口

QFile file("dmr_config.xml");//dmr_config.xml 复制一份到 useqtxmlsax 目录
if (!file.open(QFile::ReadOnly | QFile::Text))//打开 XML 文件
{
    qDebug()<<"Failed to open XML file";
    return -1;
}

QXmlInputSource xmlInputSource(&file);            //为解析器 reader 准备数据
reader.parse(xmlInputSource);                     //开始解析 XML 文件
}
```

编译工程,看到如下的输出:

```
root@libin:~/qtxml/useqtxmlsax# ./useqtxmlsax
"dmr_info" attribute: "version" = "1"
"device_name" text: "SmartDongle"
"device_ip" attribute: "family" = "IPV6"
"device_ip" text: "abcd:cdef:8888:0124:8004:ab43:4321:0820"
"player_name" attribute: "name" = "gstreamer"
"device_icon" attribute: "uri" = "/dlna/dmr/linux_dmr.jpg"
root@libin:~/qtxml/useqtxmlsax#
```

可以看到我们用 Qt XML SAX 接口正确解析了 dmr_config.xml 文件,解析到了元素的属性和元素的文本内容,也看到了我们在 DOM 接口讲解时修改的 IPv6 地址,不过过程显得有点繁琐,还需要创建事件处理类。要想用 QXmlSimpleReader 解析 XML 文件还需要外搭一个 QtSaxXmlHandler 类,似乎不是很划算,Qt 也意识到了这点,提供了 QXmlSimpleReader 的替代类 QXmlStreamReader,接下来我们有请下节的主角闪亮登场。

### 5.4.3　QXmlStreamReader/QXmlStreamWriter 接口使用

QXmlStreamReader 是 Qt 提供的用于快速解析 XML 的便捷类,相对于 QXmlSimpleReader 来说,它不需要重写固定好的事件处理函数。它实现了一些便捷的接口来实现对 XML 文档的顺序读取,对节点内容的判断处理完全由程序员自己控制。QXmlStreamWriter 则实现了一些便捷的接口用于对 XML 文档的写入。以下我们就通过实例通过它们实现对 dmr_config.xml 的解析和修改操作,把 device_ip 节点

的 IP 地址再次改回为 IPv4 地址。

进入工作目录 useqtxmlstream，创建 qtxmlstream.cpp 源码，内容如下：

```cpp
#include <QtXml>

int main(int argc,char **argv)
{
    QFile filein("dmr_config.xml");        //创建用于读取 XML 文档文件对象
    if(!filein.open(QFile::ReadOnly | QFile::Text))
    {
        qDebug()<<"Failed OPEN file to read!";
        return -1;
    }

    QFile fileout("dmr_config_new.xml");   //新建 XML 文档文件
    if(!fileout.open(QFile::WriteOnly | QFile::Text | QIODevice::Truncate))
    {
        qDebug()<<"Failed OPEN file to write!";
        filein.close();
        return -1;
    }

    QXmlStreamReader reader(&filein);      //创建解析 XML 文档对象
    QXmlStreamWriter writer(&fileout);     //创建写入 XML 文档对象
    writer.writeStartDocument();           //先向 dmr_config_new.xml 写入 XML 文件头
    bool isMetIpTag = false;               //标示是否解析到了 device_ip 节点
    while(!reader.atEnd())                 //如果没有读到 XML 文档的结尾
    {
        reader.readNext();                 //读取下一个标签
        if(reader.isStartElement())        //如果是起始标签
        {
            if(reader.name() == "device_ip")//判断是否是标签 device_ip
            {
                isMetIpTag = true;//记录读取到了 device_ip,以便修改其属性值
            }
            QXmlStreamAttributes attr = reader.attributes();//获取元素属性
            /*读取到的元素写入 dmr_config_new.xml*/
            writer.writeStartElement(reader.name().toString());
            if(attr.size()>0)//如果元素对应有属性
            {
                for(int i = 0;i<attr.size();i++)//遍历属性信息
                {
                    /*打印出属性名和值*/
```

## 第 5 章　Qt 数据库编程和 XML 解析

```
                qDebug()<<"attr name:"<<attr[i].name()<<"value:"<<attr
            [i].value();
            if(attr[i].name() == "family")//如果是 device_ip 的 family 属性
            {
              writer.writeAttribute("family","IPV4");//写入新的属性值
              attr.remove(i);//把 family 属性从属性向量中删除避免后面重复写入
            }
          }
            writer.writeAttributes(attr);              //写入其他元素属性信息
        }
      if(reader.isCharacters())                        //读取到文本
      {
          if(isMetIpTag)                               //解析到了 device_ip 起始标签
          {
              writer.writeCharacters("192.168.0.1");   //写入新的元素文本内容
              isMetIpTag = false;                      //避免重复进入
          }else
              writer.writeCharacters(reader.text().toString());//写入读取到的文本内容
      }
      if(reader.isEndElement())//读取到了结束标签
      {
          writer.writeEndElement();//向 dmr_config_new.xml 写入节点结束标签
      }
    }//把整个 dmr_config.xml 顺序读取完,dmr_config_new.xml 元素节点也创建结束
    writer.writeEndDocument();//封闭还没有结束标签的元素

    filein.close();
    fileout.close();
}
```

使用 QXmlStreamReader 的确大大地解放了双手,从而提高了生产力,我们趁热打铁,用 QXmlStreamReader 打造本书最后一个项目实例——天气时钟。

### 5.4.4　实现天气时钟应用软件

我们这些习惯了拿手机当手表用的非绅士、零风度、负品味的 IT 男们,每天都习惯了打开天气时钟软件,掐着上班的点,能多睡会都不愿早到一点。要知道对于我们这些夜猫子来说能多睡会,在那个时刻真是压倒一切的标准。如果天气时钟软件界面上再呈现出来一张阴雨绵绵的图片(如图 5.11 所示),那就真愿长睡不愿醒,天子来电不早朝了。

启动 Qt Creator 创建基于 QDialog 的工程 QtWeatherClock,类名改为 QWeath-

图 5.11 天气时钟软件运行效果图

erClockDialog。正如图 5.11 所呈现的功能一样,软件图文并茂地展现出当天的实时天气情况,另外也显示出当天的日期和没有精确到秒的时间。如果你哪天出差在外或者逢年过节回趟老家,那也可以单击显示城市名的地方来设置城市。图 5.11 显示的时间是上午 10 点 33,当分钟改变时,我们来个滑动变化的动画效果迎接新分钟的到来。要得到此时此刻最新的天气情况也可以单击"Manual refresh"按钮来刷新。主要功能大家都知道了,在写代码之前先把界面设计好了。显示天气和日期信息的控件都是 Lable,拖放过来将其设置好对象名和调整好位置。时间框的显示是直接通过代码绘制在界面的,预留好位置即可。最下面是个"Push Button",调整好位置,它的显示风格在程序中设置。

界面布局好了,第一个要想到的是怎么把当前的天气信息拿到,总不至于自己去开个"搜狐气象台"吧,那去哪里获取呢?没错,XML 文件!用 XML 文件描述这些数据信息是再合适不过了。感谢"Google 气象台"对我们软件的大力支持,感谢"刨根问底拦不住"给我这次说感谢的机会……

### 1. 风雨雷电阴晴风力都在 XML 文件里面

打开浏览器,输入网址"http://www.google.com/ig/api?weather=beijing",告诉我看到了什么?是不是如下所示的信息,还看到了什么了?雨,对,这正是我们需要的。

```
<? xml version = "1.0"? >
<xml_api_reply version = "1">
<weather module_id = "0" tab_id = "0" mobile_row = "0" mobile_zipped = "1" row = "0"
  section = "0" >
<forecast_information>
```

```xml
<city data = "Beijing, Beijing"/>
<postal_code data = "beijing"/>
<latitude_e6 data = ""/>
<longitude_e6 data = ""/>
<forecast_date data = "2012-03-21"/>
<current_date_time data = "2012-03-21 15:30:00 +0000"/>
<unit_system data = "SI"/>
</forecast_information>
<current_conditions>
<condition data = "雨"/>
<temp_f data = "41"/>
<temp_c data = "5"/>
<humidity data = "湿度：76％"/>
<icon data = "/ig/images/weather/cn_heavyrain.gif"/>
<wind_condition data = "风向：东、风速：2 米/秒"/>
</current_conditions>
<forecast_conditions>
<day_of_week data = "周三"/>
<low data = "3"/>
<high data = "13"/>
<icon data = "/ig/images/weather/mostly_sunny.gif"/>
<condition data = "晴间多云"/>
</forecast_conditions>
<forecast_conditions>
<day_of_week data = "周四"/>
<low data = "1"/>
<high data = "11"/>
<icon data = "/ig/images/weather/mostly_sunny.gif"/>
<condition data = "晴间多云"/>
</forecast_conditions>
<forecast_conditions>
<day_of_week data = "周五"/><low data = "0"/>
<high data = "11"/>
<icon data = "/ig/images/weather/mostly_sunny.gif"/>
<condition data = "以晴为主"/>
</forecast_conditions>
<forecast_conditions>
<day_of_week data = "周六"/>
<low data = "1"/>
<high data = "13"/>
<icon data = "/ig/images/weather/mostly_sunny.gif"/>
<condition data = "以晴为主"/>
```

```
        </forecast_conditions>
      </weather>
    </xml_api_reply>
```

这个就是传说中的 Google Weather API，江湖上有多少个天气时钟软件都拜倒在了它的石榴裙下，该 XML 文档树结构如图 5.12 所示。

```
- <xml_api_reply version="1">
  - <weather module_id="0" tab_id="0" mobile_row="0" mobile_zipped="1" row="0" section="0">
    + <forecast_information></forecast_information>
    + <current_conditions></current_conditions>
    + <forecast_conditions></forecast_conditions>
    + <forecast_conditions></forecast_conditions>
    + <forecast_conditions></forecast_conditions>
    + <forecast_conditions></forecast_conditions>
    </weather>
  </xml_api_reply>
```

图 5.12　天气信息 XML 文档树结构图

根节点 xml_api_reply、子节点 weather 里面涵盖了天气预报的信息，其中 forecast_information 节点涵盖了天气预报的日期和城市信息。current_conditions 涵盖了当前实时的天气情况，包括天气状况、温湿度风力和天气状况显示图标资源。4 个 forecast_conditions 节点描述了近 4 天的天气状况，涵盖了最低温度和最高温度等信息。为了满足我们的要求，需要从节点 forecast_information 的子节点 forecast_date 里面获取日期；从 current_conditions 获取 conditiont 节点属性，得到实时天气状态；从 temp_c 获取摄氏温度；如果你也认为外国月亮比中国圆，可以取 temp_f 获取华氏温度；从 humidity 获取湿度信息；从 icon 获取天气图标；从 wind_condition 获取风向风速信息；然后再从第一个 forecast_conditions 里面拿到当天的最低温度、最高温度和星期就完成了。摆在你面前的既不是万丈深渊也不是地雷阵，而是你熟悉的 XML 数据，该怎么做知道了吧？

### 2. QNetworkAccessManager 及其相关类助力天气时钟

知道了从哪里获得 XML 数据，也知道了怎么解析这个 XML 数据，剩下来的就是用程序获取这个 XML 文档内容的事儿了。我们还得从 QNetworkAccessManager 类说起，Qt 的 Network Access API 都是围绕这个类展开的。从设置网络代理、网络缓冲和 Cookie 到 HTTP 请求类型 PUT/GET/POST 的支持，QNetworkAccessManager 都可以胜任这些复杂的网络应用。它的兄弟类 QNetworkRequest 提供发送的网络请求信息，在第 4 章我们和 QNetworkRequest 有过一面之缘，当时设置了请求的 HTTP 头域，还记得吗？其实 QNetworkRequest 还可以设置请求优先级、请求属性及 SSL 请求设置等功能。当利用 QNetworkAccessManager 把 QNet-

## 第5章 Qt 数据库编程和 XML 解析

workRequest 请求给发送出去后，网络上返回的数据则通过 QNetworkReply 带回。简单地说，QNetworkAccessManager 类用于发送网络请求（QNetworkRequest）和接收处理回复数据（QNetworkReply）。有了这 3 个类的通力配合，无疑使我们的天气时钟具有了网络数据处理的能力，建起了一座与云端沟通的桥梁。

万事俱备，那就让我们共同奏响这最后的乐章吧，qweatherclockdialog.h 代码如下：

```cpp
#include <QDialog>
#include <QNetworkAccessManager>
#include <QNetworkReply>
#include <QXmlStreamReader>
#include <QCache>                           //用户缓存的模板类头文件
#include <QTimer>
#include <QTimeLine>
namespace Ui {
    class QWeatherClockDialog;
}
#define GOOGLE_WEATHER_API_PREFIX "http://www.google.com/ig/api?weather="
class QWeatherClockDialog : public QDialog
{
    Q_OBJECT
public:
    explicit QWeatherClockDialog(QWidget *parent = 0);
    ~QWeatherClockDialog();
public slots:
    void getXml(QNetworkReply *reply);      //解析 XML 槽函数
    void getGif(QNetworkReply *reply);      //获取天气图标文件槽函数
    void getCityClicked(QString str);       //更换城市槽函数
private slots:
    void updateClock();                     //更新分钟显示的值
    void drawClockShape(QPainter *p,QRect &r,int digit,QPixmap&pix);//绘制时钟界面
    void on_pBtnFresh_clicked();            //按钮"Manual refresh"槽函数
protected:
    void paintEvent(QPaintEvent *event);    //重写绘制事件处理器
private:
    Ui::QWeatherClockDialog *ui;
    QXmlStreamReader xml;
    QNetworkAccessManager manager;          //获取 XML 文档
    QNetworkAccessManager iconmanager;      //获取天气图标资源
    QCache<QUrl, QPixmap> pixcache;         //缓存天气图标，加快显示速度
    QUrl xmlurl;                            //记录请求的城市天气信息网址
```

```cpp
    QTimer timer;                        //用于更新时钟的定时器
    QPixmap oldpix;                      //记录当前显示的分钟数字的图像
    QPixmap newpix;                      //用更新的分钟绘制新的数字图像
    int oldhour;                         //记录当前显示的小时数字
    int oldminute;                       //记录当前显示的分钟数字
    int newhour;                         //新更新的小时
    int newminute;                       //新更新的分钟
    QTimeLine timeline;                  //控制分钟数字画面动画效果
    bool isicon;                         //记录是否已经解析到了 icon 标签
};
```

qweatherclockdialog.cpp 代码如下:

```cpp
#include "qweatherclockdialog.h"
#include "ui_qweatherclockdialog.h"
#include <QDebug>
#include <QInputDialog>                  //提供输入对话框,输入新设置的城市
#include <QPainter>
#include <QPaintEvent>
#include <QTime>

QWeatherClockDialog::QWeatherClockDialog(QWidget *parent) :
    QDialog(parent),
    ui(new Ui::QWeatherClockDialog)
{
    ui->setupUi(this);
    /*初始化获取 beijing 天气信息*/
    xmlurl = QUrl(GOOGLE_WEATHER_API_PREFIX + QString("beijing"));
    QNetworkRequest request(xmlurl);
    connect(&manager,SIGNAL(finished(QNetworkReply*)),this,
            SLOT(getXml(QNetworkReply*)));//网络数据回复结束调用 getXml
    manager.get(request);                //请求 XML 数据
    connect(&iconmanager,SIGNAL(finished(QNetworkReply*)),this,
            SLOT(getGif(QNetworkReply*)));
    ui->pLableCity->setText("<a href='#'>Beijing</a>");//设置界面显示城市
    connect(ui->pLableCity,SIGNAL(linkActivated(QString)),this,
            SLOT(getCityClicked(QString)));//单击弹出设置城市输入框
    timer.start(1000);                   //启动定时器,1 秒溢出一次
    connect(&timer,SIGNAL(timeout()),this,SLOT(updateClock()));
    QTime t = QTime::currentTime();      //获取当前时间
    newhour = t.hour();                  //获取小时
    newminute = oldminute = t.minute();  //初始化分钟
    isicon = false;
    /*timeline 运行状态定期发送 frameChanged 信号传递当前帧编号,捕获该信号来实现
```

# 第5章 Qt 数据库编程和 XML 解析

界面重绘,产生重绘事件*/
```
        connect(&timeline, SIGNAL(frameChanged(int)),SLOT(update()));
        timeline.setFrameRange(0, 120);           //设置动画起始帧和结束帧
        timeline.setDuration(600);                //设置动画持续的总时长为0.6秒
        /*设置按钮背景色和圆角样式表*/
        ui->pBtnFresh->setStyleSheet("background:rgb(220,220,220);border-radius:8px;");
}
void QWeatherClockDialog::drawClockShape(QPainter *p, QRect &r, int digit, QPixmap &pix)
{
        /*绘制时钟显示矩形框*/
        p->setPen(Qt::NoPen);
        QLinearGradient gradient(r.topLeft(), r.bottomLeft());//加上线性渐变效果

        gradient.setColorAt(0.00, QColor(239, 239, 239));
        gradient.setColorAt(0.49, QColor(190, 190, 190));
        gradient.setColorAt(0.51, QColor(239, 239, 239));
        gradient.setColorAt(1.00, QColor(190, 190, 190));

        p->setBrush(gradient);                    //设置画刷
        p->drawRoundedRect(r, 10, 10, Qt::RelativeSize);//绘制圆角矩形
        r.adjust(1, 3, -1, -3);//把矩形r左上角x坐标+1,y坐标+3,右下角x坐标-1,y坐标-3
        p->setPen(QColor(180, 180, 180));
        p->setBrush(Qt::NoBrush);
        /*用新矩形绘制圆角矩形,在之前绘制的圆角矩形内*/
        p->drawRoundedRect(r, 10, 10, Qt::RelativeSize);
        p->setPen(QColor(150, 150, 150));         //设置画笔颜色
        int y = r.top() + r.height() / 2 - 1;
        p->drawLine(r.left(), y, r.right(), y);//在矩形中心位置绘制一条分割线

        /*绘制显示的时钟数字*/
        QFont font("Arial",r.height()/2,QFont::Bold);  //初始化数字显示字体
        QPixmap pixmap(r.size());                 //创建pixmap对象
        pixmap.fill(Qt::transparent);             //用透明色填充图像
        /*创建绘制数字图像线性渐变对象*/
        QLinearGradient pengradient(QPoint(0, 0), QPoint(0, pixmap.height()));
        QPainter pt(&pixmap);
        pt.setFont(font);
        QPen pen;
        pen.setBrush(pengradient);
        pt.setPen(pen);
        QString mhstr = QString::number(digit);
        if(mhstr.length() == 1) mhstr.prepend("0");//如果待绘制的数字仅1位则前面填充0
```

```cpp
        pt.drawText(pixmap.rect(), Qt::AlignCenter, mhstr);     //绘制数字
        pix = pixmap;//图像保存到 pix,函数调用结束带回调用者
}
void QWeatherClockDialog::paintEvent(QPaintEvent * event)
{
        QPainter p(this);
        /*初始化数字时钟小时显示矩形区*/
        QRect hrect(rect().x()+50,rect().height()/2,rect().width()/4,rect().height()/3);
        QRect mrect(rect().x()+50+rect().width()/4+50,rect().height()/2,
                    rect().width()/4,rect().height()/3);       //分钟显示矩形区
        drawClockShape(&p,hrect,newhour,newpix);                //初始化绘制小时图像
        p.drawPixmap(hrect.x(),hrect.y(),newpix);               //在界面绘制小时显示图像
        drawClockShape(&p,mrect,newminute,newpix);              //绘制分钟图像
        /*分钟发生改变 timeline 会启动,如果 timeline 还在运行状态*/
        if (timeline.state() == QTimeLine::Running )
        {
                int y = mrect.height() * timeline.currentFrame() / 120;
                p.drawPixmap(mrect.x(), mrect.y() - (mrect.height() - y), newpix);//更新新分钟
                                                                                  //图像位置
                p.drawPixmap(mrect.x(), mrect.y() + y, oldpix);    //把旧分钟图像移出矩形区
        } else
        {
                p.drawPixmap(mrect.x(),mrect.y(),newpix);//分钟数字未变,绘制显示的数字
        }
}
void QWeatherClockDialog::updateClock()                         //更新时钟信息
{
        QTime t = QTime::currentTime();                         //获取当前时间
        newhour = t.hour();                                     //更新小时值
        newminute = t.minute();                                 //更新分钟值
        if(newminute != oldminute)                              //如果分钟发生变化
        {
                oldpix = newpix;                                //当前分钟图像保存在 oldpix
                oldminute = newminute;                          //更行分钟值
                timeline.stop();                                //先停掉 timeline
                timeline.start();                               //启动动画效果
                update();                                       //重绘窗体
        }
}
void QWeatherClockDialog::getCityClicked(QString str)
{
        /*创建弹出设置城市输入框*/
```

# 第 5 章　Qt 数据库编程和 XML 解析

```cpp
    QString name = QInputDialog::getText(this,"set city","Input the city name:");
    qDebug()<<name;
    if(!name.isEmpty())                                         //用户输入城市名非空
    {
        ui->pLableCity->setText("<a href='#'>" + name + "</a>");//更改城市名
        isicon = false;                 //重置该城市对象天气图像标识符为 false
        xml.clear();                    //清空之前城市的 XML 数据信息
        xmlurl = QUrl(GOOGLE_WEATHER_API_PREFIX + name);   //组装请求网页
        QNetworkRequest r(xmlurl);
        manager.get(r);                                 //请求新城市的天气信息
    }
}
/*解析网络返回的 XML 文档*/
void QWeatherClockDialog::getXml(QNetworkReply * reply)
{
    xml.addData(reply->readAll());//把读取到的 XML 文档内容导入 xml reader
    QString date;
    QString temp;
    while (!xml.atEnd())                                //开始解析 XML 文件
    {
        xml.readNext();
        if (xml.isStartElement())
        {
            if (xml.name() == "forecast_date")
            {
                date.append(xml.attributes().value("data").toString());//拿到当前日期
            }
            if(xml.name() == "temp_c")
            {
                QString temp = xml.attributes().value("data").toString();
                                                        //获取当前摄氏温度
                ui->pLabelCurTemp->setText(temp + "℃ ");//更新到界面显示
            }
            if(xml.name() == "humidity")//获取当前湿度信息更新到界面显示
            {
                ui->pLableHumidity->setText(xml.attributes().value("data").toString());
            }
            if(xml.name() == "wind_condition")          //风向风力信息
            {
                ui->pLabelWind->setText(xml.attributes().value("data").toString());
            }
            if(!isicon)
```

```cpp
        {
            if(xml.name() == "icon")//天气图标
            {
                QString path = xml.attributes().value("data").toString();
                                                        //取得图标属性值
                QUrl url = QUrl("http://www.google.com" + path);//不全图标的URL地址
                if(pixcache.contains(url))//如果之前缓存里面存储了该图标
                {
                    /*把缓存里面的天气图标显示在界面*/
                    ui->pLablePixmap->setPixmap(*pixcache.object(url));
                }else  //如果该天气图标未曾下载存储过
                {
                    QNetworkRequest r(url);
                    iconmanager.get(r);          //重新下载该图标数据
                }
            }
            if(xml.name() == "condition")           //拿到当前天气状态
            {
                ui->pLabelCur->setText(xml.attributes().value("data").toString());
            }
         }
        if(xml.name() == "day_of_week")         //取得当前星期值
        {
            date.append(xml.attributes().value("data").toString());
            ui->pLabelCurDate->setText(date);
        }
        if(xml.name() == "low")                 //获取当天最低温度
        {
            temp + = xml.attributes().value("data").toString();
        }
        if(xml.name() == "high")                //最高温度
        {
            temp + = "~";
            temp + = xml.attributes().value("data").toString();
            temp + = "℃";                       //格式化数据
            ui->pLableTemprange->setText(temp);  //更新到界面显示
        }
    } else if (xml.isEndElement())
    {
        if (xml.name() == "current_conditions")
            isicon = true;
        /*该拿的数据全部拿到了就不往下解析了,直接跳出while循环*/
```

```cpp
            if (xml.name() == "forecast_conditions")
                break;
        }
    }

    /*解析过程有错误产生,输出错误信息*/
    if ( xml.error() && xml.error() !=
            QXmlStreamReader::PrematureEndOfDocumentError)
        qDebug() << "Failed to parse xml;" << xml.lineNumber() << ": " << xml.errorString();
}

void QWeatherClockDialog::getGif(QNetworkReply * reply)
{
    QByteArray ba(reply->readAll());
    QPixmap * pixmap = new QPixmap;
    if (pixmap->loadFromData(ba))                    //存储网络下载的图标到pixmap
    {
        pixcache.insert(reply->request().url(),pixmap);//图标数据加入到缓存
        qDebug()<<"the reply url is"<<reply->request().url();
        ui->pLablePixmap->setPixmap( * pixmap);      //显示天气图标
    }
}

void QWeatherClockDialog::on_pBtnFresh_clicked()
{
    isicon = false;
    xml.clear();
    QNetworkRequest request(xmlurl);                 //手动更新,重新请求天气信息
    manager.get(request);
}
```

至此,是时候结束 Qt 之旅了。从开始到现在,我们一直在追求的,不正是这一刻的到来吗？毕竟每一个开始都注定会有一个终点。途中的驿站让你我歇脚,以便积聚更大的力量去进入人生的下一站。感谢在 Qt 的这一站,缘分让你我共同走过,谢谢！

# 参考文献

[1] Nokia. Qt Reference Documentation, 2011.
[2] W. Richard Stevens, Stephen A. Rago. Advanced Programming in the UNIX Environment Second Edition, 2005.
[3] Stanley B. Lippman, Josée Lajoie, Barbara E. Moo. C++ Primer 4th Edition, 2005.
[4] W3C. Cascading Style Sheets home page (http://www.w3.org/Style/CSS/), 2010.
[5] REGEX LAB. Regular Expression Syntax (http://www.regexlab.com/en/regref.htm), 2011.
[6] SQLite. Categorical Index Of SQLite Documents (http://www.sqlite.org/docs.html), 2012.
[7] MySQL. MySQL Documentation: MySQL Reference Manuals (http://dev.mysql.com/doc/), 2012.
[8] W3C. XML Technology (http://www.w3.org/standards/xml/), 2012.
[9] MDN. Gecko Plugin API Reference (https://developer.mozilla.org/en/Plugins), 2012.